Aldo Ghizzetti (Ed.)

Alcune questioni di analisi numerica

Lectures given at a Summer School of the
Centro Internazionale Matematico Estivo (C.I.M.E.),
held in Perugia, Italy,
September 7-16, 1964

FONDAZIONE
CIME
ROBERTO CONTI

 Springer

C.I.M.E. Foundation
c/o Dipartimento di Matematica "U. Dini"
Viale margagni n. 67/a
50134 Firenze
Italy
cime@math.unifi.it

ISBN 978-3-642-11026-9   e-ISBN: 978-3-642-11027-6
DOI:10.1007/978-3-642-11027-6
Springer Heidelberg Dordrecht London New York

Printed on acid-free paper

Springer.com

CENTRO INTERNAZIONALE MATEMATICO ESTIVO

(C. I. M. E.)

4⁰ Ciclo - Università di Perugia dal 7 al 16 settembre 1964

"QUESTIONI DI ANALISI NUMERICA"
Coordinatore: Aldo GHIZZETTI

CENTRO INTERNAZIONALE MATEMATICO ESTIVO

(C.I.M.E.)

ALDO GHIZZETTI

LEZIONI SUI PROCEDIMENTI DI QUASILINEARIZZAZIONE

LEZIONI SUI PROCEDIMENTI DI QUASILINEARIZZAZIONE

di

Aldo Ghizzetti

Introduzione

Queste lezioni dovevano essere tenute da R.Bellman. Poichè non gli è stato possibile partecipare personalmente al corso, mi ha pregato di sostituirlo, tenendo conto di un manoscritto da Lui redatto in collaborazione con R.Kalaba. Gli argomenti contenuti in tale manoscritto sono all'incirca quelli esposti in un precedente lavoro di R.Kalaba [6].

Ho scelto fra tali argomenti quelli che mi son sembrati più significativi e ne ho rifatta l'esposizione, seguendo un ordine inverso a quello adottato dai predetti Autori. Precisamente, dopo un primo § contenente nozioni generali sulla quasilinearizzazione, espongo nel § 2 un'applicazione ad un tipo abbastanza generale di problemi sulle equazioni differenziali, ordinarie o a derivate parziali. I casi particolari (premessi da Bellman e Kalaba) sono esposti successivamente nei § 3, 4, 5, 6 ; ciò mi ha consentito di evitare la.ripetizione di dimostrazioni del medesimo tipo. Ho introdotto anche alcune modificazioni di forma per mettere bene in evidenza le ipotesi essenziali su cui sono fondate le applicazioni considerate.

Nel § 7 tratto un problema che non rientra fra quelli del § 2 ; per tale problema ho messo a punto le relative dimostrazioni, che son appena accennate da Bellman e Kalaba.

A.Ghizzetti

Infine nel § 8 espongo un'altra applicazione ad un problema di calcolo delle variazioni.
Varie altre applicazioni (di tipo più particolare) son state
considerate da Bellman e Kalaba; per esso devo rinviare ai la-
vori citati, non essendovi tempo di esporle nelle 4 lezioni
del corso.

Merita però un cenno l'argomento delle disuguaglianze
differenziali, o degli operatori monotoni, che sono essenziali nelle applicazioni della quasilinearizzazione. A ciò è de-
dicato il § 9, destinato anche a mettere in evidenza le molte ricerche che restano da fare in questo campo.

A.Ghizzetti

Bibliografia

[1] - **E.F.BECKENBACH-R.BELLMAN**   - Inequalities - Ergebnisse der Mathematik - Neue Folge - Heft 30 - Springer Verlag (1961).

[2] - **R.BELLMAN**   - Dynamic programming and a new formalism in the Calculus of variations - I - Rivista Matematica dell'Università di Parma - vol.6, 193-213 (1955).

[3] - **R.BELLMAN-R.KALABA**   - Quasilinearization and boundary-value problems -Manuscript (april 1964).

[4] - **L.COLLATZ**   - Funktionalanalysis und numerische Methematik, Die Grundlehren der Math. Wissensch., Band 120, Springer-Verlag, 1964.

[5] - **G.DOETSCH**   - Theorie und Anwendung der Laplace - Transformation. Dover Publications. New York 1943.

[6] - **R.KALABA**   - On nonlinear differential equations, the maximum operation, and monotone convergence. Journal of Mathematics and Mechanics, vol.8, 519-574, (1959).

A.Ghizzetti

§ 1 - <u>Generalità sulla quasilinearizzazione</u>.

1.1 - Si consideri una funzione numerica $F(x,y)$, a valori reali, di due argomenti x , y , la quale sia <u>lineare</u> in x , per ogni y appartenente ad un certo insieme $Y^{(*)}$. Supponiamo che esista il $\max\limits_{y \in Y} F(x,y)$; tale massimo sarà una funzione $\Phi(x)$ che, in generale, non sarà più lineare.

Con formule del tipo

(1)
$$\Phi(x) = \max\limits_{y \in Y} F(x,y)$$

abbiamo dunque la possibilità di rappresentare funzioni non lineari per mezzo di funzioni lineari alle quali sia applicata un'<u>operazione di massimo</u> (o <u>di minimo</u>).

Questa semplice idea può essere sfruttata con profitto in molte questioni di analisi matematica e di analisi numerica. Tutte le volte che essa viene applicata, si dice che si usa un <u>procedimento di quasilinearizzazione</u>.

1.2 - Cominciamo col dare alcuni semplici esempi di rappresentazioni del tipo (1).

<u>Esempio 1°</u>). Se x , y son variabili reali, si ha evidentemente

(2)
$$|x| = \max\limits_{|y| \leq 1} x\,y \quad .$$

$(*)$ L'argomento x deve essere un punto di uno spazio vettoriale; y può essere un punto di un insieme qualsiasi. La linearità in x di $F(x,y)$ si traduce nella $F(c_1 x_1 + c_2 x_2 ,y) = c_1 F(x_1 ,y) + c_2 F(x_2 ,y)$, per ogni y .

A.Ghizzetti

Esempio 2°). Se $x = (x_1, \ldots, x_n)$, $y = (y_1, \ldots, y_n)$ son due vettori a componenti reali **non negative**, dalla classica disuguaglianza di Hölder

$$\sum_{i=1}^{n} x_i \, y_i \leqslant \left(\sum_{i=1}^{n} x_i^p \right)^{1/p} \left(\sum_{i=1}^{n} y_i^q \right)^{1/q} \, , \quad (p > 1, \ \frac{1}{p} + \frac{1}{q} = 1),$$

ove vale il segno di uguaglianza se e solo se i numeri x_i^p e y_i^q son proporzionali, si deduce immediatamente

$$(3) \qquad \left(\sum_{i=1}^{n} x_i^p \right)^{1/p} = \max_{y \in Y} \sum_{i=1}^{n} x_i \, y_i$$

ove Y è l'insieme definito da $\displaystyle\sum_{i=1}^{n} y_i^q = 1$.

Esempio 3°). Sia $f(x)$ una funzione della variabile reale x , di classe C^2 in un dato intervallo $[a, b]$. Supponiamo che la $f(x)$ sia ivi **convessa in senso stretto**, sia cioè $f''(x) > 0$. Scrivendo che il diagramma di $f(x)$ è situato al disopra di ogni sua tangente, si ottiene per ogni coppia x , ξ di punti di $[a, b]$ la disuguaglianza

$$f(x) \geqslant f(\xi) + (x - \xi) \, f'(\xi) \, ,$$

il segno $=$ valendo se e solo se $\xi = x$. Dunque

$$(4) \qquad f(x) = \max_{a \leqslant \xi \leqslant b} \left[f(\xi) + (x - \xi) \, f'(\xi) \right] \, .$$

Esempio 4°). La (4) si estende subito al caso di una funzione $f(x_1, \ldots, x_n)$ di più variabili, di classe C^2 in un dato dominio D . L'ipotesi di **convessità in senso stretto** si traduce nel fatto che **la matrice hessiana** $(f_{x_i x_j})$ **è definita positiva**. Scrivendo che l'ipersuperficie diagramma della funzione è situata al disopra di ogni suo iperpiano tangente, si

A.Ghizzetti

ottiene

$$f(x_1,\ldots,x_n) \geqslant f(\xi_1,\ldots,\xi_n) + \sum_{i=1}^{n}(x_1-\xi_i)f_{x_1}(\xi_1,\ldots,\xi_n) \ ,$$

il segno = sussistendo se e solo se $\xi_i = x_1$ (i=1,...,n). Ne segue

$$(5) \quad f(x_1,\ldots,x_n) = \max_{(\xi_1,\ldots,\xi_n)\in D}\left[f(\xi_1,\ldots,\xi_n) + \right.$$

$$\left. + \sum_{i=1}^{n}(x_1-\xi_i)f_{x_1}(\xi_1,\ldots,\xi_n)\right] \ .$$

Esempio 5°). Nel caso di funzioni <u>concave in senso stretto</u>, le (4), (5) sussistono con <u>min</u> in luogo di <u>max</u> .

1.3 - L'uso di formule del tipo (1) è utile nella deduzione di certe disuguaglianze. Per esempio, dalla (3) si deduce immediatamente la <u>disuguaglianza di Minkowski</u>

$$(6) \quad \left[\sum_{i=1}^{n}(x_1+y_1)^p\right]^{1/p} \leqslant (\sum_{i=1}^{n}x_1^p)^{1/p} + (\sum_{i=1}^{n}y_1^p)^{1/p} \ ,$$

$$(x_1,y_1 \geqslant 0 \ , \quad p > 1).$$

Infatti da (3) segue

$$\left[\sum_{i=1}^{n}(x_1+y_1)^p\right]^{1/p} = \max_{z\in Z}\sum_{i=1}^{n}(x_1 + y_1)\,z_1 \ ,$$

ove Z è l'insieme definito da $z_1 \geqslant 0$, $\sum_{i=1}^{n}z_1^q = 1$, $\cdot$ e quindi

$$\left[\sum_{i=1}^{n}(x_1+y_1)^p\right]^{1/p} \leqslant \max_{z\in Z}\sum_{i=1}^{n}x_1\,z_1 + \max_{z\in Z}\sum_{i=1}^{n}y_1\,z_1 =$$

$$= (\sum_{i=1}^{n}x_1^p)^{1/p} + (\sum_{i=1}^{n}y_1^p)^{1/p} \ ,$$

avendo nell'ultimo passaggio applicato ancora la (3).

Non insistiamo su applicazioni di questo genere, che non rientrano nel nostro programma; rimandiamo a E.F. Beckenbach - R.Bellman [1]

1.4 - Mostriamo un'applicazione di altro tipo, prendendo in considerazione il classico metodo di Newton per il calcolo dell'unica radice r di un'equazione f(x) = 0 , esistente in un intervallo [a , b] ove sia, per esempio f(a) > 0 , f(b) < 0 , f'(x) < 0 , f"(x) > 0 .

Tale metodo si può inquadrare nei procedimenti di quasi-linearizzazione; infatti dalla (4) con x = r segue, in virtù della f(r) = 0

$$(7) \qquad f(\xi)+(r- \xi) \, f'(\xi) \leq 0$$

il segno = valendo solo per ξ = r . La (7) equivale alla $r \geq \xi - \frac{f(\xi)}{f'(\xi)}$ e si ha pertanto la

$$(8) \qquad r = \max_{a \leq \xi \leq b} \left[\xi - \frac{f(\xi)}{f'(\xi)} \right] \quad ,$$

che esprime sotto forma concisa il metodo in questione.

E' ben noto che da (8) segue la costruzione di una successione $\left\{ \xi_i \right\}$ che tende crescendo alla radice r , verificandosi inoltre la convergenza quadratica, nel senso che $r - \xi_{i+1} \leq k (r - \xi_i)^2$, ove k è una costante indipendente dall'indice i .

A.Ghizzetti

1.5 - Passeremo ora ad esporre alcune applicazioni della quasilinearizzazione a problemi sulle equazioni differenziali
non lineari. Troveremo che, in certi casi e sotto determinate ipotesi, essa conduce a costruire delle approssimazioni
successive della soluzione, per le quali rimangono valide le
due proprietà ora menzionate del metodo di Newton: la mono-
tonia e la convergenza quadratica.

§ 2 - Applicazione della quasilinearizzazione
       a certi problemi sulle equazioni diffe-
       renziali ordinarie o a derivate parziali.

2.1 - Indicato con x un punto dello spazio euclideo R_n ,
consideriamo, nell'incognita $u(x)$, un'equazione differenziale non lineare del tipo

(1) $E[u] = f(x , u)$, $(x \in A)$,

ove E è un operatore differenziale lineare (ordinario se
n = 1 , a derivate parziali se n > 1), $f(x , u)$ una funzione non lineare nell'argomento u , mentre A designa
un aperto limitato di R_n .

    Si cerca della (1) una soluzione $u(x)$ la quale veri-
fichi certe condizioni al contorno, che scriveremo concisa-
mente nella forma

(2) $L[u] = g(x)$, $(x \in \partial A)$,

ove L è un operatore lineare, $g(x)$ una funzione assegnata e ∂A la frontiera di $A^{(*)}$. Porremo nel seguito $\bar{A} = A \cup \partial A$.

Il problema (1), (2) si può scindere nei due problemi seguenti:

(3) $E[u_1] = 0$, $(x \in A)$; $L[u_1] = g(x)$, $(x \in \partial A)$;

(4) $E[u_2] = f(x, u_1 + u_2)$, $(x \in A)$; $L[u_2] = 0$, $(x \in \partial A)$,

risultando poi $u = u_1 + u_2$. Noi supporremo senz'altro risolto il problema (3) (che è <u>lineare</u>) e ci occuperemo soltanto del problema (4) che presenta <u>condizioni omogenee al contorno</u>.

Considereremo pertanto un problema del tipo

(5) $E[u] = f(x,u)$, $(x \in A)$; $L[u] = 0$, $(x \in \partial A)$,

facendo un insieme di ipotesi che andiamo a spiegare.

<u>Ipotesi I)</u>- Considerato, accanto al problema (5), quest'altro problema <u>lineare</u>, nell'incognita $v(x)$:

(6) $E[v] = g(x)$, $(x \in A)$; $L[v] = 0$, $(x \in \partial A)$,

con $g(x)$ funzione assegnata in $\bar{A}$ (verificante opportune ipotesi di continuità oppure hölderianità, ecc.), <u>supporremo che esso ammetta una ed una sola soluzione $v(x)$, continua in $\bar{A}$, rappresentabile con una formula del tipo</u>

$(*)$Non escludiamo che $L[u]$ e $g(x)$ siano vettori a più componenti e nemmeno che $L[u]$ possa avere diverse espressioni su diverse parti di ∂A .

A.Ghizzetti

(7) $$v(x) = \int_{\bar{A}} G(x,s) \, g(s) \, ds \quad ,$$

ove $G(x,s)$ è la cosidetta _funzione di Green_ del problema
(6). La $G(x,s)$ in generale non è limitata (diventa infini-
ta per $s = x$), ma per ogni x è funzione di s sommabi-
le in $\bar{A}$. Pertanto, introdotta per ogni funzione $\varphi(x)$
continua in $\bar{A}$ la _norma_ $\|\varphi\| = \max_{x \in \bar{A}} |\varphi(x)|$, da (7) si

può dedurre $|v(x)| \leq \|g\| \int_{\bar{A}} |G(x,s)| \, ds$ ed a fortiori

(8) $\|v\| \leq C \, \|g\|$ con $C = \| \int_{\bar{A}} |G(x,s)| \, ds \|$.

Ipotesi II)- Ritornando al problema (5), _supporremo_ $f(x,u)$
continua assieme alle sue derivate parziali $f_u(x,u)$,
$f_{uu}(x,u)$ _per_ x _variabile in un certo dominio_ D _e per_
$|u| \leq \beta$ [*]. _Supporremo inoltre che, per ogni_ $x \in D$, _la_
$f(x,u)$ _sia funzione di_ u _convessa in senso stretto nell'in-_
tervallo $[-\beta, \beta]$, _vale a dire che sia_

(9) $f_{uu}(x,u) > 0$, $(x \in D, \ |u| \leq \beta)$.

Nel seguito faremo uso delle posizioni

---

[*] Per certi casi occorreranno ipotesi più restrittive,
p.es. $f(x, u) \in C^1$.

A.Ghizzetti

$$(10) \qquad \max_{x \in D, |u| \leq \beta} \begin{cases} |f(x,u)| = M \ , \\ |f_u(x,u)| = M_1 \ , \\ f_{uu}(x,u) = M_2 \ . \end{cases} \quad (*)$$

Prima di formulare altre ipotesi, facciamo qualche premessa. Tenuto conto di (6), (7), il problema (5) si traduce evidentemente nella seguente equazione integrale

$$(11) \qquad u(x) = \int_{\bar{A}} G(x,s) \, f\,[\,s,\,u(s)\,] \, ds \ ,$$

che può essere risolta col metodo delle approssimazioni successive, partendo da una $u_o(x)$ (<u>naturalmente verificante la</u> $\|u_o\| \leq \beta$) e procedendo secondo lo schema ricorrente

$$(12) \qquad u_{n+1}(x) = \int_{\bar{A}} G(x,s) f\,[\,s,\,u_n(s)\,] \, ds \ , \qquad (n=0,1,2,\ldots) \ .$$

Le (12) hanno senso soltanto se risulta $\|u_n\| \leq \beta$, $(n=1,2,\ldots)$.

(*) Resta inteso che l'aperto A del problema (5) sarà contenuto in D. Si noti che β , M , M_1 , M_2 sono indipendenti da A .

Per assicurare ciò è sufficiente richiedere che sia $CM \leqslant \beta$; infatti da (12) segue ovviamente $\|u_{n+1}\| \leqslant CM$.

Osserviamo poi che si ha, come conseguenza di (12)

$$u_{n+1}(x) - u_n(x) = \int_{\bar{A}} G(x,s) \left\{ f\left[s, u_n(s)\right] - f\left[s, u_{n-1}(s)\right] \right\} \, ds =$$

$$= \int_{\bar{A}} G(x,s) \left[u_n(s) - u_{n-1}(s)\right] f_u\left[s, \bar{u}_n(s)\right] \, ds \quad ,$$

con $\bar{u}_n(s)$ compreso fra $u_{n-1}(s)$ e $u_n(s)$, e quindi $\|u_{n+1} - u_n\| \leqslant CM_1 \|u_n - u_{n-1}\|$; pertanto la condizione $CM_1 < 1$ assicura la convergenza uniforme delle successive approssimazioni.

Dopo ciò, con ragionamenti ben noti, si può concludere che il problema (5) ammette una ed una sola soluzione, data da $u(x) = \lim_{n \to \infty} u_n(x)$.

E' opportuno pertanto fare, a titolo provvisorio, la seguente ipotesi:

supporremo verificate le due condizioni

(13) $\qquad\qquad CM \leqslant \beta \quad , \qquad CM_1 < 1$

le quali assicurano fra l'altro che il nostro problema (5) ammette una ed una sola soluzione $u(x)$, continua in $\bar{A}$ con $\|u\| \leqslant \beta$.

Indichiamo ora con $z(x)$ una qualsiasi funzione continua in $\bar{A}$ verificante la $\|z\| \leqslant \beta$. L'ipotesi (9) ci permette di scrivere [cfr. con la (4) di § 1] :

A.Ghizzetti

(14) $f[x,u(x)] = \max\limits_{z(x)} \left\{ f[x, z(x)] + [u(x)-z(x)] \ f_u[x,z(x)] \right\}$,

il massimo essendo conseguito soltanto per $z(x) = u(x)$. Ne
segue che il nostro problema (5) può anche essere formulato
così:

(15) $E[u] = \max\limits_{z} [f(x,z)+(u-z)f_u(x,z)]$, $(x \in A)$; $L[u]=0$, $(x \in \partial A)$

e questo suggerisce di considerare accanto a (5) il seguente
problema lineare associato, nell'incognita $w(x)$ e contenente la funzione parametro $z(x)$:

(16) $E[w]=f(x,z)+(w-z)f_u(x,z)$, $(x \in A)$; $L[w]=0$, $(x \in \partial A)$.

Questo nuovo problema si traduce nell'equazione integrale

$$w(x) = \int_{\bar{A}} G(x,s) \left\{ f[s, z(s)] + [w(s)-z(s)] \ f_u[s, z(s)] \right\} ds$$

che può, come dianzi, essere studiata col metodo delle approssimazioni successive. Riconosceremo fra poco l'opportunità
di richiedere che risulti $\|w\| \le \beta$. Per realizzare ciò ba-
sterà che tale condizione sia verificata dalle successive
approssimazioni ed è subito visto che ciò si ottiene imponendo che sia $c(M+2\beta M_1) \le \beta$. Si vede poi che la $CM_1 < 1$
(già considerata) assicura la convergenza uniforme di tali
approssimazioni.

E' evidente che la $C(M+2\beta M_1) \le \beta$ assorbe le (13) e
perciò formuleremo la seguente:

Ipotesi III - Supporremo verificata la condizione

(17) $$C \, (M + 2 \, \beta \, M_1) \leq \beta \quad ;$$

essa assicura che <u>il nostro problema (5) ha una ed una sola
soluzione</u> u(x) , <u>continua in $\bar{A}$ con</u> $\|u\| \leq \beta$ <u>e che ogni
problema lineare (16) ad essa associato ammette pure una ed una
soluzione</u> w(x) , <u>continua in $\bar{A}$ con</u> $\|w\| \leq \beta$ [qualunque
sia la funzione parametro z(x) , continua e con $\|z\| \leq \beta$] .

A proposito della (17) ricordiamo che le costanti β ,
M , M_1 sono indipendenti dall'aperto A , mentre la costante C vi dipende.

Perciò la (17) è in sostanza una condizione per A ;
vedremo, nei casi particolari che esamineremo più avanti,
che essa richiede che <u>la misura n-dimensionale di A sia
abbastanza piccola</u>.

———

Veniamo infine all'ultima ipotesi che è la più impegnativa
e che esprime una <u>proprietà di monotonia</u> degli operatori
lineari E , L .
<u>Ipotesi IV</u> - <u>Fissata comunque la funzione z(x) (continua
e con</u> $\|z\| \leq \beta$), <u>supponiamo che una funzione</u> $\varphi(x)$
<u>verifichi le seguenti condizioni</u>

(18) $E[\varphi] \geq f_u[x, z(x)]\varphi(x)$, $(x \in A)$; $L[\varphi] = 0$, $(x \in \partial A)$;

<u>allora si ha di conseguenza</u>

(19) $\qquad \varphi(x) \geqslant 0$, $\qquad (x \in \bar{A})$ [*] ,

<u>riuscendo</u> $\varphi(x) \equiv 0$ <u>se e solo se la prima delle (18)</u>
<u>sussiste col segno di uguaglianza.</u>

Questa ipotesi sarà ampiamente illustrata nel seguito.

2.2 - Vediamo ora una prima conseguenza delle ipotesi fat-
te. Mettiamo a confronto la soluzione $u(x)$ del problema
(5) con la soluzione $w(x)$ di un qualsiasi problema associato (16), usando per quest'ultima anche la notazione
$w[x \; ; \; z(x)]$ per mettere in evidenza che essa dipende
dalla funzione parametro $z(x)$.

Da (15) segue

(20) $E[u] \geqslant f(x,z)+(u-z)f_u(x,z)$, $(x \in A)$; $L[u]=0$, $(x \in \partial A)$

e quindi sottraendo (16)

(21) $E[u-w] \geqslant (u-w)f_u(x,z)$, $(x \in A)$; $L[u-w]=0$, $(x \in \partial A)$,

con la precisazione che qui vale il segno $=$ solo se
$z = u$. Da (21) segue, in virtù di (18) e (19):

---

[*]Oppure $\varphi(x) \leq 0$. In tal caso bisogna apportare a
quanto diremo nel seguito alcune ovvie modificazioni; per
esempio nella (22) occorre scrivere min in luogo di max,
ecc. ecc.

A.Ghizzetti

$$u(x) - w(x) \geqslant 0 , \qquad (x \in \bar{A}) ,$$

riuscendo $u(x)-w(x) \equiv 0$ se e solo se $z = u$. Possiamo pertanto enunciare il seguente:

<u>Teorema I</u> - <u>La soluzione</u> $u(x)$ <u>del problema (5) può rappresentarsi con la formula</u>

$$(22) \qquad u(x) = \max_{\bar{z}(x)} \; w \; [x \; ; \; z(x)]$$

<u>ove</u> $w [x; z(x)]$ <u>indica la soluzione del problema lineare associato (16), con la funzione parametro</u> $z(x)$.

2.3 - La (22) può riguardarsi come l'analoga della (8) di § 1, relativa al metodo di Newton. Come in tale metodo, possiamo esaminare se è possibile costruire delle **approssimazioni newtoniane** $\{w_n(x)\}$, $(n = 1, 2,...)$, ciascuna soluzione di un problema lineare associato (16), che convergano verso $u(x)$ **in modo monotono** e con **convergenza quadratica.**

Fissata una funzione parametro $z(x)$, costruiamo la successione $\{w_n(x)\}$ col seguente procedimento ricorrente [cfr. con (16)] :

$$(23) \quad E[w_1] = f(x,z)+(w_1-z)f_u(x,z), \quad (x \in A); \quad L[w_1] = 0, \\ (x \in \partial A),$$

$$(24) \quad E[w_{n+1}] = f(x,w_n)+(w_{n+1}-w_n)f_u(x,w_n), \quad (x \in A); \quad L[w_{n+1}]=0, \\ (x \in \partial A),$$

$$(n = 1, 2, 3, \ldots\ldots).$$

Ciò è certamente possibile, giacchè sappiamo che, in virtù della (17), risulta $\|w_1\| \leqslant \beta$ onde la w_1 può esser usata come funzione parametro nella (24) con $n = 1$; risulta poi, per la stessa ragione, $\|w_2\| \leqslant \beta$, onde la w_2 può esser usata come funzione parametro nella (24) con $n = 2$; e così di seguito.

Dimostriamo i seguenti teoremi:

Teorema II - **La successione** $\{w_n(x)\}$ **definita da (23), (24) è, in ogni punto** $x \in \bar{A}$, **monotona non decrescente.**

Dim. - Riscriviamo la (24) con n in luogo di $n+1$:

$$(25) \quad E\,[w_n] = f(x, w_{n-1}) + (w_n - w_{n-1}) f_u(x, w_{n-1}) \,,$$

$$(x \in A); \quad L\,[w_n] = 0, \quad (x \in \partial A).$$

Poichè $[\text{cfr. (14)}]$ si ha

$$f(x, w_n) = \max_z \,[f(x, z) + (w_n - z) f_u(x, z)]$$

da (25) discende

$$E\,[w_n] \leqslant f(x, w_n), \quad (x \in A); \quad L\,[w_n] = 0, \quad (x \in \partial A)$$

e quindi sottraendo da (24):

$$E\,[w_{n+1} - w_n] \geqslant (w_{n+1} - w_n) f_u(x, w_n), \quad (x \in A);$$

$$L\,[w_{n+1} - w_n] = 0, \quad (x \in \partial A).$$

Ne segue, per (18) e (19):

$$w_{n+1}(x) - w_n(x) \geqslant 0 , \qquad (x \in \bar{A}) .$$

Teorema III - **La successione** $\left\{w_n(x)\right\}$ **definita da** (23), (24) **converge uniformemente verso la soluzione** $u(x)$ **del problema** (5).

Dim. - In virtù del teor.II, in ogni punto $x \in \bar{A}$ esiste finito il $\lim\limits_{n \to \infty} w_n(x) = U(x)$.
D'altra parte dalla (24) discende

$$w_{n+1}(x) = \int_{\bar{A}} G(x,s) \left\{ f\left[s, w_n(s)\right] + \left[w_{n+1}(s) - w_n(s)\right] f_u\left[s, w_n(s)\right] \right\} ds,$$

$$(n = 1, 2, 3, \ldots\ldots) .$$

Fissato x , operiamo su questa il passaggio al limite per $n \longrightarrow \infty$. Si può operare sotto il segno d'integrale perchè il valore assoluto dell'integrando non supera $|G(x,s)|$ $(M+2\beta M_1)$ e questa è una funzione di s , in-dipendente da n e sommabile in $\bar{A}$. Si ottiene pertan-to, tenendo anche conto della continuità di f e f_u :

$$U(x) = \int_{\bar{A}} G(x,s) f\left[s, U(s)\right] ds .$$

Ne deriva che $U(x)$ è soluzione del problema (5) [cfr. con (11)] e quindi, essendo unica la soluzione di tale problema, si ha $U(x) = u(x)$. Dunque $\lim\limits_{n \to \infty} w_n(x) = u(x)$ e siccome in $\bar{A}$ le funzioni continue $w_n(x)$ tendono non decrescendo alla funzione continua $u(x)$, per un noto teorema di Dini, la convergenza è uniforme.

<u>Teorema IV</u> - <u>La convergenza della successione</u> $\{w_n(x)\}$,
<u>verso la funzione</u> $u(x)$, <u>è quadratica nel senso che</u>

(26) $\qquad \|u-w_{n+1}\| \leqslant k \|u-w_n\|^2$, $\qquad$ (n=1, 2,......)

<u>con</u> k <u>costante indipendente da</u> n .

<u>Dim</u>. - Da (5) e (24) si ricava

$$E[u-w_{n+1}] = f(x,u)-f(x,w_n)-(u-w_n)f_u(x,w_n) +$$
$$+ (u-w_{n+1})f_u(x,w_n) ,$$
$$(x \in A); \quad L[u-w_{n+1}] = 0, \qquad (x \in \partial A)$$

e quindi

$$u(x)-w_{n+1}(x) = \int_{\bar{A}} G(x,s) \Big\{ f[s,u(s)]-f[s,w_n(s)] -$$
$$-[u(s)-w_n(s)] f_u[s,w_n(s)] +[u(s)-$$
$$-w_{n+1}(s)] f_u[s,w_n(s)] \Big\} ds$$

ovvero, applicando la formula di Taylor

$$u(x)-w_{n+1}(x) = \int_{\bar{A}} G(x,s) \Big\{ \frac{1}{2}[u(s)-w_n(s)]^2 f_{uu}[s,\bar{w}_n(s)] +$$
$$+[u(s)-w_{n+1}(s)] f_u[s,w_n(s)] \Big\} ds$$

$$(con \quad w_n(s) < \bar{w}_n(s) < u(s)).$$

Ne segue

$$\|u-w_{n+1}\| \leq C \left\{ \frac{1}{2} \|u-w_n\|^2 M_2 + \|u-w_{n+1}\| M \right\} \quad ,$$

ossia

$$(1-CM_1) \|u-w_{n+1}\| \leq \frac{1}{2} CM_2 \|u-w_n\|^2 \quad ;$$

ricordando che $1-CM_1 > 0$ [cfr. (13)] , si conclude che sussiste la (26) con

$$k = \frac{1}{2} \frac{CM_2}{1-CM_1} \quad .$$

2.4 - Esamineremo nei successivi § 3, 4, 5, 6 quattro casi particolari notevoli; verrà così meglio messa in luce la natura dell'ipotesi IV che, come si è visto, è essenziale per la validità dei teor.I, II, III, IV .

§ 3 - Caso particolare delle equazioni differenziali ordinarie del 1° ordine.

3.1 - Detta x una variabile reale, consideriamo, come caso particolare del problema (5) di § 2, il seguente problema:

(1) $u' = f(x,u)$, $u(0) = 0$, $(0 \leq x \leq a)$.

A.Ghizzetti

Passiamo ad esaminare le quattro ipotesi poste nel § 2 ; vedremo che la I e la IV sono senz'altro soddisfatte, onde rimarranno soltanto la II (esprimente condizioni per la funzione f) e la III (esprimente che il numero a deve essere abbastanza piccolo).

Per quanto riguarda l'ipotesi I, essa è soddisfatta perchè il problema $v'(x)=g(x)$, $v(0)=0$ ha la soluzione $v(x)=\int_0^x g(s)\,ds$, cosicchè la funzione di Green $G(x, s)$ è espressa dalla

$$G(x,s)= \begin{cases} 1 & (0 \leqslant s \leqslant x \leqslant a) \\ 0 & (0 \leqslant x \leqslant s \leqslant a) \end{cases} \quad ,$$

il che implica

(2) $$C = \left\| \int_0^a |G(x,s)|\,ds \right\| = \|x\| = a \quad .$$

L'ipotesi IV è pure verificata, come conseguenza del seguente elementarissimo:

Lemma - Qualunque sia la funzione p(x) continua in [0,a], le due condizioni

(3) $$\varphi'(x)+p(x)\varphi(x)\geqslant 0 , \qquad \varphi(0) = 0, \qquad (0\leqslant x\leqslant a)$$

implicano

$$\varphi(x)\geqslant 0 , \qquad (0 \leqslant x \leqslant a) ,$$

<u>riuscendo</u> $\varphi(x) \equiv 0$ <u>se la prima delle (3) sussiste col segno d'uguaglianza.</u>

<u>Dim</u>. - Posto infatti $\varphi'(x)+p(x)\varphi(x)=q(x)$ con $q(x) \geqslant 0$, si ricava

$$\varphi(x) = \int_0^x q(s) \, e^{-\int_s^x p(t)dt} \, ds$$

e quindi immediatamente la tesi.

<u>L'ipotesi II richiede che</u> $f(x,u)$, $f_u(x,u)$, $f_{uu}(x,u)$ <u>siano continue per</u> $0 \leqslant x \leqslant \alpha^{(*)}$, $|u| \leqslant \beta$ $\,$ <u>e che risulti</u>

(4) $\qquad\qquad f_{uu}(x,u) > 0$.

Tenendo conto di (2), <u>l'ipotesi III richiede infine che sia</u>

(5) $\qquad\qquad a \leqslant \dfrac{\beta}{M + 2\beta M_1}$ $\qquad$ (oltre che $a \leqslant \alpha$).

Soddisfatte queste due ipotesi, valgono i quattro teoremi del § 2 . Osservato che, in questo caso particolare, il problema lineare associato

(6) $\qquad\qquad w' = f(x,z)+(w-z)f_u(x,z), \qquad w(0)=0$

ha la soluzione esplicita

$(*)$Si sceglierà il numero a del problema (1) in modo che $a \leqslant \alpha$.

A.Ghizzetti

$$(7) \quad w(x) = \int_0^x \left\{ f[s, z(s)] - z(s)\, f_u[s, z(s)] \right\} e^{\int_s^x f_u[t,\, z(t)]\, dt}\, ds \;,$$

possiamo conglobare i predetti teoremi nell'unico enunciato:

<u>Teorema</u> - <u>Supposte verificate la (4) e la (5), la soluzione</u> $u(x)$ <u>del problema (1) può esprimersi con la</u>

$$(8) \qquad u(x) = \max_{z(x)} \; w\,[x;\, z(x)] \;,$$

<u>ove</u> $w[x;\, z(x)]$ <u>indica il secondo membro di (7). Partendo</u> <u>da una</u> $z(x)$ <u>e costruendo in</u> $[0\,,\,a]$ <u>le approssimazioni</u> <u>newtoniane</u> $w_n(x)$ <u>secondo lo schema</u>

$$(9) \quad w_1(x) = w\,[x;\, z(x)] \;; \quad w_{n+1}(x) = w[x;\, w_n(x)],$$

$$(n = 1,\, 2,\, 3, \ldots\ldots),$$

<u>la successione ottenuta</u> $\left\{w_n(x)\right\}$ <u>è non decrescente e con-</u> <u>verge uniformemente verso</u> $u(x)$, <u>con convergenza quadrati-</u> <u>ca.</u>

Il procedimento descritto può essere applicato al calcolo numerico di $u(x)$.

Naturalmente, per il calcolo delle $w_n(x)$ non si applicherà la (7), ma ci si servirà di un procedimento di integrazione numerica p.es. di Runge-Kutta, applicato alla (6).

Un esempio interessante, che mette in evidenza la rapidità della convergenza è dato in <u>R.Kalaba</u> [6] . Viene considerato il problema $u' = u^2 + 1$, $u(0) = 0$ che ha la soluzione $u = tg\ x$ per $0 \leqslant x < \dfrac{\pi}{2}$.

3.2 - Il precedente teorema può in particolare applicarsi

A.Ghizzetti

all'equazione di Riccati

(10) $u'=p(x) u^2+q(x) u+r(x)$, $u(0)=0$, $(0 \leqslant x \leqslant a)$,

la condizione (4) riducendosi allora alla

(11) $p(x) > 0$.

Si suppongono $p(x)$, $q(x)$, $r(x)$ continue in un certo intervallo $[0, \alpha]$ (e sarà $a \leqslant \alpha$) e poichè il secondo membro dell'equazione (10) ha senso qualunque sia u , si può fissare per il numero positivo β introdotto nel § 2 un valore qualsiasi.

Posto $\|p\| = P > 0$, $\|q\| = Q$, $\|r\| = R > 0$ [*]
nell'intervallo $[0, \alpha]$, si può assumere $M=P\beta^2+Q\beta + R$,
$M_1 = 2P\beta +Q$; con ciò la condizione (5) diventa

$$a \leqslant \frac{\beta}{5 P\beta^2+3 Q\beta + R} \quad \text{(oltre che } a \leqslant \alpha \text{)}.$$

Conviene assumere $\beta =\sqrt{\dfrac{R}{5 P}}$ (che rende massima la funzione $\dfrac{\beta}{5 P\beta^2+ 3 Q\beta +R}$) e scrivere la (5) nella forma

(12) $a \leqslant \dfrac{1}{3Q +2\sqrt{5PR}}$ (oltre che $a \leqslant \alpha$).

Sotto le condizioni (11), (12) valgono per il problema (10) la proprietà espresse dal precedente teorema. Si noti che in questo caso la (7) diventa

---

[*] Supponiamo r(x) non identicamente nulla, per non cadere nel caso elementare dell'equazione di Bernouilli.

$$w \, [x; \, z(x)] = \int_{2}^{x} [-p(s)z^2(s)+r(s)] \, e^{\int_{s}^{x}[2p(t)z(t)+q(t)] \, dt} \, ds \, .$$

3.3 – Come è ben noto, l'equazione di Riccati equivale ad un'equazione differenziale lineare omogenea del 2° ordine; perciò le considerazioni di cui sopra possono applicarsi alla risoluzione del problema

(13) $\qquad y''+p(x) \, y'+q(x) \, y=0 \quad ; \quad y(0)=1 \, , \quad y'(0)= 0 \quad$ (*).

Esiste un intervallo $[0 , \alpha]$ in cui la soluzione $y(x)$ esiste, è unica <u>e verifica la</u> $y(x) \neq 0$. In tale intervallo possiamo operare il cambiamento di incognita

(14) $\qquad\qquad\qquad u = - \dfrac{y'}{y}$

e trasformare così il problema (13) in quest'altro

(15) $\qquad u'=u^2-p(x) \, u+q(x) \, , \qquad u(0) = 0$

che è del tipo (10), con la condizione (11). Per la rappresentazione e l'approssimazione di $u(x)$ possiamo, in un

---

(*) A questi particolari valori iniziali ci si può ridurre, se $y(0) \neq 0$, con un cambiamento di incognita del tipo $y=a \, e^{bx} \, z$, scegliendo $a=y(0)$, $\quad b = \dfrac{y'(0)}{y(0)}$.

conveniente intervallo $[0 , a]$ (con $a \leqslant \alpha$), usare formule del tipo (8) e (9).

Osservando poi che da (14) e dalla $y(0)=1$ segue

$$y(x) = e^{-\int_0^x u(s)ds}$$

si possono agevolmente dedurre le formule analoghe per la
rappresentazione e l'approssimazione di $y(x)$.

§ 4 - Caso particolare delle equazioni differenziali ordinarie del 2° ordine.

4.1 - Designando x una variabile reale, consideriamo ora,
come caso particolare del problema (5) del § 2, il seguente
problema ai limiti

(1) $u''=f(x,u)$; $u(0)=u(a)=0$; $(0 \leqslant x \leqslant a)$.

Passando ad esaminare le quattro ipotesi del § 2, troveremo
che la I è senz'altro soddisfatta, mentre la IV è conseguenza di III; rimarranno perciò soltanto la II (condizione per
f) e la III (limitazione per a).

L'ipotesi I è soddisfatta perchè il problema $v'(x)=g(x)$,
$v(0)=v(a)=0$ ha la soluzione

$$v(x)=\int_0^a G(x,s) \, g(s) \, ds$$

con la funzione di Green espressa da

$$G(x,s) = \begin{cases} -\dfrac{s(a-x)}{a} & (0 \le s \le x \le a) \\[4mm] -\dfrac{x(a-s)}{a} & (0 \le x \le s \le a) \end{cases}$$

il che implica

(2) $\qquad C = \left\| \displaystyle\int_{0}^{a} |G(x,s)|\, ds \right\| = \left\| \dfrac{1}{2}\, x\,(a-x) \right\| = \dfrac{a^2}{4}$.

L'ipotesi II richiede che $f(x,u)$, $f_u(x,u)$, $f_{uu}(x,u)$
siano continue per $0 \le x \le \alpha$ (e sarà $a \le \alpha$), $|u| \le \beta$ e
che risulti

(3) $\qquad\qquad f_{uu}(x,u) > 0$.

Tenuto conto di (2), l'ipotesi III richiede infine che sia

(4) $\qquad\qquad a \le 2\sqrt{\dfrac{\beta}{M + 2\beta M_1}}$ (oltre che $a \le \alpha$).

———

Ci proponiamo ora di dimostrare che l'ipotesi IV è
conseguenza della III. La questione non è più così semplice
come nel caso del § 3 ed occorre premettere alcune nozioni
sul seguente problema lineare ai limiti:

(5) $\qquad u'' + q(x)u = f(x)$; $u(0)=u(a)=0$;

$\qquad\qquad\qquad\qquad\qquad (0 \le x \le a)$,

A.Ghizzetti

ove $q(x)$ e $f(x)$ sono funzioni continue in $[0 , a]$.

Indichiamo con $u_1(x)$, $u_2(x)$ i due integrali dell'equazione omogenea

(6) $u'' + q(x) u = 0$

che son definiti, in tutto $[0 , a]$, dalle condizioni iniziali

(7) $u_1(0)=1$, $u_1'(0)=m$; $u_2(0)=0$, $u_2'(0)= 1$,

ove m è una costante qualsiasi. Per il wronskiano $w(x)$ di questi due integrali si ha $w(0) = 1$ e quindi in tutto $[0 , a]$ [(*)]

(8) $w(x)= u_1(x) u_2'(x) - u_2(x) u_1'(x) = 1$.

Un calcolo elementare mostra che, se $u_2(a) \neq 0$, il problema (5) ammette una ed una sola soluzione $u(x)$, esprimibile con una formula del tipo

(9) $u(x) = \int_0^a H(x,s) f(s) ds$,

ove la <u>funzione di Green</u> $H(x,s)$ è data da

[(*)]   Si tenga presente che, per una nota formula, si ha $w(x)= w(0) e^{\int_0^x 0 \cdot ds} = w(0)$.

A.Ghizzetti

$$(10) \quad H(x,s)= \begin{cases} -u_2(s)\left[u_1(x)- \dfrac{u_1(a)}{u_2(a)}\, u_2(x)\right], & (0 \leqslant s \leqslant x \leqslant a) \\[3ex] -u_2(x)\left[u_1(s)- \dfrac{u_1(a)}{u_2(a)}\, u_2(s)\right], & (0 \leqslant x \leqslant s \leqslant a) \end{cases}$$

Ciò premesso, dimostriamo i seguenti due teoremi:

<u>Teorema I</u> - <u>Se l'equazione omogenea (6) ammette un integrale</u>
$U(x)$ <u>positivo in tutto</u> $[0 , a]$, <u>allora il problema (5) am-</u>
<u>mette una ed una sola soluzione, risultando inoltre</u>

$$(11) \qquad\qquad H(x,s) \leqslant 0 ,$$

<u>col segno</u> $=$ <u>soltanto sui lati del quadrato</u> $0 \leqslant x \leqslant a$,
$0 \leqslant s \leqslant a$.

<u>Dim.</u> - Possiamo assumere $u_1(x)= \dfrac{U(x)}{U(0)}$, onde sarà

$u_1(x) > 0$ in $[0 , a]$. Allora da (8) si può dedurre

$$\frac{1}{u_1^2(x)} = \frac{d}{dx}\left[\frac{u_2(x)}{u_1(x)}\right] \quad \text{e quindi, ricordando che } u_2(0)=0$$

$$(12) \qquad\qquad u_2(x)= u_1(x) \int_0^x \frac{d\xi}{u_1^2(\xi)} \qquad ;$$

ne segue $u_2(x) > 0$ per $0 < x \leqslant a$ ed in particolare
$u_2(a) > 0$, cosicchè il problema (5) ha una ed una sola soluzione. Sostituendo (12) in (10) si può poi scrivere

A.Ghizzetti

$$(13) \quad H(x,s)= \begin{cases} -u_1(x)u_1(s) \dfrac{\displaystyle\int_0^s \frac{d\xi}{u_1^2(\xi)} \int_x^a \frac{d\xi}{u_1^2(\xi)}}{\displaystyle\int_0^a \frac{d\xi}{u_1^2(\xi)}} & (0 \leqslant s \leqslant x \leqslant a) \\[4ex] -u_1(x)u_1(s) \dfrac{\displaystyle\int_0^x \frac{d\xi}{u_1^2(\xi)} \int_s^a \frac{d\xi}{u_1^2(\xi)}}{\displaystyle\int_0^a \frac{d\xi}{u_1^2(\xi)}} & (0 \leqslant x \leqslant s \leqslant a) \end{cases}$$

e di qui si trae immediatamente la seconda affermazione del Teorema.

Teorema II - Condizione sufficiente affinchè l'equazione omogenea (6) ammetta un integrale positivo in [0 , a] è che sia

$$(14) \qquad \max_{0 \leqslant x \leqslant a} \quad q(x) < \frac{\pi^2}{a^2} \qquad ^{(*)} \qquad .$$

(*) Il numero $\frac{\pi^2}{a^2}$ è il più piccolo autovalore del problema $u'' + \lambda u = 0$, $u(0) = u(a) = 0$. La condizione (14) non può essere migliorata perchè l'equazione $u'' + \frac{\pi^2}{a^2} u = 0$ ha l'integrale generale $u(x) = c_1 \cos\frac{\pi x}{a} + c_2 \sin\frac{\pi x}{a}$ e, per nessuna scelta di c_1 e c_2 , si può ottenere un integrale $u(x) > 0$ in tutto [0 , a] .

Dim. - Fissato un numero λ che verifichi le due condizioni

(15) $\qquad 0 < \lambda \le \dfrac{\pi}{a}$, $\qquad \max_{0 \le x \le a} q(x) \le \lambda^2$,

facciamo vedere che è positivo quell'integrale di (6) che è individuato dalle condizioni iniziali

(16) $\qquad u(0) = 1$, $\qquad u'(0) = m$,

purchè sia

(17) $\qquad m > - \lambda \ \text{cotg} \ \lambda \ a$.

Scritta la (6) sotto la forma $\quad u'' + \lambda^2 u = \left[\lambda^2 - q(x) \right] u \quad$ e tenuto conto di (16), è immediato dedurre che l'integrale in questione è soluzione (unica) della seguente equazione integrale lineare di Volterra

(18) $\quad u(x) = u_0(x) + \displaystyle\int_0^x \dfrac{\sin \lambda (x-s)}{\lambda} \left[\lambda^2 - q(s) \right] u(s) ds$,

ove si è posto

(19) $\qquad u_0(x) = \cos \lambda \ x + \dfrac{m}{\lambda} \ \sin \lambda \ x$.

Si ha $u_0(0) = 1$; inoltre per $0 < x \le a$ risulta $0 < \lambda x \le \lambda . a < \pi$, $\sin \lambda x > 0$ e quindi per la (17) $u_0(x) > \cos \lambda \ x - \text{cotg} \lambda \ a \ \sin \lambda x = \dfrac{\sin \lambda (a-x)}{\sin \lambda a} \ge 0$.

Dunque si ha $u_0(x) > 0$ in $[0 , a]$.

D'altra parte la (18) può risolversi col metodo delle approssimazioni successive; si ha cioè $u(x) = \lim\limits_{n \to \infty} u_n(x)$,

A.Ghizzetti

ove $u_0(x)$ è la funzione dianzi considerata e le $u_1(x)$, $u_2(x)$,.... son definite per ricorrenza dalla

$$(20) \quad u_n(x)=u_0(x)+\int_0^x \frac{\sin \lambda (x-s)}{\lambda} [\lambda^2-q(s)] \, u_{n-1}(s) \, ds \quad ,$$

$$(n = 1, 2,...) \ .$$

Tenuto conto che $\dfrac{\sin \lambda (x-s)}{\lambda} [\lambda^2-q(s)] \geqslant 0$, $u_0(s)>0$, si deduce dalla (20)

$$u_1(x)=u_0(x)+\int_0^x \frac{\sin \lambda(x-s)}{\lambda} [\lambda^2-q(s)] \, u_0(s)ds \geqslant u_0(x) \ ;$$

successivamente

$$u_2(x)=u_0(x)+\int_0^x \frac{\sin \lambda (x-s)}{\lambda} [\lambda^2-q(s)] u_1(s)ds \geqslant u_0(x) \ +$$

$$+\int_0^x \frac{\sin \lambda (x-s)}{\lambda} [\lambda^2-q(s)] u_0(s)ds = u_1(x),$$

$$u_3(x)=u_0(x)+\int_0^x \frac{\sin \lambda (x-s)}{\lambda} [\lambda^2-q(s)] u_2(s)ds \geqslant u_0(x) \ +$$

$$+\int_0^x \frac{\sin \lambda (x-s)}{\lambda} [\lambda^2-q(s)] u_1(s)ds = u_2(x),$$

$- -$

Si ha pertanto $u_0(x) \leqslant u_1(x) \leqslant u_2(x) \leqslant \cdots\cdots$ e quindi $u(x) \geqslant u_0(x) > 0$, c.d.d.

Dai due precedenti teoremi possiamo dedurre il seguente lemma, analogo a quello di § 3.1 :

A.Ghizzetti

<u>Lemma</u> - <u>Se la funzione</u> q(x) <u>è continua in</u> [0,a] <u>e si ha</u>

(21) $$\max_{0 \leq x \leq a} \; q(x) < \frac{\pi^2}{a^2} \qquad ,$$

<u>allora le condizioni</u>

(22) $\varphi''(x)+q(x)\varphi(x) \geq 0$; $\varphi(0)=\varphi(a)=0$; $(0 \leq x \leq a)$

<u>implicano</u>

(23) $$\varphi(x) \leq 0 \quad , \qquad (0 \leq x \leq a)$$

<u>riuscendo</u> $\varphi(x) \equiv 0$ <u>se la prima delle (22) sussiste col</u> <u>segno d'uguaglianza.</u>

<u>Dim.</u> - Le (22) esprimono che $\varphi(x)$ è soluzione del se-guente problema

(24) $$\varphi'' + q(x)\,\varphi = f(x) \qquad ; \qquad \varphi(0) = \varphi(a) = 0 \; ,$$

con una certa $f(x) \geq 0$. In virtù di (21) e del teor.II l'equazione omogenea $\varphi'' + q(x)\varphi = 0$ ha un integrale posi-tivo in $[0,a]$; ne segue per il teor.I che il problema (24) ha una e una sola soluzione espressa da

$$\varphi(x) = \int_0^a H(x,s) \; f(s) \; ds$$

con $H(x,s) < 0$ per $0 < x < a$, $0 < s < a$. Da ciò e dalla $f(s) \geq 0$ segue la (23), potendo risultare $\varphi(x) \equiv 0$ solo se $f(x) \equiv 0$, c.d.d.

———————

Possiamo ora far vedere che l'ipotesi IV, che ora va espressa nel modo seguente [cfr. con (18) e (19) di § 2] :

$$\left. \begin{array}{l} \varphi''(x) - f_u\,[x,z(x)]\,\varphi(x) \geqslant 0 \\ \varphi(0) = \varphi(a) = 0 \end{array} \right\} \;\Longrightarrow\; \varphi(x) \leqslant 0 \;,$$

è verificata in virtù della (4).

Confrontando col lemma precedente, basta far vedere che, qualunque sia la funzione parametro $z(x)$, si ha

$$\max_{0 \leqslant x \leqslant a} \left\{ -f_u\,[x,z(x)] \right\} < \frac{\pi^2}{a^2} \quad .$$

Ma il massimo qui considerato non può superare M_1 e si ha certamente $M_1 < \dfrac{\pi^2}{a^2}$ ossia $a < \dfrac{\pi}{\sqrt{M_1}}$ perchè la (4) implica $a < 2\sqrt{\dfrac{\beta}{2\,\beta\,M_1}} = \dfrac{\sqrt{2}}{\sqrt{M_1}}$.

4.2 - Dopo ciò, possiamo concludere che per il nostro problema (1) valgono, <u>sotto le sole condizioni espresse da (3) e (4)</u>, i quattro teoremi di § 2 .

In questo caso particolare il problema lineare associato a (1) si scrive

(25) $w'' = f(x,z) + (w-z)f_u(x,z)$; $w(0) = w(a) = 0$;

allora, indicandone la soluzione con $w\,[x;\,z(x)]$ possiamo enunciare:

A.Ghizzetti

Teorema III - <u>Supposte verificate la (3) e la (4), la solu-</u>
<u>zione</u> u(x) <u>del problema (1) può esprimersi con la</u>

(26) $u(x) = \min_{z(x)} \ w\,[x \; ; \; z(x)]$.

<u>Partendo da una</u>   z(x)   <u>e costruendo in</u>   [0 , a] <u>le appros-</u>
<u>simazioni newtoniane</u> $w_n(x)$ <u>secondo lo schema</u>

(27) $w_1(x)=w\,[x \; ; \; z(x)]$; $w_{n+1}(x)=w\,[x; \; w_n(x)]$,

$$(n = 1, \ 2, \ 3, \dots)$$

<u>la successione ottenuta</u> $\{w_n(x)\}$ <u>è non crescente e conver-</u>
<u>ge uniformemente verso</u> u(x) , <u>con convergenza quadratica.</u>

   Il procedimento descritto da (27) può essere applicato
al calcolo numerico di u(x). Occorre ad ogni passo risolvere numericamente un problema ai limiti, lineare del tipo
(25). Sono ben noti i metodi che si possono usare a tale scopo e che consistono nel sostituire al problema ai limiti
successivi problemi di valori iniziali o sempre <u>in avanti</u>
(0→a) oppure alternativamente <u>avanti</u> (0→a) e <u>indietro</u> (a→0).
   Rinviamo a <u>R.Kalaba</u> [6] ,   ove vien saggiato il metodo sull'esempio u" = e^u , u(0)=u(a)=0   che ha la soluzione

$$u(x)= \log \frac{\rho^2}{2} -2 \log \cos \frac{\rho}{2} \ (x- \frac{a}{2}) \ ,$$

essendo ρ la radice dell'equazione $\rho =\sqrt{2} \cos \frac{a\,\rho}{4}$

che è compresa fra 0 e min $(\frac{2\pi}{a} , \sqrt{2})$.

A.Ghizzetti

§ 5 - Un particolare problema di tipo ellittico.

Come altro caso particolare del problema (5) di § 2, consideriamo ora nel piano **xy** il seguente problema di Dirichlet

(1) $\Delta u = f(x,y,u)$, $[(x,y) \in A]$; $u=0$, $[(x,y) \in \partial A]$,

ove $\Delta u = u_{xx} + u_{yy}$ ed   A   è un aperto limitato di tale piano.

Seguendo il solito schema di § 2, possiamo ritenere soddisfatta l'ipotesi I, supponendo che la frontiera ∂A sia abbastanza regolare, in modo da assicurare l'esistenza della funzione di Green $G(x,y;s,t)$ del problema

$\Delta v = g(x,y)$, $[(x,y) \in A]$; $v=0$, $[(x,y) \in \partial A]$,

la quale permette la rappresentazione della soluzione $v(x,y)$ sotto la forma

$$v(x,y) = \iint_{\bar{A}} G(x,y;s,t)g(s,t)ds\, dt \ .$$

Porremo, come al solito

(2) $C = \left\| \iint_{\bar{A}} |G(x,y;s,t)| \ ds \ dt \right\|$.

L'ipotesi II si traduce nel supporre $f(x,y,u)$ continua assieme alle sue derivate parziali $f_u(x,y,u)$, $f_{uu}(x,y,u)$ per (x,y) variabili in un certo dominio D (e sarà $A \subset D$) e per $|u| \leq \beta$,   riuscendo inoltre

(3) $f_{uu}(x,y,u) > 0$.

L'ipotesi III richiede che la costante C definita da (2) verifichi la

(4) $$C \leq \frac{\beta}{M + 2\beta M_1} \quad ,$$

col solito significato di M e M_1 .

Veniamo ora all'ipotesi IV che si può enunciare conci-samente così

(5) $$\left. \begin{array}{ll} \Delta\varphi - f_u[x,y,z(x,y)]\varphi \geqslant 0, & [(x,y) \in A] \\ \varphi = 0 & , \quad [(x,y) \in \partial A] \end{array} \right\} \Rightarrow \varphi(x,y) \leqslant 0, \quad [(x,y) \in \bar{A}]$$

Diciamo, senza riportare la dimostrazione$^{(*)}$ che sussite un lemma analogo a quello del § 4 :

Lemma - Se la funzione $q(x,y)$ è continua in $\bar{A}$ e si ha

(6) $$\max_{(x,y) \in \bar{A}} q(x,y) < \lambda_0 \quad ,$$

$(*)$ Essa è fondata sul fatto che, nell'ipotesi (6), il pro-blema $\Delta\varphi + q\varphi = f$ (in A), $u=0$ (su ∂A) ammette una ed una sola soluzione $\varphi(x,y) = \iint_{\bar{A}} H(x,y;s,t)f(s,t)ds\,dt$ con uan funzione di Green $H(x,y;s,t) \leq 0$. Una dimostrazione, di carattere variazionale, si trova in R.KALABA [6] ; si veda anche L.COLLATZ [4] .

ove $\lambda_o > 0$ designa il più piccolo autovalore positivo del problema

(7) $\quad \Delta u + \lambda u = 0, \quad [(x,y) \in A] \; ; \quad u=0, \quad [(x,y) \in \partial A]$,

allora le condizioni

(8) $\quad \Delta\varphi + q(x,y)\varphi \geqslant 0 , \quad [(x,y) \in A] \; ; \; \varphi=0, \quad [(x,y) \in \partial A]$

implicano

(9) $\qquad \varphi \leq 0 , \qquad [(x,y) \in \bar{A}]$

riuscendo $\varphi \equiv 0$ se la prima delle (8) vale col segno d'uguaglianza.

Da questa lemma deriva ovviamente il sussistere di (5) qualora sia verificata la $\max\limits_{(x,y) \in \bar{A}} \left\{ -f_u [x,y,z(x,y)] \right\} < \lambda_o$. Ma il massimo qui indicato non supera M_1 e quindi la condizione è verificata perchè, come subito proviamo, si ha $M_1 < \lambda_o$, come conseguenza di (4).

Infatti il problema (7) può essere tradotto nell'equazione integrale

$$u(x,y) = - \lambda \iint\limits_{\bar{A}} G(x,y;s,t)u(s,t)ds \, dt$$

ed è ben noto che questa ammette una ed una sola soluzione se $|\lambda| < \dfrac{1}{C}$ ove C è la costante definita da (2). Perciò si ha $\lambda_o \geqslant \dfrac{1}{C}$; d'altra parte la (4) implica $C < \dfrac{1}{2 M_1}$ e si ha pertanto $M_1 < \dfrac{1}{2C} < \dfrac{1}{C} \leq \lambda_o$, c.d.d.

Possiamo dunque concludere che, sotto le sole condizioni (3), (4) sono validi per il problema (1) i quattro teorema del § 2 .

Osserviamo che il problema lineare associato a (1) è

(10) $\Delta w = f(x,y,z) + (w-z)f_u(x,y,z)$, $[(x,y) \in A]$, $w = 0$,

$$[(x,y) \in \partial A]$$

la cui soluzione indicheremo con

$$w \, [x,y; \, z(x,y)] \qquad .$$

Possiamo pertanto enunciare il seguente:

Teorema - Supposto verificate la (3) e la (4), la soluzione u(x,y) del problema (1) può esprimersi con la

(11) $\qquad u(x,y) = \min_{z \, \langle \cdot \rangle} \; w \, [x,y; z(x,y)]$.

Partendo da una $z(x,y)$ e costruendo in $\bar{A}$ le approssimazioni newtoniane $w_n(x,y)$ secondo lo schema

(12) $\quad w_1(x,y) = w \, [x,y,z(x,y)]$; $w_{n+1}(x,y) = w \, [x,y; \, w_n(x,y)]$,

$$(n = 1, 2, 3, \ldots) ,$$

la successione ottenuta $\langle w_n(x,y) \rangle$ è non crescente e converge uniformemente verso u(x,y), con conseguenza quadratica.

Il procedimento d'approssimazione descritto da (12) può essere applicato al calcolo numerico di u(x,y). Occorre ad ogni passo risolvere numericamente un problema di Dirichlet, lineare del tipo (10), usando per esempio il metodo

A.Ghizzetti

delle differenze finite.

Per varie avvertenze che occorre tenr presente nell'esecu-
zione dei calcoli, rimandiamo a R.Bellman-R.Kalaba [3] .

§ 6 - Un particolare problema di tipo parabolico.

Come ultimo caso particolare del problema (5) di § 2,
consideriamo il seguente, nel piano xt :

(1) $u_t - u_{xx} = f(x,t,u)$, $[(x,t) \in A]$; $u=0$, $[(x,t) \in \partial^* A]$

ove A denota il rettangolo $0 < x < 1$, $0 < t \leq T$ e $\partial^* A$
quella parte della frontiera di A costituita dai tre lati
$x = 0$, $t = 0$, $x = 1$ (resta escluso il lato $t = T$).

Procediamo nel modo ormai consueto e passiamo in rasse-
gna le varie ipotesi del § 2 .
L'ipotesi I è soddisfatta perchè è ben noto (cfr.G.Doetsch,
[5]) che il problema

$$v_t - v_{xx} = g(x,t), \quad [(x,t) \in A] \quad ; \quad v=0 , \quad [(x,t) \in \partial^* A]$$

ha una ed una sola soluzione espressa da

$$v(x,t) = \int_0^1 d\xi \int_0^t G(x,\xi,t-\tau) g(\xi,\tau) d\tau ,$$

ove la funzione di Green (nulla per $\tau > t$) è definita
dalle

A.Ghizzetti

$$G(x, \xi, t) = \frac{1}{4\pi t} \sum_{k=-\infty}^{+\infty} (e^{-\frac{(x-\xi+2k)^2}{4t}} - e^{-\frac{(x+\xi+2k)^2}{4t}}) =$$

$$= \frac{1}{2} \left[\theta_3(\frac{x-\xi}{2}, t) - \theta_3(\frac{x+\xi}{2}, t) \right]$$

essendo $\theta_3(x,t)$ una delle funzioni theta di Jacobi:

$$\theta_3(x,t) = 1 + 2 \sum_{k=1}^{\infty} e^{-k^2 \pi^2 t} \cos 2k\pi x \ .$$

Porremo come al solito

(2) $$C = \left\| \int_0^1 d\xi \int_0^t |G(x, \xi, t-\tilde{\tau})| \, d\tilde{\tau} \right\|$$

L'ipotesi II richiede la continuità di $f(x,t,u)$,
$f_u(x,t,u)$, $f_{uu}(x,t,u)$ per (x,t) variabile in un dominio
D (e sarà $A \subset D$) e per $|u| \leq \beta$, con

(3) $$f_{uu}(x,t,u) > 0 \ ,$$

mentre l'ipotesi III richiede il sussistere della

(4) $$C \leq \frac{\beta}{M + 2\beta M_1} \qquad (*)$$

L'ipotesi IV, con la formulazione

(*) E' evidente che questa condizione richiede che T sia
abbastanza piccolo.

A.Ghizzetti

$$\left. \begin{array}{l} \varphi_t - \varphi_{xx} - f_u[x,t,z(x,t)]\varphi \geqslant 0, \quad [(x,t) \in A] \\[1em] \varphi = 0 \quad , \quad [(x,t) \in \partial^* A] \end{array} \right\} \Rightarrow \varphi(x,t) \geqslant 0, \quad [(x,t) \in \bar{A}]$$

è ora senz'altro soddisfatta, __indipendentemente dalla (4)__, in virtù del seguente:

__Lemma__ - __Se la funzione__ q(x,t) __è continua in__ $\bar{A}$, __allora le condizioni__

(5) $\varphi_t - \varphi_{xx} + q(x,t)\varphi \geqslant 0, \quad [(x,t) \in A]$; $\varphi = 0 \quad [(x,t) \in A]$

__implicano__

(6) $\varphi(x,t) \geqslant 0$, $[(x,t) \in \bar{A}]$,

__riuscendo__ $\varphi \equiv 0$ __se la prima delle (5) sussiste col segno d'uguaglianza.__

__Dim.__   __Fissato un numero__ $\mu < \min\limits_{(x,t) \in \bar{A}} q(x,t)$ e   posto

$\varphi = e^{-\mu t}\psi$, le (5) si trasformano nelle

(7) $\psi_t - \psi_{xx} + [q(x,t) - \mu]\psi \geqslant 0, \quad [(x,t) \in A]$; $\psi = 0$,

$$[(x,t) \in \partial^* A]$$

e la tesi (5) nella $\psi(x,t) \geqslant 0$, $[(x,t) \in \bar{A}]$.

Ragioniamo per assurdo. Se non fosse $\psi \geqslant 0$ in $\bar{A}$, la ψ avrebbe in $\bar{A}$ un minimo assoluto __negativo__, conseguito in un punto (x_0, t_0) necessariamente interno ad A oppure situato sul lato $t = T$. In tale punto sarebbe

A.Ghizzetti

$\psi_t \le 0$, $\psi_{xx} \ge 0$ e quindi, tenuto presente che $q(x,t) - \mu > 0$:

$$\psi_t - \psi_{xx} + (q - \mu)\psi < 0 \quad ,$$

contro l'ipotesi (7). Il lemma è così dimostrato.

Possiamo pertanto concludere che sotto le condizioni (3) e (4) sussistono per il problema (1) i quattro teoremi del § 2 .

Il problema lineare associato a (1) è

$$w_t - w_{xx} = f(x,t,z) + (w-z)f_u(x,t,z), \quad [(x,t) \in A] \; ; \quad w = 0 \quad ,$$
$$[(x,t) \in \partial^* A]$$

ed allora, indicando la sua soluzione con $w[x,t \; ; z(x,t)]$, possiamo enunciare il seguente:

Teorema - Supposte verificate la (3) e la (4), la soluzione u(x,t) del problema (1) può esprimersi con la

$$u(x,t) = \max_{z(x,t)} \; w[x,t; \; z(x,t)] \quad .$$

Partendo da una z(x,t) e costruendo in $\bar{A}$ le approssimazioni newtoniane $w_n(x,t)$ secondo lo schema

$$w_1(x,t) = w[x,t; \; z(x,t)] \quad ; \quad w_{n+1}(x,t) = w[x,t; \; w_n(x,t)] \quad ,$$

$$(n = 1, 2, 3, \ldots\ldots)$$

la successione ottenuta $\{w_n(x,t)\}$ è non decrescente e converge uniformemente verso u(x,t), con convergenza quadratica.

A.Ghizzetti

Vale un'osservazione analoga a quella fatta alla fine del
§ precedente.

§ 7 - Un'altra applicazione alle equazioni diffe-
renziali ordinarie del 2° ordine.

7.1 - Studieremo ora un problema che non rientra fra quelli
considerati nel § 2. Precisamente ci occuperemo del problema

(1) $u''=f(x,u,u')$, $u(0)=u(a)=0$, $(0 \leqslant x \leqslant a)$.

Vedremo che si possono estendere a (1) i risultati di § 2

o, se si vuole, di § 4 ; nascono però alcune complicazio-
ni nelle ipotesi e nelle dimostrazioni.

Come in § 4, l'ipotesi I è verificata perchè il problema
$v'' = g(x)$, $v(0)=v(a)=0$ ha la soluzione

$$v(x)= \int_0^a G(x,s)g(s)ds, \quad G(x,s)= \begin{cases} -s(a-x)/a & (s \leqslant x) \\ -x(a-s)/a & (s \geqslant x) \end{cases} , \quad |G(x,s)| \leqslant \frac{a^2}{4} .$$

Per quanto riguarda l'ipotesi II, supporremo che la funzione
$f(x,u,u')$ sia di classe C^2 nel dominio $[0 \leqslant x \leqslant \alpha$, $|u| \leqslant \beta$,
$|u'| \leqslant \beta']$, (e sarà $a \leqslant \alpha$), e che per ogni x sia funzione di u , u' convessa in senso stretto, il che equivale
a scrivere [cfr. § 1, 2; esempio 4°] :

(2) $f_{uu} \, f_{u'u'} - f_{uu'}^2 > 0$, $f_{uu} > 0$.

Nel seguito supporremo, nel predetto dominio

A.Ghizzetti

(3) $\quad |f| \leq M , \quad |f_u| \leq M_1 , \quad |f_{u'}| = M_1' , \quad |f''| = M_2$

ove si è indicato con f'' una qualsiasi derivata parziale
seconda di f .

———

Per formulare l'ipotesi III, cominciamo coll'osservare
che (1) si può tradurre nel sistema di equazioni integrali

(4) $$u(x) = \int_0^a G(x,s) \, f\left[s, u(s), u'(s)\right] \, ds \quad ,$$

$$u'(x) = \int_0^a G_x(x,s) \, f\left[s, u(s), u'(s)\right] \, ds \quad ^{(*)} \quad ,$$

che può esser trattato col metodo delle approssimazioni
successive $\left\{u_n(x)\right\}$. Poichè le (4) implicano $\|u\| \leq \dfrac{a}{4} M$,
$\|u'\| \leq aM$, è chiaro che le

(5) $$\frac{a^2}{4} M \leq \beta \quad , \quad aM \leq \beta'$$

assicurano la possibilità di costruire $\left\{u_n(x)\right\}$. Si ricava
inoltre facilmente dalle (4)

$$\|u_{n+1} - u_n\| \leq \frac{a^2}{4}(M_1 \|u_n - u_{n-1}\| + M_1' \|u_n' - u_{n-1}'\|) \ ,$$

$$\|u_{n+1}' - u_n'\| \leq a (M_1 \|u_n - u_{n-1}\| + M_1' \|u_n' - u_{n-1}'\|) \ ;$$

———

$(*)$ Si ha $\quad G_x(x,s) = \begin{cases} s/a & (s \leq x) \\ -(a-s)/a & (s \geq x) \end{cases} \quad , \quad G_x(x,s) \leq 1 \ .$

ne segue $\quad M_1\|u_{n+1}-u_n\| + M_1'\|u_{n+1}'-u_n'\| \le (\frac{a^2}{4}M_1 + aM_1')(M_1\|u_n-u_{n-1}\| +$

$$+ M_1'\|u_n'-u_{n-1}'\|) \quad .$$

e perciò, proseguendo con ragionamenti classici, si arriva a concludere che, <u>se valgono le (5) ed inoltre la</u>

$$(6) \qquad \frac{a^2}{4}M_1 + a M_1' < 1 \quad ,$$

<u>il problema (1) ha una e una sola soluzione</u> $u(x)$ <u>verificante le</u>

$$\|u\| \le \beta \quad , \quad \|u'\| \le \beta' \quad , \quad |u''| \le M \quad .$$

Ciò premesso, consideriamo una <u>funzione parametro</u> $z(x)$ che in $[0 , a]$ verifichi le condizioni seguenti

$$(7) \quad z(x) \in C^2 \quad , \quad \|z\| \le \beta \quad , \quad \|z'\| \le \beta' \quad ,$$

$$\|z''\| \le M + 2\beta M_1 + 2\beta' M_1' \quad .$$

In virtù di (2) si può scrivere [cfr. con la (5) di § 1] :

$$(8) \qquad f\left[x,u(x),u'(x)\right] = \max_{z(x)} \left\{ f\left[x,z(x),\ z'(x)\right] + \right.$$

$$+\left[u(x)-z(x)\right]f_u\left[x,z(x),\ z'(x)\right] +$$

$$\left. +\left[u'(x)-z'(x)\right] f_{u'} \left[x,z(x),\ z'(x)\right]\right\} \quad ,$$

il massimo essendo conseguito per $z(x)=u(x)$, e quindi formulare il problema (1) nel modo seguente

$$u'' = \max_z \left\{ f(x,z,z')+(u-z)f_u(x,z,z')+(u'-z')f_{u'}(x,z,z') \right\} \quad ,$$

$$u(0)=u(a)=0 \quad .$$

A.Ghizzetti

Questo suggerisce di considerare il <u>problema lineare asso-</u>
<u>ciato</u> (con la funzione parametro z):

(9) $\quad w" = f(x,z,z')+(w-z)f_u(x,z,z')+(w'-z')f_{u'}(x,z,z')$,

$$w(0)=w(a)=0 \ .$$

Traducendo questo problema (9) in un sistema di equazioni
integrali analogo a (4), da risolversi con le approssimazioni successive, si trova immediatamente che le due condizioni
[analoghe a (5)]

(10) $\quad \frac{a^2}{4}(M+2\beta M_1+2\beta' M_1') \leq \beta$, $\quad a(M+2\beta M_1+2\beta' M_1') \leq \beta'$

garantiscono, assieme alla (6), che <u>il problema (9) ammette</u>
<u>una ed una sola soluzione</u> $w(x)$ <u>verificante la</u> $\|w\| \leq \beta$,
$\|w'\| \leq \beta'$ <u>ed anche la</u> $\|w"\| \leq M+2\beta M_1+2\beta' M_1'$ [<u>che segue</u>
<u>da (9)]</u> , <u>cosicchè la</u> $w(z)$ <u>appartiene alla stessa classe</u>
<u>(7) in cui abbiamo scelto la funzione parametro</u> $z(x)$.

Si osservi ora che le (10) assorbono le (5) (com'è evidente) ed assorbono anche la (6) perchè le (10) implicano

$\frac{a^2}{4} \cdot 2\beta M_1 < \beta$, $\quad a \cdot 2\beta' M_1 < \beta'$ $\quad$ ossia $\quad \frac{a^2}{4} M_1 < \frac{1}{2}$,

$a M_1' < \frac{1}{2}$.

Perciò, <u>come ipotesi III introdurremo il sussistere delle</u>
<u>(10), che assicurano il teorema di esistenza e di unicità</u>
<u>sia per il nostro problema (1), sia per il problema lineare</u>
<u>(9) ad esso associato.</u>

Veniamo ora all'ipotesi IV che dovrebbe assicurarci il sussistere di una proprietà di questo tipo [per ogni funzione
parametro z(x)] :

(11)
$$\left. \begin{array}{c} \varphi'' \geqslant f_u(x,z,z')\varphi + f_{u'}(x,z,z')\varphi' \\ \\ \varphi(0) = \varphi(a) = 0 \end{array} \right\} \implies \varphi \leqslant 0 \quad .$$

A tale scopo premettiamo il seguente

Lemma - Se in $[0 , a]$ la funzione p(x) è di classe C^1,
la q(x) è continua e si ha

(12)
$$\max_{0 \leqslant x \leqslant a} \left[q(x) - \frac{1}{4} p^2(x) - \frac{1}{2} p'(x) \right] < \frac{\pi^2}{a^2} \quad ,$$

allora dalle due condizioni

(13) $\quad \varphi'' + p(x)\varphi' + q(x)\varphi \geqslant 0 \quad , \quad \varphi(0) = \varphi(a) = 0 ,$

$$(0 \leqslant x \leqslant a)$$

viene di conseguenza

$$\varphi(x) \leqslant 0 \quad , \quad (0 \leqslant x \leqslant a) ,$$

riuscendo $\varphi \equiv 0$ se nella prima delle (13) vale il segno d'uguaglianza.

Dim. Discende immediatamente dal Lemma di § 4 . Posto

infatti $\quad \varphi = \psi \, e^{-\frac{1}{2} \int_0^x p(s)ds}$, le (13) si trasformano
in

$$\psi'' + q^*(x)\psi \geqslant 0 \quad , \quad \psi(0) = \psi(a) = 0 \quad , \quad (0 \leqslant x \leqslant a)$$

A.Ghizzetti

con

$$q^*(x) = q(x) - \frac{1}{4} p^2(x) - \frac{1}{2} p'(x) \; , \qquad \max_{0 \leq x \leq a} \; q^*(x) < \frac{\pi^2}{a^2} \; .$$

Per il Lemma citato si ha allora $\psi(x) \leq 0$ e quindi $\varphi(x) \leq 0$, c.d.d.

In base a questo Lemma, possiamo dire che condizione sufficiente affinchè valga la (11) è che sia [per ogni funzione parametro $z(x)$]

$$\max_{0 \leq x \leq a} \left\{ -f_u(x,z,z') - \frac{1}{4} f^2_{u'}(x,z,z') + \frac{1}{2} \frac{d}{dx} f_{u'}(x,z,z') \right\} < \frac{\pi^2}{a^2} \; ;$$

ma, in virtù di (3) e (7) il massimo qui considerata non supera

$$M_1 + \frac{1}{2} M_2 (1 + \beta' + M + 2 \beta M_1 + 2 \beta' M_1') \; ,$$

cosicchè per essere certi che sussista la proprietà (11), richiederemo come ipotesi IV che sia verificata la

$$(14) \qquad M_1 + \frac{1}{2} M_2 (1 + \beta' + M + 2 \beta M_1 + 2 \beta' M_1') < \frac{\pi^2}{a^2} \; .$$

7.2 - Ci proponiamo ora di dimostrare, per il nostro problema (1), che se la funzione $f(x,u,u')$ verifica le ipotesi poste [in particolare la (2)] e se il numero a soddisfa alle (10) e (14), allora sussistono i quattro seguenti teoremi, analoghi a quelli di § 2 .

A.Ghizzetti

<u>Teorema I</u> - <u>La soluzione</u> $u(x)$ <u>del problema (1) può rappre-
sentarsi con la formula</u>

(15) $u(x)= \min_{z(x)}$ $w\,[x\,;\,z(x)]$

<u>ove</u> $w\,[x\,;\,z(x)]$ <u>indica la soluzione del problema lineare
associato (9), con una qualunque funzione parametro</u> $z(x)$
<u>verificante le (7).</u>

<u>Dim</u>.- Si ha, in virtù di (1) e (8):

$$u'' \geqslant f(x,z,z')+(u-z)f_u(x,z,z')+(u'-z')f_{u'}(x,z,z')\ ;$$

$$u(0)=u(a)=0$$

e quindi, sottraendo (9)

$$(u-w)'' \geqslant (u-w)f_u(x,z,z')+(u-w)'f_{u'}(x,z,z')\ ;$$

$$u(0)-w(0)=u(a)-w(a) = 0\ ,$$

col segno $=$ solo se $z = u$. In virtù di (11) si deduce
$u-w \leqslant 0$ (coll' $=$ se $z = u$) , donde la (15), c.d.d.

<u>Teorema II</u> - <u>Costruite le approssimazioni newtoniane</u> $\left\{w_n(x)\right\}$,
($n = 1, 2, 3,\ldots..$), <u>secondo lo schema</u>

(16) $w_1(x)=w\,[x;z(x)]$; $w_{n+1}(x)=w\,[x;w_n(x)]$, $(n=1,2,\ldots)$,

<u>la successione ottenuta risulta monotona non crescente.</u>

<u>Dim.</u> - Osserviamo anzitutto che la costruzione delle $w_n(x)$
è possibile, a partire da una qualsiasi funzione parametro
$z(x)$, perchè, come già si è osservato, ogni problema (9)
genera una soluzione della classe (7), che può quindi essere assunta come nuova funzione parametro.

Si ha

$$w''_{n+1} = f(x, w_n, w'_n) + (w_{n+1} - w_n) f_u(x, w_n, w'_n) +$$

$$+ (w'_{n+1} - w'_n) f_{u'}(x, w_n, w'_n) ; \qquad w_{n+1}(0) = w_{n+1}(a) = 0 ,$$

$$w''_n = f(x, w_{n-1}, w'_{n-1}) + (w_n - w_{n-1}) f_u(x, w_{n-1}, w'_{n-1}) +$$

$$+ (w'_n - w'_{n-1}) f_{u'}(x, w_{n-1}, w'_{n-1}) \leqslant f(x, w_n, w'_n) ;$$

$$w_n(0) = w_n(a) = 0 ,$$

e quindi

$$(w_{n+1} - w_n)'' \geqslant (w_{n+1} - w_n) f_u(x, w_n, w'_n) + (w_{n+1} - w_n)' f_{u'}(x, w_n, w'_n);$$

$$w_{n+1}(0) - w_n(0) = w_{n+1}(a) - w_n(a) = 0 .$$

Per la (11) questo implica $w_{n+1} - w_n \leqslant 0$, c.d.d.

<u>Teorema III</u> - <u>Le successioni</u> $\left\{ w_n(x) \right\}$, $\left\{ w'_n(x) \right\}$ <u>definite</u> <u>da (16) convergono, uniformemente in</u> $[0,a]$, <u>rispettivamente</u> <u>verso la soluzione</u> $u(x)$ <u>del problema (1) e la sua derivata</u> $u'(x)$.

<u>Dim.</u> - Dal teor.II e dal fatto che $w_n(x) \geqslant - \beta$ segue che in ogni punto $x \in [0,a]$ esiste finito il limite

$$(17) \qquad \lim_{n \to \infty} w_n(x) = U(x) .$$

Consideriamo ora la successione $\left\{ w'_n(x) \right\}$ e supponiamo che di essa esista una successione parziale $\left\{ w'_{\nu_i}(x) \right\}$, $(\nu_1 < \nu_2 < \cdots)$, convergente in $[0,a]$ ad una funzio-

A.Ghizzetti

ne limite $V(x)$, necessariamente misurabile e limitata
($|V(x)| \leqslant \beta'$) . Allora dalla $w_{\nu_i}(x) = \int_0^x w'_{\nu_i}(s)ds$, eseguendo
il passaggio al limite per $i \longrightarrow \infty$ e tenendo conto che si
può farlo sotto il segno d'integrale $[$perchè $|w'_{\nu_i}(s)| \leqslant \beta']$,
si deduce, per la (17), $U(x) = \int_0^x V(s)ds$, onde quasi ovunque si ha $U'(x) = V(x)$. Possiamo dunque scrivere che

(18) $\quad \lim\limits_{i \to \infty} w'_{\nu_i}(x) = V(x) \implies V(x) = U'(x) \quad$ (quasi ovunque).

Ciò premesso, osserviamo che la successione $\left\{ w'_n(x) \right\}$ è
costituita da funzioni __equilimitate__ $[$perchè $|w'_n(x)| \leqslant \beta']$ ed
__equicontinue__ $[$perchè $\quad |w'_n(x) - w'_n(\xi)| \leqslant |x - \xi|(M + 2\beta M_1 + 2\beta M'_1)$)
in quanto ogni $w_n(x)$ verifica le (7)$]$. Perciò, per il
teorema di Ascoli-Arzelà, esiste una successione parziale
$\left\{ w'_{n_1}(x) \right\}$ convergente in $[0,a]$, risultando necessariamente per la (18):

(19) $\quad \lim\limits_{i \to \infty} w'_{n_1}(x) = U'(x) \quad$ (quasi ovunque).

Dimostriamo ora che anche la successione $\left\{ w'_{n_1+1}(x) \right\}$ è
convergente.

Si ha infatti

$$w'_{n+1}(x) - w'_{n+1}(0) = \int_0^x \left\{ f(s,w_n,w'_n) + (w_{n+1} - w_n)f_u(s,w_n,w'_n) + \right.$$
$$\left. + (w'_{n+1} - w'_n)f_{u'}(s,w_n,w'_n) \right\} ds \quad ,$$

od anche, eseguendo a secondo membro un'integrazione per
parti

$$w'_{n+1}(x) - w'_{n+1}(0) = \left[w_{n+1}(x) - w_n(x) \right] f_{u'} \left[x, w_n(x), w'_n(x) \right] +$$

$$+\int_0^x \left\{ f(s,w_n,w_n') + (w_{n+1}-w_n)\left[f_u(s,w_n,w_n') - \frac{d}{ds} f_{u'}(s,w_n,w_n') \right] \right\} ds \ .$$

Di qui, facendo percorrere a n la successione $\{n_i\}$ e passando al limite per $i \to \infty$[tenendo conto di (17), (19) ed operando sotto il segno di integrale$^{(*)}$], si deduce che

(20) $\qquad \lim_{i \to \infty} \left[w_{n_i+1}'(x) - w_{n_i+1}'(0) \right] = \int_0^x f(s,U,U')ds \ .$

Si osservi poi che si può scrivere $\displaystyle\int_0^a w_{n_i+1}'(x)dx =$
$= w_{n_i+1}(a) - w_{n_i+1}(0) = 0$ e quindi

$$w_{n_i+1}'(0) = -\frac{1}{a}\int_0^a \left[w_{n_i+1}'(x) - w_{n_i+1}'(0) \right] dx \quad ;$$

da questa e dalla (20) si trae, al solito modo, che esiste finito il $\lim_{i\to\infty} w_{n_i+1}'(0)$, cosicchè si può concludere, in base alla (20), che effettivamente la successione parziale $\left\{ w_{n_i+1}'(x) \right\}$ è convergente ed anzi, per la (18), che si ha

(21) $\qquad\qquad \lim_{i \to \infty} w_{n_i+1}'(x) = U'(x) \qquad$ (quasi ovunque).

Ciò posto, ricordiamo che $w_{n+1}(x)$ è soluzione dell'equazione integrale

---

$(*)$ Cosa lecita perchè il valore assoluto dell'integrando non supera $\quad M + 2\beta\left[M_1 + M_2(1 + \beta' + M + 2\beta M_1 + 2\beta'M_1') \right.$.

$$w_{n+1}(x) = \int_0^a G(x,s) \left[f(s,w_n,w_n') + (w_{n+1} - w_n) f_u(s,w_n,w_n') + \right.$$

$$\left. + (w_{n+1}' - w_n') f_{u'}(s,w_n,w_n') \right] ds \ .$$

Se facciamo percorrere a n la successione $\{n_i\}$ e passiamo al limite per $i \to \infty$, otteniamo, in virtù delle (17), (19), (21) e del passaggio al limite sotto il segno di integrale (con la consueta giustificazione):

$$U(x) = \int_0^a G(x,s) f(s,U,U') \ ds \ .$$

Questo mostra che $U(x)$ è soluzione del problema (1) onde, a causa dell'unicità di tale soluzione, si ha $U(x) = u(x)$. Si conclude dunque che

(22)
$$\lim_{n \to \infty} w_n(x) = u(x) \quad ,$$

con convergenza uniforme in $[0,a]$, in virtù del teorema di Dini. Rimane da provare che, uniformemente in $[0,a]$, sussiste pure la

(23)
$$\lim_{n \to \infty} w_n'(x) = u'(x) \ .$$

A tale scopo, osserviamo che si può scrivere

$$u'(x) - w_n'(x) = \int_0^a G_x(x,s) \left[f(s,u,u') - f(s,w_{n-1},w_{n-1}') - \right.$$

$$\left. - (w_n - w_{n-1}) f_u(s,w_{n-1},w_{n-1}') - (w_n' - w_{n-1}') f_{u'}(s,w_{n-1},w_{n-1}') \right] ds$$

A.Ghizzetti

od anche, eseguendo un'integrazione per parti[*]

$$u'(x) - w_n'(x) = -[w_n(x) - w_{n-1}(x)]f_{u'}(x, w_{n-1}, w_{n-1}') +$$

$$+ \frac{1}{a}\int_0^b (w_n - w_{n-1})f_{u'}(s, w_{n-1}, w'_{n-1})ds + \int_0^b G_x(x,s)\Big\{ f(s,u,u') -$$

$$- f(s, w_{n-1}, w'_{n-1}) - (w_n - w_{n-1})\Big[f_u(s, w_{n-1}, w'_{n-1}) -$$

$$- \frac{d}{ds} f_{u'}(s, w_{n-1}, w'_{n-1})\Big]\Big\} ds \quad ;$$

se ne deduce

$$\| u' - w_n' \| \leq M_1' \| w_n - w_{n-1} \| + M_1' \| w_n - w_{n-1} \| +$$

$$+ a \Big\{ M_1 \| u - w_{n-1} \| + M_1' \| u' - w_{n-1}' \| +$$

$$+ [M_1 + M_2(1 + \beta' + M + 2\beta M_1 + 2\beta' M_1')] \| w_n - w_{n-1} \| \Big\} \quad ,$$

e quindi, con un passaggio al limite per $n \to \infty$, dopo aver posto $\max \lim_{n \to \infty} \| u' - w_n' \| = \mu$ (con $0 \leq \mu < +\infty$) e tenuto conto della (22):

$$\mu \leq a M_1' \mu \quad .$$

---

[*]
A causa della discontinuità di $G_x(x,s)$, occorre scrivere $\int_0^a G_x(x,s)\dots ds = \int_0^a \frac{s}{a}\dots ds - \int_0^a (1 - \frac{s}{a})\dots ds$ ed integrare per parti separatamente sui due integrali.

Ricordando che $aM_1' < \frac{1}{2}$ si conclude che $\mu \leqslant 0$; dunque $\mu = 0$ ossia $\lim\limits_{n \to \infty} \|u'-w_n'\| = 0$ il che prova la (23), con convergenza uniforme, c.d.d.

Teorema IV - **La convergenza di** $\left\{w_n(x)\right\}$, $\left\{w_n'(x)\right\}$ **verso** u(x), u'(x) **è quadratica, nel senso che**

$$(24) \qquad \|u-w_n\| + \|u'-w_n'\| \leqslant k \; (\|u-w_{n-1}\| + \|u'-w_{n-1}'\| \,)^2$$

con k **costante indipendente da** n .

Dim. - Si può scrivere

$$u(x)-w_n(x) = \int_0^a G(x,s) \left[f(s,u,u') - f(s,w_{n-1},w_{n-1}') - \right.$$

$$-(u-w_{n-1}) f_u(s,w_{n-1},w_{n-1}') - (u'-w_{n-1}') f_{u'}(s,w_{n-1},w_{n-1}') +$$

$$\left. +(u-w_n) f_u(s,w_{n-1},w_{n-1}') + (u'-w_n') f_{u'}(s,w_{n-1},w_{n-1}') \right] ds =$$

$$= \int_0^a G(x,s) \left\{ \frac{1}{2} \left[(u-w_{n-1})^2 \, \bar{f}_{uu} + 2(u-w_{n-1})(u'-w_{n-1}') \bar{f}_{uu'} + \right. \right.$$

$$\left. +(u'-w_{n-1})^2 \, \bar{f}_{u'u'} \right] + (u-w_n) f_u(s,w_{n-1} \, , \, w_{n-1}' \,) +$$

$$\left. + (u'-w_n') \, f_{u'} \, (s, \, w_{n-1} \, , \, w_{n-1}') \right\} \; ds \quad ,$$

con ovvio significato dei simboli $\bar{f}_{uu}$, $\bar{f}_{uu'}$, $\bar{f}_{u'u'}$. Una formula analoga sussiste per $u'(x)-w_n'(x)$; basta, a secondo membro, cambiare $G(x,s)$ in $G_x(x,s)$.
Se ne deduce

A.Ghizzetti

$$\|u-w_n\| \leq \frac{a^2}{4}\left[\frac{1}{2}M_2(\|u-w_{n-1}\|+\|u'-w'_{n-1}\|)^2 + \right.$$

$$\left. + M_1\|u-w_n\| + M'_1\|u'-w'_n\|\right]$$

$$\|u'-w'_n\| \leq a\left[\frac{1}{2}M_2(\|u-w_{n-1}\|+\|u'-w'_{n-1}\|)^2 + \right.$$

$$\left. + M_1\|u-w_n\| + M'_1\|u'-w'_n\|\right]$$

e quindi, moltiplicando la prima per $1-a\,M'_1 > \frac{1}{2}$ la seconda

per $\frac{a^2}{4}M'_1$ e sommando

$$(1-\frac{a^2}{4}M_1-aM'_1)\|u-w_n\| \leq \frac{1}{2}\frac{a^2}{4}M_2(\|u-w_{n-1}\|+\|u'-w'_{n-1}\|)^2 ,$$

oppure moltiplicando la prima per $\frac{a^2}{4}M'_1$, la seconda per

$1-\frac{a^2}{4}M_1 > \frac{1}{2}$ e sommando

$$(1-\frac{a^2}{4}M_1-a\,M'_1)\|u'-w'_n\| \leq \frac{1}{2}a\,M_2(\|u-w_{n-1}\|+\|u'-w'_{n-1}\|)^2 .$$

Sommando membro a membro le due ultime disuguaglianze trova-
te e tenendo presente che $1-\frac{a^2}{4}M_1 - a\,M'_1 > 0$ si arriva
alla (24) con

$$k = \frac{1}{2}\frac{(\frac{a^2}{4} + a)M_2}{1-\frac{a^2}{4}M_1-a\,M'_1} .$$

A.Ghizzetti

7.3 - Per un esempio numerico relativo al problema (1) si veda R.Kalaba [5] , ove vien considerato il caso

(25) $\qquad -u'' = 1 + \alpha^2 u'^2$, $u(0) = u(a) = 0$

in cui non son esattamente soddisfatte le (2), ma la (8) (e quindi tutto il metodo) è ancora applicabile. Sotto la condizione $a < \dfrac{\pi}{\alpha}$, il problema (25) ha la soluzione

$$u(x) = \frac{1}{\alpha^2} \log \frac{\cos \alpha \left(x - \frac{a}{2}\right)}{\cos \frac{\alpha a}{2}} \qquad .$$

7.4 - La dimostrazione del teor.III è alquanto complicata; ciò è dovuto al fatto che abbiam voluto mantenere per a le sole condizioni (10) e (14). Si osservi che dalle (10) segue soltanto

$$\frac{a^2}{4} M_1 + a\ M_1' \leq \frac{\beta M_1 + \beta' M_1}{M + 2\beta M_1 + 2\beta' M_1'} < \frac{1}{2} \quad ,$$

mentre l'ipotesi più restrittiva

(26) $\qquad \dfrac{a^2}{4} M_1 + a\ M_1' < \dfrac{1}{3}$

ci avrebbe permesso di dimostrare il teor.III nel modo seguente. Scritta la

$$w_{n+1}(x) - w_n(x) = \int_0^a G(x,s) \left\{ (w_{n+1} - w_n) f_u(s, w_n , w_n') + \right.$$

$$+ (w_{n+1}' - w_n') f_{u'}(s, w_n, w_n') + f(s, w_n, w_n') - f(s, w_{n-1} , w_{n-1}') -$$

A.Ghizzetti

$$-(w_n-w_{n-1})f_u(s,w_{n-1},w'_{n-1})-(w'_n-w'_{n-1})f_{u'}(s,w_{n-1},w'_{n-1})\Big\}\ ds$$

e l'analoga per $w'_{n+1}(x)-w'_n(x)$ (cambiando G in G_x), si può dedurre

$$(27) \quad \|w_{n+1}-w_n\| \leq \frac{a^2}{4}\Big\{ M_1\|w_{n+1} - w_n\| + M'_1\|w'_{n+1} - w'_n\| +$$

$$+ 2 M_1\|w_n - w_{n-1}\| + 2 M'_1\|w'_n - w'_{n-1}\|\Big\}$$

e l'analoga per $\|w'_{n+1} - w'_n\|$ (cambiando $\frac{a^2}{4}$ in a). Moltiplicando la (27) per M_1 , l'analoga per M'_1 e sommando, si ricava

$$M_1\|w_{n+1}-w_n\| +M'_1\|w'_{n+1}-w'_n\| \leq (\frac{a^2}{4}M_1+aM'_1)\Big\{ M_1\|w_{n+1}-w_n\|+M'_1\|w'_{n+1}-w'_n\| +$$

$$+2\Big[M_1\|w_n-w_{n-1}\| + M'_1\|w'_n-w'_{n-1}\|\Big]\Big\}$$

ossia

$$(28) \quad M_1\|w_{n+1}-w_n\| + M'_1\|w'_{n+1} - w'_n\| \leq$$

$$\leq \frac{2(\frac{a^2}{4}M_1+a M'_1)}{1-\frac{a^2}{4}M_1-a M'_1}\Big\{M_1\|w_n-w_{n-1}\| + M'_1\|w'_n-w'_{n-1}\|\Big\} \quad .$$

Se è verificata la (26) risulta

$$\frac{2 (\frac{a^2}{4}M_1+ a M'_1)}{1 - \frac{a^2}{4}M_1 - a M'_1} < 1$$

e perciò la (28) assicura la convergenza uniforme di $\{w_n(x)\}$ e $\{w'_n(x)\}$ verso due certe funzioni $U(x)$, $V(x)$.

A.Ghizzetti

Si trova allora subito che

$$U(x)=\int_0^a G(x,s)f(s,U,V)ds \quad , \quad V(x)=\int_0^a G_x(x,s)f(s,U,V)ds$$

e quindi che $U(x)$ coincide con la soluzione $u(x)$ del problema (1) e $V(x)$ con la sua derivata $u'(x)$, c.d.d.

§ 8 - Applicazione ad un problema di calcolo delle variazioni.

Esponiamo qui un'applicazione ad un problema di calcolo delle variazioni.
Essa si trova in R.BELLMAN [2] ed in R.KALABA [6] ; qui la esponiamo sotto forma un po' diversa per non far ricorso ai principi della programmazione dinamica, che non presupponiamo nota al lettore.

Sia Y la classe delle funzioni $y(t)$ continue a tratti per $0 \leqslant t \leqslant \alpha$ e X quella delle funzioni $x(t)$ che, nello stesso intervallo, son continue ed hanno derivata prima continua a tratti. Ad ogni $y(t) \in Y$ associamo la $x(t) \in X$ che è individuata dalle

(1) $$\frac{dx}{dt} = G(x,y) \ , \qquad x(0) = c \ ,$$

supponendo naturalmente che la funzione assegnata G verifichi ipotesi tali da assicurare che in $[0,\alpha]$ la $x(t)$ esiste ed è unica.
Successivamente consideriamo il funzionale

A.Ghizzetti

(2)
$$J[y] = \int_0^T F(x,y)\, dt$$

ove $F(x,y)$ è una funzione assegnata e $0 < T \leq \alpha$. Supponiamo che F verifichi ipotesi tali che esista in Y il massimo assoluto di $J[y]$; tale massimo si può pensare come una funzione dei due parametri c , T che figurano in (1), (2) e porremo pertanto

(3)
$$\max_{y \in Y} J[y] = u\,(c\,,\,T)\,.$$

Fissato s , con $0 < s < T$, si può scrivere

(4)
$$J[y] = \int_0^s F(x,y)dt + \int_0^T F(x,y)dt = \int_0^s F(x,y)dt +$$
$$+ \int_0^{T-s} F[x(\tau+s),\, y(\tau+s)]\, d\tau\,.$$

Posto $x(\tau+s) = \xi(\tau)$, $y(\tau+s) = \eta(\tau)$, si ha ovviamente

$$\frac{d\xi}{d\tau} = G(\xi,\eta)\,,\quad \xi(0) = x(s)\,;$$

perciò l'ultimo integrale che figura in (4) è del tipo (2) con $x(s)$ in luogo di c e $T-s$ in luogo di T . Pertanto esso non supera $u\,[x(s),\,T-s]$, onde dalla (4) discende

$$J[y] \leq \int_0^s F(x,y)dt + u\,[x(s),\,T-s]$$

e successivamente, prendendo il massimo di entrambi i membri e ricordando la (3)

(5)
$$u(c,T) \leq \max_{y \in Y[0.s]} \left\{ \int_0^s F(x,y)dt + u\,[x(s),\,T-s] \right\}\,,$$

A.Ghizzetti

ove $Y[0,s]$ è la classe delle funzioni continue a tratti in $[0,s]^{(*)}$. D'altra parte il valore massimo $u[x(s), T-s]$ è conseguito da $\int_0^T F(x,y)dt$ in corrispondenza ad una certa coppia di funzioni $y_1(t)$, $x_1(t)$ definite in $[s,T]$ e pertanto, considerate le funzioni $y^*(t) \in Y$, $x^*(t) \in X$ così definite

$$y^*(t)=\begin{cases} y(t) & (0 \leqslant t \leqslant s) \\ y_1(t) & (s \leq t \leqslant T) \end{cases} \qquad , \qquad x^*(t)=\begin{cases} x(t) & (0 \leqslant t \leqslant s) \\ x_1(t) & (s \leq t \leqslant T) \end{cases}$$

si può scrivere, tenendo anche presente le (2), (3):

$$(6) \quad \int_0^s F(x,y)dt + u[x(s), T-s]= \int_0^s F(x,y)dt + \int_s^T F(x_1,y_1)dt =$$
$$= \int_0^T F(x^*, y^*)dt \leq u(c , T) .$$

Da (5), (6) segue evidentemente

$$(7) \quad u(c,T) = \max_{y \in Y[0,s]}\left\{\int_0^s F(x,y)dt + u[x(s), T-s]\right\} .$$

La (7) può anche scriversi

$$\max_{y \in Y[0,s]}\left\{\frac{1}{s}\int_0^s F(x,y)dt + \frac{u[x(s), T-s] -u(c,T)}{s}\right\}=0 ;$$

di qui, passando al limite per $s \longrightarrow 0$ e ponendo

$$y(0) = v$$

$(*)$ L'espressione fra graffe a secondo membro di (5) dipende soltanto dalla scelta di $y(t)$ in $[0,s]$, scelta che individua anche il valore $x(s)$.

A.Ghizzetti

si ricava, ricordando (1):

$$\max_{v} \left[F(c,v) + u_c(c,T)G(c,v) - u_T(c,T) \right] = 0$$

ossia

(8) $\qquad u_T(c,T) = \max_{v} \left[F(c,v) + G(c,v)u_c(c,T) \right]$.

La funzione $u(c,T)$ deve dunque verificare questa relazione, assieme all'altra evidente:

(9) $\qquad\qquad u(c,0) = 0$.

Le (8), (9) suggeriscono di considerare il seguente problema lineare associato, nell'incognita $w(c,T)$:

(10) $\qquad w_T(c,T) = F(c,v) + G(c,v)w_c(c,T)$; $\qquad w(c,0) = 0$,

dipendente dal parametro numerico v . Si tratta di un problema di Cauchy per un'equazione lineare alle derivate parziali del 1° ordine.

Da (8), (9), (10) segue, posto $u - w = z$:

(11) $\qquad\qquad z_T \geqslant G(c,v)z_c$, $\qquad z(c,0) = 0$.

Di qui si deduce

(12) $\qquad\qquad z(c,T) \geqslant 0$.

Infatti, la (11) esprime che non è negativa la derivata di z secondo la direzione i cui coseni direttori (rispetto agli assi c , T) sono uguali a $-\dfrac{G}{\sqrt{1+G^2}}$, $\dfrac{1}{\sqrt{1+G^2}}$ e tale direzione è orientata verso le T positive.

La (12) equivale alla $u(c,T) \geqslant w(c,T)$ e pertanto possiamo concludere che si ha

A.Ghizzetti

$$(13) \qquad\qquad u(c,T) = \max_{v} \; w(c,T;v)$$

<u>ove</u>   w(c,T;v) <u>indica la soluzione del problema lineare
associato (10), dipendente dal parametro numerico</u> v .

Si può osservare che la soluzione   w(c,T;v)   del problema (10) è data da

$$w(c,\; T;\; v) = - \int_{f(c,T)}^{c} \frac{F(\gamma,\; v)}{G(\gamma,\; v)} \; d\gamma$$

ove   f(c,T)   è la funzione definita da

$$T = \int_{c}^{f(c,T)} \frac{d\gamma}{G(\gamma,\; v)} \qquad .$$

La (13) permette il calcolo approssimato del massimo
u(c,T)   del funzionale considerato $J[y]$.

§ 9 - <u>Operatori monotoni.</u>

Il successo dei procedimenti di quasilinearizzazione,
indicati nei § precedenti, risiede essenzialmente nella validità dell'ipotesi IV del § 2. In ciascuno dei casi particolari esaminati nei § 3, 4, 5, 6, 7, tale ipotesi ha potu-
to essere realizzata, come conseguenza di un   "Lemma"   che
è stato messo in evidenza in ciascun § . Anche nel § 8 si

A.Ghizzetti

è fatto uso .di una proprietà analoga [si veda il passaggio
da (11) a (12)] .

In sostanza si tratta di realizzare teoremi del tipo
seguente: se T è un operatore lineare (differenziale, integrale, matrice,...), dal fatto che T[u]⩾0 e che u verifica certe condizioni di frontiera, si ha di conseguenza
u ⩾ 0 (oppure u ⩽ 0). Si dice allora che T è un operatore monotono.

Per estendere ad altri casi i metodi di quasilinearizzazione occorre dunque conoscere altri operatori monotoni.

Vari risultati, oltre a quelli qui segnalati, sono già
noti: si può in proposito consultare E.F.Beckenbach-R.Bell-
man [1] , Chap. 4, 5 e L.COLLATZ [4] , Chap.III .

Riteniamo però che ci sono ancora molte richerche da
fare in questa direzione (per esempio, già nel campo dei
problemi ai limiti per equazioni differenziali ordinarie di
ordine > 2); ogni nuovo risultato consentirà di costruire
nuove applicazioni della quasilinearizzazione.

PARTE II

Aldo Ghizzetti

Nozioni fondamentali sulle equazioni alle differenze e sulle frazioni continue

§ 1 - Equazioni lineari alle differenze.

1.1 - Si chiama equazione lineare alle differenze, di ordine p , nell'incognita $y(n)$, $(n = 0, 1, 2,\ldots)$, un'equazione del tipo

$$(1) \quad a_0(n)y(n+p)+a_1(n)y(n+p-1)+\cdots\cdots+a_p(n)y(n)=b(n),$$

ove $a_0(n)$, $a_1(n)$,...,$a_p(n)$, $b(n)$ sono funzioni assegnate di n , verificanti la condizione

$$(2) \qquad a_0(n)\, a_p(n) \neq 0 , \qquad (n=0,1,2,\ldots) .$$

Possiamo adottare per la (1) la forma normale

$$(3) \quad y(n+p)+a_1(n)y(n+p-1)+\cdots\cdots+a_p(n)y(n)=b(n), \quad a_p(n)\neq 0.$$

E' evidente che, se sono noti i valori di $y(n),y(n+1),\ldots,y(n+p-1)$, la (3) determina il valore di $y(n+p)$; così pure, se son noti $y(n+1)$, $y(n+2),\ldots,y(n+p)$, la stessa equazione determina $y(n)$. Ciò mostra che una soluzione $y(n)$ è completamente individuata quando se ne conoscono i valori in p punti consecutivi e perciò possiamo enunciare:

Teorema I - Esiste una ed una sola soluzione di (3) che verifichi condizioni iniziali del tipo

A.Ghizzetti

(4) $y(k)=\eta_0$, $y(k+1)=\eta_1$,$\ldots\ldots$, $y(k+p-1)=\eta_{p-1}$

<u>ove</u> k <u>è un qualsiasi intero non negativo e</u> η_0 ,

η_1 ,$\ldots\ldots$, η_{p-1} <u>numeri arbitrariamente fissati.</u>

1.2 - Se la funzione b(n) è identicamente nulla, l'equazione (3) si dice <u>omogenea</u>; nel caso contrario si dice <u>non omogenea</u>. Cominciamo ad occuparci dell'equazione omogenea:

(5) $y(n+p)+a_1(n)y(n+p-1)+\cdots\cdots+a_p(n)y(n)=0$, $a_p(n)\neq 0$,

Se $y_1(n)$, $y_2(n)$,$\ldots$,$y_p(n)$ sono p soluzioni particolari della (5), è evidente che anche $c_1y_1(n)+c_2y_2(n)+\cdots$ $+c_py_p(n)$, (c_1 , c_2 ,$\ldots$, c_p costanti arbitrarie) è una soluzione. Si chiama <u>wronskiano</u> delle p soluzioni considerate il determinante

(6) $W(n) = \begin{vmatrix} y_1(n) & y_2(n)\ldots\ldots y_p(n) \\ y_1(n+1) & y_2(n+1)\ldots,y_p(n+1) \\ ,\ldots\ldots\ldots\ldots\ldots\ldots\ldots \\ y_1(n+p-1) & y_2(n+p-1)\ldots y_p(n+p-1) \end{vmatrix}$.

Se si scrive il determinante W(n+1) e si esprimono gli elementi $y_1(n+p)$, $y_2(n+p)$,$\ldots$, $y_p(n+p)$ dell'ultima riga ricavandoli dalla (5), aggiungendo poi all'ultima riga un'opportuna combinazione lineare delle precedenti, si ottiene

A.Ghizzetti

$$W(n+1)= \begin{vmatrix} y_1(n+1) & y_2(n+1)\ldots\ldots\ldots & y_p(n+1) \\ \cdots\cdots\cdots\cdots\cdots\cdots\cdots\cdots\cdots\cdots\cdots \\ y_1(n+p-1) & y_2(n+p-1)\ldots\ldots & y_p(n+p-1) \\ -a_p(n)y_1(n) & -a_p(n)y_2(n)\ldots\ldots & -a_p(n)y_p(n) \end{vmatrix}$$

e quindi

(7) $\qquad W(n+1) = (-1)^p \, a_p(n) \, W(n)$.

Da (7) segue evidentemente:

Teorema II - <u>Considerate</u> p <u>soluzioni particolari della</u> (5) ed il loro wronskiano W(n) , <u>risulta necessariamente</u> W(n)$\neq$ 0 <u>per tutti gli</u> n , <u>oppure</u> W(n) = 0 <u>per tutti gli</u> n .

Le p soluzioni particolari $y_1(n)$, $y_2(n)$,...,$y_p(n)$ si dicono <u>linearmente dipendenti</u> se esistono p costanti c_1 , c_2 ,..., c_p , <u>non tutte nulle</u>, tali da aversi

(8) $\qquad \displaystyle\sum_{i=1}^{p} c_i \, y_i(n) = 0$, $\qquad$ (n=0,1,2,....);

si dicono <u>linearmente indipendenti</u> nel caso contrario. Si ha al riguardo il teorema seguente:

Teorema III - <u>Condizione necessaria e sufficiente affinchè</u> <u>le</u> p <u>soluzioni particolari</u> $y_1(n)$, $y_2(n)$,..., $y_p(n)$ <u>della (5) siano linearmente dipendenti è che sia</u> W(n)=0 .

<u>Dim.</u> - Se vale la (8), con le c_i non tutte nulle, le c_i stesse son soluzioni del seguente sistema di p equazioni lineari omogenee

$$\sum_{i=1}^{N} c_i \, y_i (n+k) = 0 \ , \qquad (k=0,1,\ldots,p-1),$$

il cui determinante dei coefficienti, cioè $W(n)$, deve necessariamente essere nullo.

Viceversa se $W(n)=0$, esistono dei numeri c_i non tutti nulli che verificano il sistema

$$\sum_{i=1}^{N} c_i \, y_i (k) = 0 \ , \qquad (k=0,1,\ldots,p-1).$$

Allora la $y(n)=\sum_{i=1}^{n} c_i \, y_i (n)$ è una soluzione di (5) che verifica le condizioni iniziali $y(0)=0$, $y(1)=0$,.. ...,$y(p-1)=0$; ne segue ovviamente (teor.I) $y(n)=0$ per tutti gli n , vale a dire il sussistere della (8), c.d.d.

Si dice che le p soluzioni particolari $y_1(n)$, $y_2(n),\ldots,y_p(n)$ della (5) formano un <u>sistema fondamentale</u> di soluzioni se esse sono <u>linearmente indipendenti</u> o, ciò che è lo stesso (teor.III), se <u>il loro wronskiano è diverso da zero</u>.$^{(*)}$

_____

$(*)$ E' evidente che esistono sistemi fondamentali di soluzioni. Basta considerare p soluzioni $y_i(n)$ individuate, secondo il teor.I, da condizioni iniziali $y_i(k)=\eta_{ik}$, $(k=0,1,\ldots,p-1)$, con i numeri η_{ik} scelti in modo che $\det(\eta_{ik})=W(0)\neq0$; sarà allora (teor.II) $W(n)\neq0$ per tutti gli n .

A.Ghizzetti

Possiamo ora concludere col teorema seguente:

<u>Teorema IV</u> - <u>Se</u> $y_1(n)$, $y_2(n)$,...,$y_p(n)$ <u>è un sistema</u>
<u>fondamentale di soluzioni dell'equazione (5), allora tutte</u>
<u>le soluzioni dell'equazione stessa son date dalla formula</u>

$$(9) \qquad y(n) = c_1\, y_1(n) + c_2\, y_2(n) + \cdots + c_p\, y_p(n)$$

<u>al variare della scelta delle costanti arbitrarie</u> c_1,
c_2,....,c_p .

<u>Dim.</u> - Già sappiamo che, qualunque siano c_1, c_2,...., c_p,
la (9) fornisce una soluzione di (5).

Viceversa se $y(n)$ è una qualunque soluzione, noi
possiamo, in base all'ipotesi $W(n) \neq 0$, univocamente determinare p numeri c_1, c_2,....., c_p soluzioni del
sistema

$$\sum_{i=1}^{\,p} c_i\, y_i(k) = y(k) \quad , \qquad (k=0,1,....,p-1).$$

Allora le due soluzioni $y(n)$, $\displaystyle\sum_{i=1}^{\,p} c_i\, y_i(n)$ verificano le stesse condizioni iniziali nel gruppo di punti $0, 1,..$
....., $p-1$ e quindi coincidono (teor.I); sussiste pertanto, con le c_i così determinate, la formula (9), c.d.d.

1.3 - Esaminiamo il caso particolare in cui l'equazione
omogenea (5) è <u>a coefficienti costanti</u>, scrivendola

$$(10) \qquad y(n+p)+a_1\, y(n+p-1)+ \cdots +a_p\, y(n)=0 , \quad a_p \neq 0 .$$

Cercando soluzioni del tipo $y(n)=t^n$, con t costante da determinarsi, si trova immediatamente per t l'equazione caratteristica

$$(11) \qquad t^p + a_1 t^{p-1} + \dots + a_p = 0 \; ,$$

Se quest'equazione ha p radici distinte t_1 , t_2 ,..., t_p (necessariamente tutte diverse da zero, in forza della condizione $a_p \neq 0$), la (10) ha le p soluzioni t_1^n , t_2^n ,..., t_p^n che costituiscono un sistema fondamentale, perchè un facile calcolo mostra che per il loro wronskiano si ha

$$W(n) = t_1^n \, t_2^n \dots t_p^n \; V(t_1 \, , \, t_2 \, , \dots, \, t_p)$$

ove $V(t_1 \, , \, t_2 \, , \dots, \, t_p)$ indica il determinante di Vandermonde dei numeri $t_1 \, , \, t_2 \, , \dots, \, t_p$, cosicchè risulta $W(n) \neq 0$. Per il teor.IV si può dunque affermare che la soluzione generale di (10) è data da

$$(12) \qquad y(n) = c_1 \, t_1^n + c_2 \, t_2^n + \dots + c_p \, t_p^n \quad ,$$

Se la (9) non ha radici tutte distinte, ma ha le radici $t_1 \, , \, t_2 \, , \dots, \, t_q$ con le rispettive molteplicità ν_1 , ν_2 ,......, ν_q ($q < p$; $\nu_1 + \nu_2 + \dots + \nu_q = p$), si può dimostrare che la (10) ha allora le p soluzioni

$$t_i^n \, , \quad n t_i^n \, , \quad n^2 t_i^n \, , \dots, \, n^{\nu_i - 1} \, t_i^n \, , \quad (i=1,2,\dots,q)$$

e che queste costituiscono un sistema fondamentale, dimodo-
chè la soluzione generale è data da

$$(13) \qquad y(n) = \sum_{i=1}^{q} \sum_{j=0}^{\nu_i - 1} c_{ij} \, n^j \, t_i^n \quad .$$

1.4 - Consideriamo ora l'equazione non omogenea (3) e supponiamo di conoscere un sistema fondamentale $y_1(n)$,
$y_2(n), \ldots, y_p(n)$ di soluzioni della corrispondente equazione omogenea (5). E' subito visto che tutte le soluzioni di
(3) son date da

$$(14) \qquad y(n) = c_1 \, y_1(n) + c_2 \, y_2(n) + \cdots + c_p \, y_p(n) + Y(n) \quad ,$$

ove c_1, c_2, ..., c_p son costanti arbitrarie e $Y(n)$
è una soluzione particolare della (3).

Per determinare $Y(n)$ si può usare un metodo analogo a quello di variazione delle costanti arbitrarie. Si cerca $Y(n)$ sotto la forma

$$(15) \qquad Y(n) = \sum_{i=1}^{r} f_i(n) \, y_1(n)$$

ove $f_1(n)$, $f_2(n), \ldots, f_r(n)$ sono funzioni da determinarsi, imponendo che sian soddisfatte le seguenti altre
$p-1$ relazioni

$$(16) \qquad Y(n+k) = \sum_{i=1}^{r} f_i(n) \, y_1(n+k) \ , \qquad (k=1,2,\ldots,p-1).$$

Dalla (15) (cambiando n in $n+1$) e da (16) (cambiando
n in $n+1$ e k in $k-1$) seguono le

A.Ghizzetti

$$(17) \qquad Y(n+k)= \sum_{i=1}^{p} f_i(n+1) \, y_1(n+k), \qquad (k=1,2,\ldots,p),$$

onde, confrontando le prime $p-1$ di queste con le (16), si trae che deve essere

$$(18) \qquad \sum_{i=1}^{p} \left[f_i(n+1)- f_i(n) \right] y_1(n+k)=0 , \qquad (k=1,2,\ldots,p-1),$$

mentre l'ultima delle (17) fornisce

$$(19) \qquad Y(n+p)= \sum_{i=1}^{p} f_i(n+1) \, y_1(n+p) .$$

Sostituendo (15), (16), (19) nella (3) si ottiene, ricordando che $y_1(n)$, $y_2(n),\ldots,y_p(n)$ son soluzioni della (5):

$$(20) \qquad \sum_{i=1}^{p} \left[f_i(n+1)- f_i(n) \right] y_1(n+p)= b(n) .$$

Le (18), (20) costituiscono un sistema di p equazioni lineari nelle p incognite $f_i(n+1)- f_i(n)$, con determinante dei coefficienti uguale a $W(n+1)$; tale sistema individua univocamente le $f_i(n+1)- f_i(n) = \varphi_i(n)$. Sommando le relazioni che di qui si ottengono mettendo successivamente $0, 1,\ldots, n-1$ al posto di n, si ricava

$$f_i(n) = f_i(0) + \sum_{k=0}^{n-1} \varphi_i(k) , \qquad (i=1,2,\ldots,p),$$

Restan così determinate, ciascuna a meno della costante arbitraria $f_i(0)$, tutte le $f_i(n)$ e sostituendo in (15) si ottiene la soluzione particolare $Y(n)$ della (3).

A.Ghizzetti

Possiamo concludere col seguente

Teorema V - <u>Noto un sistema fondamentale</u> $y_1(n)$, $y_2(n)$,..
....., $y_p(n)$ <u>di soluzioni dell'equazione omogenea (5), la</u>
<u>soluzione generale dell'equazione non omogenea (3) è data</u>
<u>da</u>

$$(21) \qquad y(n) = \sum_{i=1}^{r} \left[c_i + \sum_{k=0}^{n-1} \varphi_i(k) \right] y_i(n)$$

<u>ove le</u> c_i <u>son costanti arbitrarie e le funzioni</u>
$\varphi_i(n)$ <u>van ricavate dal sistema di equazioni lineari</u>

$$(22) \qquad \sum_{i=1}^{r} y_i(n+k) \, \varphi_i(n) = \begin{cases} 0 & (k=1,2,\ldots,p-1) \\ \\ b(n) & (k=p) \end{cases}$$

§ 2 - <u>Frazioni continue e loro proprietà</u>
<u>Relazioni ricorrenti a tre termini;</u>
<u>loro legame con le frazioni continue</u>
<u>e costruzione della soluzione principale.</u>

2.1 - Si chiama <u>frazione continua</u> un'espressione del tipo

$$(1) \qquad b_0 + \cfrac{a_1}{b_1 + \cfrac{a_2}{b_2 + \cfrac{a_3}{b_3 + \cdots}}}$$

A.Ghizzetti

ove b_0 , a_1 , b_1 , a_2 , b_2 ,...... son numeri reali o complessi, detti <u>elementi</u> della frazione continua.

In luogo della notazione (1) si adotta più comunemente la

$$(2) \qquad b_0 + \cfrac{a_1}{b_1 +} \quad \cfrac{a_2}{b_2 +} \quad \cfrac{a_3}{b_3 +} \quad ......$$

Si cerca di attribuire un valore numerico C all'espressione (1), considerando di essa le successive <u>ridotte</u>

$$C_0 = b_0 \ , \quad C_1 = b_0 + \cfrac{a_1}{b_1} \ , \quad C_2 = b_0 + \cfrac{a_1}{b_1 + \cfrac{a_2}{b_2}} \ , \ ...,$$

$$..., \ C_p = b_0 + \cfrac{a_1}{b_1 + \cfrac{a_2}{b_2 + \cfrac{\ddots}{\ddots + \cfrac{a_p}{b_p}}}} \ , ...$$

e ponendo per definizione

$$(3) \qquad C = \lim_{p \to \infty} C_p \ ,$$

nell'ipotesi che tale limite esista finito; in tal caso la frazione continua si dice <u>convergente</u>.

Di una frazione continua convergente si può dare un notevole significato geometrico nel modo seguente. Sia z una variabile complessa e si considerino le seguenti <u>trasformazioni lineari</u> su di essa

A.Ghizzetti

$$(4) \qquad t_o(z)=b_o+z \quad , \quad t_1(z)=\frac{a_1}{b_1+z} \quad , \quad t_2(z)=\frac{a_2}{b_2+z} \quad , \ldots \ldots$$

$$\ldots, \quad t_p(z)=\frac{a_p}{b_p+z} \quad , \ldots \ldots$$

Il prodotto $\quad t_o \, t_1 \, \ldots \, t_{p+1}$ delle prime $\quad p+2 \quad$ di queste trasformazioni $\quad (*) \quad$ si può ovviamente rappresentare con la formula

$$t_o \, t_1 \, \ldots \, t_{p+1}(z) = b_o + \frac{a_1}{b_1+} \, \frac{a_2}{b_2+} \, \ldots + \cfrac{a_p}{b_p + \cfrac{a_{p+1}}{b_{p+1}+z}} \qquad ,$$

onde si ha

$$(5) \qquad \qquad t_o \, t_1 \, \ldots \, t_{p+1}(\infty) = C_p \quad ;$$

dunque la ridotta $\quad C_p \quad$ rappresenta l'immagine del punto $z = \infty \quad$ nella trasformazione lineare che è il prodotto delle $\quad p+2 \quad$ trasformazioni lineari (4) ed il valore $\quad C \quad$ della frazione continua è la posizione limite (per $\quad p \longrightarrow \infty$) di tale immagine.

(*) Si intende che

$$t_o \, t_1 \, \ldots t_p \, t_{p+1}(z) = t_o \, (t_1 \{ \, \ldots \ldots t_p \, [t_{p+1}(z)] \} \,) \, .$$

A.Ghizzetti

Viceversa, se si considera un'arbitraria successione di trasformazioni lineari

$$t_p(z) = \frac{\alpha_p z + \beta_p}{\gamma_p z + \delta_p} \quad , \quad (\gamma_p \neq 0 \; ; \; \Delta_p = \alpha_p \delta_p - \beta_p \gamma_p \neq 0 \; ; \; p = 0,1,2,..),$$

ad essa si può collegare una frazione continua C in modo che valga la (5). Infatti, osservato che si può scrivere

$$t_p(z) = \frac{\alpha_p}{\gamma_p} - \frac{\Delta_p / \gamma_p^2}{\dfrac{\delta_p}{\gamma_p} + z} \quad ,$$

si vede che

$$t_0 \, t_1 \, ... \, t_{p+1}(z) = \frac{\alpha_0}{\gamma_0 -} \; \frac{\Delta_0 / \gamma_0^2}{\dfrac{\delta_0}{\gamma_0} + \dfrac{\alpha_1}{\gamma_1} -} \; \frac{\Delta_1 / \gamma_1^2}{\dfrac{\delta_1}{\gamma_1} + \dfrac{\alpha_2}{\gamma_2} -} \; ...$$

$$... \; \frac{\Delta_p / \gamma_p^2}{\dfrac{\delta_p}{\gamma_p} + \dfrac{\alpha_{p+1}}{\gamma_{p+1}} -} \; \frac{\Delta_{p+1}/\gamma_{p+1}^2}{\dfrac{\delta_{p+1}}{\gamma_{p+1}} + z} \quad ,$$

cosicchè $t_0 \, t_1 \, ,.. \, t_{p+1} \, (\infty)$ coincide con la ridotta C_{p+1} della frazione continua che ha gli elementi

$$b_0 = \frac{\alpha_0}{\gamma_0} \; ; \; a_1 = -\frac{\Delta_0}{\gamma_0^2} \quad , \quad b_1 = \frac{\delta_0}{\gamma_0} + \frac{\alpha_1}{\gamma_1} \quad ;$$

$$a_2 = -\frac{\Delta_1}{\gamma_1^2} \quad , \quad b_2 = \frac{\delta_1}{\gamma_1} + \frac{\alpha_2}{\gamma_2} \; ; \; ......$$

A.Ghizzetti

2.2 - Per ogni ridotta C_p della frazione continua (1) si può scrivere

(6)
$$C_p = \frac{A_p}{B_p} \quad ,$$

ove A_p , B_p son <u>polinomi</u> negli elementi a_i , b_i (detti rispettivamente p-esimo <u>numeratore</u> e p-esimo <u>denominatore</u>). Si ha per esempio

(7) $\quad A_0 = b_0$, $B_0 = 1$; $A_1 = b_0\, b_1 + a_1$, $B_1 = b_1$; ..... ,

Dimostriamo le seguenti <u>fondamentali relazioni ricorrenti</u>

(8)
$$\begin{cases} A_{p+1} = b_{p+1}\, A_p + a_{p+1}\, A_{p-1} \\[2mm] B_{p+1} = b_{p+1}\, B_p + a_{p+1}\, B_{p-1} \end{cases} \qquad (p = 1,\, 2,\, 3, \ldots)$$

le quali, com'è immediato verificare in base alle (7), <u>valgono anche per</u> $p = 0$ quando si convenga di porre

(9)
$$A_{-1} = 1 \quad , \qquad B_{-1} = 0 \quad .$$

Procedendo per induzione, dobbiamo far vedere che le (8) sono conseguenza delle

$$\begin{cases} A_p = b_p\, A_{p-1} + a_p\, A_{p-2} \\[2mm] B_p = b_p\, B_{p-1} + a_p\, B_{p-2} \end{cases}$$

A,Ghizzetti

Infatti è evidente che la ridotta $C_{p+1} = \dfrac{A_{p+1}}{B_{p+1}}$ si ottie-

ne dalla ridotta $C_p = \dfrac{A_p}{B_p} = \dfrac{b_p A_{p-1} + a_p A_{p-2}}{b_p B_{p-1} + a_p B_{p-2}}$ cambiando

b_p in $b_p + \dfrac{a_{p+1}}{b_{p+1}}$; si ha dunque

$$\frac{A_{p+1}}{B_{p+1}} = \frac{\left(b_p + \dfrac{a_{p+1}}{b_{p+1}}\right) A_{p-1} + a_p A_{p-2}}{\left(b_p + \dfrac{a_{p+1}}{b_{p+1}}\right) B_{p-1} + a_p B_{p-2}} =$$

$$= \frac{A_p + \dfrac{a_{p+1}}{b_{p+1}} A_{p-1}}{B_p + \dfrac{a_{p+1}}{b_{p+1}} B_{p-1}} = \frac{b_{p+1} A_p + a_{p+1} A_{p-1}}{b_{p+1} B_p + a_{p+1} B_{p-1}}$$

e quindi le (8).

Ricaviamo un'altra importante formula detta formula determinante, Si ha

$$\begin{vmatrix} A_{p-1} & A_p \\ B_{p-1} & B_p \end{vmatrix} = \begin{vmatrix} A_{p-1} & b_p A_{p-1} + a_p A_{p-2} \\ B_{p-1} & b_p B_{p-1} + a_p B_{p-2} \end{vmatrix} = -a_p \begin{vmatrix} A_{p-2} & A_{p-1} \\ B_{p-2} & B_{p-1} \end{vmatrix} ,$$

$$(p = 1, 2, 3,,\ldots,)$$

A.Ghizzetti

e quindi, moltiplicando membro a membro le prime $\quad$ p $\quad$ di

queste relazioni e tenendo presente che $\begin{vmatrix} A_{-1} & A_0 \\ B_{-1} & B_0 \end{vmatrix} = \begin{vmatrix} 1 & b_0 \\ 0 & 1 \end{vmatrix} = 1$:

$$(10) \qquad \begin{vmatrix} A_{p-1} & A_p \\ B_{p-1} & B_p \end{vmatrix} = (-1)^p \, a_1 \, a_2 \, \cdots \, a_p \, , \qquad (p=1,2,3,,\ldots),$$

che è la formula voluta.

Fra le proprietà più semplici delle frazioni continue conviene anche menzionare la così detta <u>trasformazione per equivalenza</u>. Esaminando l'espressione delle ridotte della frazione continua (1) è subito visto che sostituendo gli ele-menti

$$a_1 \, , \, b_1 \, , \, a_2 \, , \, b_2 \, , \, a_3 \, , \, b_3 \, ,\ldots\ldots$$

rispettivamente con

$$\gamma_1 a_1 \, , \, \gamma_1 b_1 \, , \, \gamma_2 \gamma_1 a_2 \, , \quad \gamma_2 b_2 \, , \, \gamma_3 \gamma_2 a_3 \, , \, \gamma_3 b_3 \, ,\ldots ,$$

le ridotte $\quad C_p \quad$ non cambiano di valore. Dunque la frazione continua (1) può essere trasformata nell'equivalente

$$(11) \qquad b_0 + \cfrac{\gamma_1 a_1}{\gamma_1 b_1 +} \quad \cfrac{\gamma_2 \gamma_1 a_2}{\gamma_2 b_2 +} \quad \cfrac{\gamma_3 \gamma_2 a_3}{\gamma_3 b_3 +} \quad \ldots\ldots \quad ,$$

ove γ_1 , γ_2 , γ_3 , $\ldots\ldots$ sono numeri arbitrari (non nulli).

2.3 - Il calcolo numerico delle successive ridotte $C_p = \dfrac{A_p}{B_p}$

può eseguirsi calcolando per ricorrenza i numeratori A_p ed i denominatori B_p , mediante successive applicazioni delle (8) $(p = 0, 1, 2, \ldots)$, partendo dai valori iniziali

$$A_{-1} = 1 \quad , \quad A_o = b_o \quad ; \quad B_{-1} = 0 \quad , \quad B_o = 1 \quad ,$$

Questo metodo ha in generale il difetto che i numeri A_p , B_p diventano ben presto estremamente grandi,

E' meglio usare un secondo metodo in cui si procede a ritroso, Si osservi che la ridotta C_p può ottenersi calcolando successivamente i seguenti numeri

$$(12) \quad f_p^{(p)} = \frac{a_p}{b_p} \quad , \quad f_{p-1}^{(p)} = \frac{a_{p-1}}{b_{p-1} + f_p^{(p)}} \quad ,$$

$$f_{p-2}^{(p)} = \frac{a_{p-2}}{b_{p-2} + f_{p-1}^{(p)}} \quad , \ldots , \quad f_1^{(p)} = \frac{a_1}{b_1 + f_2^{(p)}} \quad ,$$

dopo di che si avrà

$$C_p = b_o + f_1^{(p)} \quad ,$$

Quando si convenga di porre $f_{p+1}^{(p)} = 0$ le (12) possono conglobarsi nella

$$f_k^{(p)} = \frac{a_k}{b_k + f_{k+1}^{(p)}} \quad \mathfrak{a} \quad (k = p, p-1, \ldots, 1) \quad ,$$

A.Ghizzetti

Questo metodo ha però l'inconveniente che per ogni ridotta bisogna ricominciare da capo il calcolo.

Vi è infine un terzo metodo basato sul fatto che ad ogni funzione continua si può associare una serie (serie di Euler-Minding) per la quale la successione delle somme parziali coincide con quella delle ridotte della frazione continua. Osservato che si può scrivere

$$C_p = \frac{A_p}{B_p} = \frac{A_o}{B_o} + \sum_{n=1}^{p} \left(\frac{A_n}{B_n} - \frac{A_{n-1}}{B_{n-1}} \right) = b_o - \sum_{n=1}^{p} \frac{\begin{vmatrix} A_{n-1} & A_n \\ B_{n-1} & B_n \end{vmatrix}}{B_{n-1} B_n} \quad ,$$

si ha per la (10)

$$(13) \qquad C_p = b_o - \sum_{n=1}^{p} \frac{(-1)^n a_1 a_2 \ldots a_n}{B_{n-1} B_n} \qquad .$$

Introducendo le quantità

$$(14) \qquad \rho_1 = \frac{a_1}{B_o B_1} \quad ; \qquad \rho_k = - a_k \frac{B_{k-2}}{B_k} \quad ,$$

$$(K = 2, 3, 4, \ldots \ldots) \,$$

è ovvio che la (13) può anche scriversi

$$(15) \qquad C_p = b_o + \sum_{n=1}^{p} \rho_1 \rho_2 \cdots \rho_n \qquad .$$

A.Ghizzetti

Questo mostra che la serie $\quad b_0 + \sum_{n=1}^{\infty} \rho_1 \rho_2 \cdots \rho_n \quad$ __ha come somme parziali le ridotte della nostra frazione continua__ e pertanto __la somma di tale serie coincide col valore della frazione continua__.

Per l'uso pratico di questa proprietà, non conviene calcolare ρ_1 , ρ_2 , ..., per mezzo delle (14), perchè ciò richiede il preventivo calcolo dei denominatori B_0 , B_1 , ..., , ma conviene servirsi di altre formule (ricorrenti) che andiamo a ricavare.

Ricordando le (7) si ha intanto $\quad \rho_1 = \dfrac{a_1}{b_1} \quad$. Si ha poi

$$1 + \rho_2 = 1 - a_2 \; \frac{B_0}{B_2} = 1 - a_2 \; \frac{1}{b_1 \, b_2 + a_2} = \frac{b_1 \, b_2}{b_1 \, b_2 + a_2} = \frac{1}{1 + \dfrac{a_2}{b_1 \, b_2}}$$

e successivamente, per $\quad k = 3, 4, \ldots$

$$(16) \quad 1 + \rho_k = 1 - a_k \; \frac{B_{k-2}}{B_k} = \frac{B_k - a_k B_{k-2}}{B_k} = \left[\text{per (8)} \right] = \frac{b_k \, B_{k-1}}{B_k} \; ;$$

d'altra parte si può anche scrivere $\left[\text{per (8)} \right]$

$$1 + \rho_k = \frac{b_k \, B_{k-1}}{b_k \, B_{k-1} + a_k \, B_{k-2}} = \frac{1}{1 + \dfrac{a_k \, B_{k-2}}{b_k \, B_{k-1}}} =$$

A.Ghizzetti

$$= \cfrac{1}{1 + \cfrac{a_k}{b_{k-1} \, b_k} \; \cfrac{b_{k-1} \; B_{k-2}}{B_{k-1}}} = [\text{per (16)}] = \cfrac{1}{1 + \cfrac{a_k}{b_{k-1} \, b_k}(1 + \rho_{k-1})} \; .$$

Dunque, <u>per il calcolo delle quantità</u> ρ_1 , ρ_2 , ..,... <u>che</u>
<u>generano la serie di Euler-Minding</u>

(17) $$b_0 + \sum_{n=1}^{\infty} \rho_1 \, \rho_2 \cdots \rho_n$$

<u>si possono usare le formule seguenti</u>

(18) $$\begin{cases} \rho_1 = \cfrac{a_1}{b_1} \; , & 1 + \rho_2 = \cfrac{1}{1 + \cfrac{a_2}{b_1 \, b_2}} \qquad , \\[3em] 1 + \rho_k = \cfrac{1}{1 + \cfrac{a_k}{b_{k-1} \, b_k}(1 + \rho_{k-1})} \; , & (k = 3, 4, \ldots) \; . \end{cases}$$

Il procedimento di calcolo numerico della frazione continua
che nasce dalle (17), (18) non presenta gli inconvenienti dei
due metodi precedenti.

Viceversa, ad ogni serie (17) (con i ρ_k arbitrari) si
può associare, in infiniti modi, una frazione continua le cui
ridotte coincidono con le somme parziali della serie.
Basta osservare che dalle (18) si ricavano le

A.Ghizzetti

$$(19) \quad \begin{cases} a_1 = \rho_1 b_1 \quad , \quad a_2 = -\rho_2 b_1 \dfrac{b_2}{1 + \rho_2} \quad , \\[3mm] a_k = -\rho_k \dfrac{b_{k-1}}{1 + \rho_{k-1}} \ \dfrac{b_k}{1 + \rho_k} \quad , \quad (k=3, \ 4, \ldots,) \end{cases}$$

le quali, fissati ad arbitrario b_1 , b_2 ,......, determinano a_1 , a_2 , ...

Per esempio, si può assumere $b_1 = 1$, $b_k = 1 + \rho_k$
$(k = 2, \ 3, \ldots,)$ e dedurre $a_1 = \rho_1$, $a_k = -\rho_k$
$(k = 2, \ 3, \ldots,)$. Si genera così la frazione continua

$$b_0 + \dfrac{\rho_1}{1 -} \ \dfrac{\rho_2}{1 + \rho_2 -} \ \dfrac{\rho_3}{1 + \rho_3 -} \ldots\ldots$$

equivalente alla serie (17).

2,4 - Data la frazione continua (1) e considerate le sue
ridotte C_0 , C_1 , C_2 ,......, ci proponiamo di
costruire una frazione continua P [detta parte pari
della (1)] che abbia come ridotte C_0 , C_2 , C_4 ,....
.., ed un'altra frazione continua D [detta parte dispari
di (1)] avente invece le ridotte C_1 , C_3 , C_5 ,....

Poichè $C_0 = b_0$, $C_2 = b_0 + \dfrac{b_2 a_1}{a_2 + b_2 b_1}$, è ovvio intanto

che deve essere

A.Ghizzetti

$$(20) \qquad P = b_o + \cfrac{b_2 \, a_1}{a_2 + b_2 \, b_1 +} \quad \ldots\ldots \qquad .$$

Per individuare gli elementi successivi, osserviamo che dalle (8) seguono le

$$(21) \quad \begin{cases} A_{2p+2} = b_{2p+2} \, A_{2p+1} + a_{2p+2} \, A_{2p} \\ A_{2p+1} = b_{2p+1} \, A_{2p} + a_{2p+1} \, A_{2p-1} \qquad (p=1,2,3,\ldots.) \\ A_{2p} = b_{2p} \, A_{2p-1} + a_{2p} \, A_{2p-2} \end{cases}$$

ed analoghe per i denominatori B_{2p+2} , B_{2p+1} , B_{2p} . Eliminando A_{2p+1} e A_{2p-1} fra le (21) $\big[$ e B_{2p+1} , B_{2p-1} fra le tre formule analoghe non scritte$\big]$ e ponendo $A_{2p} = A'_p \, \big[B_{2p} = B'_p \big]$ si perviene alle

$$(22) \quad \begin{cases} A'_{p+1} = \left[a_{2p+2} + b_{2p+2} \left(b_{2p+1} + \dfrac{a_{2p+1}}{b_{2p}} \right) \right] A'_p - \\ \qquad\qquad - \dfrac{b_{2p+2} \, a_{2p+1} \, a_{2p}}{b_{2p}} \, A'_{p-1} \\ \qquad\qquad\qquad\qquad\qquad\qquad (p=1,2,3,\ldots) \\ B'_{p+1} = \left[a_{2p+2} + b_{2p+2} \left(b_{2p+1} + \dfrac{a_{2p+1}}{b_{2p}} \right) \right] B'_p - \\ \qquad\qquad - \dfrac{b_{2p+2} \, a_{2p+1} \, a_{2p}}{b_{2p}} \, B'_{p-1} \end{cases}$$

A. Ghizzetti

Queste sono simili alle (8) con

$$(23) \qquad a'_{p+1} = - \frac{b_{2p+2}\, a_{2p+1}\, a_{2p}}{b_{2p}} \quad , \quad b'_{p+1} = a_{2p+2} + b_{2p+2}\Big(b_{2p+1} +$$

$$+ \frac{a_{2p+1}}{b_{2p}}\Big), \qquad (p=1,2,\ldots)$$

e perciò definiscono dei numeratori A'_2 , A'_3 ,..... e dei denominatori B'_2 , B'_3 ,...... tali che

$$\frac{A'_2}{B'_2} = \frac{A_4}{B_4} = C_4 \quad , \quad \frac{A'_3}{B'_3} = \frac{A_6}{B_6} = C_6 \,,\ldots \quad ,$$

Dunque la frazione continua che comincia come (20) e che ha i successivi elementi definiti da (23), vale a dire la

$$(24) \qquad P = b_0 + \frac{b_2\, a_1}{a_2 + b_2\, b_1 -} \quad \frac{b_4\, a_3\, a_2/b_2}{a_4 + b_4(b_3 + \frac{a_3}{b_2}) -} \quad \frac{b_6\, a_5\, a_4/b_4}{a_6 + b_6(b_5 + \frac{a_5}{b_4}) -} \,\ldots$$

$$\ldots \frac{b_{2p}\, a_{2p+1}\, a_{2p-2}/b_{2p-2}}{a_{2p} + b_{2p}(b_{2p-1} + \frac{a_{2p-1}}{b_{2p-2}}) -} \,\ldots$$

ha effettivamente C_0 , C_2 , C_4 , C_6 ,.... come successione delle ridotte.

Analogamente per la parte dispari. Poichè $C_1 = b_0 + \frac{a_1}{b_1}$, si vede intanto che deve essere

$$D = (b_0 + \frac{a_1}{b_1}) + \frac{\ldots\ldots}{\ldots\ldots} \qquad .$$

A.Ghizzetti

Servendosi poi delle

$$
\begin{cases}
A_{2p+3} = b_{2p+3}\, A_{2p+2} + a_{2p+3}\, A_{2p+1} \\[4pt]
A_{2p+2} = b_{2p+2}\, A_{2p+1} + a_{2p+2}\, A_{2p} \qquad (p=0,1,2,\ldots), \\[4pt]
A_{2p+1} = b_{2p+1}\, A_{2p} + a_{2p+1}\, A_{2p-1}
\end{cases}
$$

eliminando fra esse A_{2p+2} e A_{2p} e ponendo $A_{2p+1} = A'_p$

$\big[$e procedendo analogamente per i denominatori$\big]$ si ottiene

$$
\begin{cases}
A'_{p+1} = \left[a_{2p+3} + b_{2p+3}\left(b_{2p+2} + \dfrac{a_{2p+2}}{b_{2p+1}} \right) \right] A'_p - \dfrac{b_{2p+3}\, a_{2p+2}\, a_{2p+1}}{b_{2p+1}} A'_{p-1} \\[20pt]
\hspace{8cm} (p=0,1,2,\ldots) \\[12pt]
B'_{p+1} = \left[a_{2p+3} + b_{2p+3}\left(b_{2p+2} + \dfrac{a_{2p+2}}{b_{2p+1}} \right) \right] B'_p - \dfrac{b_{2p+3}\, a_{2p+2}\, a_{2p+1}}{b_{2p+1}} B'_{p-1}
\end{cases}
$$

cosicchè, ragionando come sopra, si conclude che

$$
(25) \qquad D = \left(b_0 + \frac{a_1}{b_1} \right) - \cfrac{b_3\, a_2\, a_1/b_1}{a_3 + b_3\left(b_2 + \dfrac{a_2}{b_1} \right) -} \quad \cfrac{b_5\, a_4\, a_3/b_3}{a_5 + b_5\left(b_4 + \dfrac{a_4}{b_3} \right) -} \quad \cdots
$$

$$
\cdots \quad \cfrac{b_{2p+1}\, a_{2p}\, a_{2p-1}/b_{2p-1}}{a_{2p+1} + b_{2p+1}\left(b_{2p} + \dfrac{a_{2p}}{b_{2p-1}} \right) -} \quad \cdots
$$

2.5 - Consideriamo la frazione continua

$$\frac{a_1}{b_1+} \quad \frac{a_2}{b_2+} \quad \frac{a_3}{b_3+} \quad \ldots\ldots \qquad (*)$$

Le (8) esprimono che i suoi numeratori A_n ed i suoi denominatori B_n forniscono due soluzioni della seguente equazione
alle differenze, lineare omogenea del 2° ordine (o, come anche diremo, della seguente **ricorrenza a 3 termini**):

$$(**)$$

(26) $\quad y_{n+1} - b_{n+1} y_n - a_{n+1} y_{n-1} = 0$, $\quad (n=0,1,2,\ldots)$;

tali soluzioni sono individuate dalle condizioni iniziali

(27) $\qquad A_{-1} = 1$, $A_o = 0$; $B_{-1} = 0$, $B_o = 1$

e quindi sono linearmente indipendenti $\left[\text{si ha } w(-1)=1\right]$,

Supponiamo, viceversa, data una ricorrenza a tre termini

(28) $\quad y_{n+1} + p_n y_n + q_n y_{n-1} = 0$, $\quad (q_n \neq 0 ; n=0,1,2,\ldots)$

e consideriamo di essa le due soluzioni A_n , B_n che son
definite dalle condizioni iniziali (27). E' evidente dal confronto di (28) con (26) che A_n e B_n risultano essere i

---

(*) Conviene qui supporre $b_o = 0$.

(**) Usiamo qui notazioni diverse da quelle del § 1, mettendo
la variabile n come indice e cambiando poi n in n-1 ,

numeratori ed i denominatori della seguente frazione continua

(29) $\qquad \dfrac{-q_0}{-p_0+} \quad \dfrac{-q_1}{-p_1+} \quad \dfrac{-q_2}{-p_2+} \ \ldots\ldots\ldots$.

Si scorge così un legame fra le frazioni continue e le ricorrenze a tre termini, legame che vogliamo ulteriormente approfondire.

Consideriamo la (28) e scriviamola

$$\frac{y_{n+1}}{y_n} + p_n + \frac{q_n}{y_n / y_{n-1}} = 0 \quad ;$$

ponendo allora $\quad r_n = -\dfrac{y_{n+1}}{y_n}\ ,\quad$ otteniamo $\quad -r_n + p_n - \dfrac{q_n}{r_{n-1}} = 0$

e quindi

$$r_{n-1} = \frac{-q_n}{-p_n + r_n} \quad .$$

Applicando ripetutamente questa formula, otteniamo **formalmen-**

te che $\quad r_{n-1} = -\dfrac{y_n}{y_{n-1}} \quad$ può esprimersi con una frazione con-

tinua nel modo seguente

(30) $\quad -\dfrac{y_n}{y_{n-1}} = \dfrac{-q_n}{-p_n+} \quad \dfrac{-q_{n+1}}{-p_{n+1}+} \quad \dfrac{-q_{n+2}}{-p_{n+2}\ +}\ ,\ldots ,$.

In particolare, per $\quad n = 0\ ,\quad$ la (30) diventa

(31) $\quad -\dfrac{y_0}{y_{-1}} = \dfrac{-q_0}{-p_0+} \quad \dfrac{-q_1}{-p_1+} \quad \dfrac{-q_2}{-p_2+} \ \ldots ,\ldots$,

ove a secondo membro figura la frazione continua (29).

La (31) mostra che la (30) non può valere per tutte le soluzioni della (28) $^{(*)}$, ma soltanto per quelle soluzioni i cui valori iniziali y_{-1}, y_0 hanno un rapporto prefissato. E' evidente che tali soluzioni son definite a meno di un fattore costante non nullo.

Ci proponiamo di far vedere, con le dovute precisazioni, che tali soluzioni (che indicheremo con f_n) sono __soluzioni__ __principali__ di (28) nel senso che, presa una qualsiasi altra soluzione y_n (__non proporzionale a__ f_n), si ha

(32)
$$\lim_{n \to \infty} \frac{f_n}{y_n} = 0 \quad , $$

Si ha più precisamente il seguente

__Teorema__ – __Condizione necessaria e sufficiente affinchè la__
__(28) ammetta una soluzione principale__ f_n, __con__ $f_{-1} \neq 0$,
__è che la frazione continua (29) sia convergente. In tal caso__
__per tale soluzione principale sussiste la (31), cioè__

(33)
$$- \frac{f_0}{f_{-1}} = \frac{-q_0}{-p_0+} \quad \frac{-q_1}{-p_1+} \quad \frac{-q_2}{-p_2+} \quad \cdots \cdots \quad ; $$

__inoltre, se risulta sempre__ $f_n \neq 0$ __vale anche la formula__
__(30), ossia__

$^{(*)}$Dalle quali escludiamo una volta per tutte la soluzione banale $y_n \equiv 0$.

A.Ghizzetti

$$(34) \qquad - \frac{f_n}{f_{n-1}} = \frac{-q_n}{-p_n +} \ \frac{-q_{n+1}}{-p_{n+1} +} \ \frac{-q_{n+2}}{-p_{n+2} +} \ \ldots \ .$$

<u>Dim.</u> - Cominciamo a provare che <u>la condizione è necessaria</u>.
Ammettiamo che esista una soluzione principale f_n con
$f_{-1} \neq 0$. Poichè la (28) ha come soluzioni linearmente indipendenti i numeratori A_n ed i denominatori B_n della frazione continua (29), la f_n è una combinazione lineare a
coefficienti costanti di A_n e B_n ; anzi, tenuto conto
delle (27), si vede che

$$(36) \qquad f_n = f_{-1} A_n + f_o B_n \ .$$

Anche f_n e B_n sono linearmente indipendenti [perchè

$$W(-1) = \begin{vmatrix} f_{-1} & 0 \\ f_o & 1 \end{vmatrix} = f_{-1} \neq 0 \,] \text{ e perciò l'ipotesi che } f_n \text{ sia}$$

soluzione principale ci assicura che

$$(37) \qquad \lim_{n \to \infty} \frac{f_n}{B_n} = 0 \ .$$

In virtù di (36) si può scrivere

$$\frac{A_n}{B_n} = \frac{1}{f_{-1}} \ \frac{f_n - f_o B_n}{B_n} = \frac{1}{f_{-1}} \ \frac{f_n}{B_n} - \frac{f_o}{f_{-1}} \ ,$$

cosicchè per la (37) risulta

$$(38) \qquad \lim_{n \to \infty} \frac{A_n}{B_n} = - \frac{f_o}{f_{-1}} \ .$$

Ciò prova la convergenza della frazione continua (29) ed **inoltre che sussiste la (33).**

Proviamo ora che la condizione è **sufficiente.** Supponiamo che la (29) converga; posto

$$\lim_{n \to \infty} \frac{A_n}{B_n} = c \quad ,$$

consideriamo di (28) la soluzione

(39) $\qquad f_n = A_n - c \, B_n$

per la quale si ha $\quad f_{-1} = 1$ [per le (27)] . Presa una qualsiasi altra soluzione $\quad y_n = a \, A_n + b \, B_n \quad$, non proporzionale a

f_n (onde deve essere $\begin{vmatrix} 1 & -c \\ a & b \end{vmatrix} = a c + b \neq 0$), si può scrivere

$$\frac{f_n}{y_n} = \frac{A_n - c \, B_n}{a \, A_n + b \, B_n} = \frac{\dfrac{A_n}{B_n} - c}{a \dfrac{A_n}{B_n} + b} \quad ,$$

In quest'ultima frazione il numeratore tende a $\quad 0$, il denominatore tende ad $\quad ac + b \neq 0$; si ha quindi $\lim_{n \to \infty} \frac{f_n}{y_n} = 0$ vale a dire che la f_n definita da (39) è una soluzione principale (con $f_{-1} \neq 0$).

Rimane da dimostrare la (34). Supponiamo che sia $f_n \neq 0$ per tutti gli n . Per ogni fissato n , poniamo $g_m = f_{n+m}$ ($m = -1, 0, 1, \ldots$) ed osserviamo che, ovviamente, g_m risulta soluzione princiaple della

(40) $\quad g_{m+1} + p(n+m) \, g_m + q(n+m) \, g_{m-1} = 0, \qquad (m=0,1,2,\ldots),$

avendosi inoltre $g_{-1}=f_{n-1}\neq 0$. Come all'equazione (28) è collegata la frazione continua (29), così alla (40) è collegata la frazione continua F che figura a secondo membro di (34). Ne segue che, ripetendo un ragionamento del tutto analogo a quello fatto nella prima parte di questa dimostrazione, si arriverà ad un risultato analogo a (38), vale a dire che la predetta frazione continua F è convergente con valore uguale a $\quad -\dfrac{g_0}{g_{-1}}\quad$ ossia a $\quad -\dfrac{f_n}{f_{n-1}}\quad$, c.d.d.

Per altre proprietà di carattere asintotico delle soluzioni di (28) si veda il § 2 delle lezioni di Gautschi.

§ 3 - Polinomi ortogonali definiti da una successione di momenti.

3.1 - Sia I un operatore <u>lineare</u> definito in una classe lineare di funzioni $f(t)$ comprendente i polinomi in t . Posto

$$(1) \qquad I\left\{t^r\right\} = c_r \quad , \qquad (r = 0, 1, 2,\ldots) \quad ,$$

la successione $\left\{c_r\right\}$ si dice una successione di <u>momenti</u>.

Per esempio, l'operatore I definito da $\quad I\left\{f(t)\right\} =$
$= \displaystyle\int_0^{+\infty} e^{-t}\, f(t)\, dt \qquad$ fornisce i momenti

$$(2) \qquad c_r = \int_0^{+\infty} e^{-t}\, t^r\, dt = r\,! \quad .$$

A,Ghizzetti

Proponiamo di costruire una successione di polinomi in t

$$(3) \qquad p_n(t)= \sum_{r=0}^{n} \alpha_{nr}\, t^r \qquad \text{con} \qquad \alpha_{nn}=1 \quad, \quad (n=0,1,2,\ldots),$$

in modo che risulti

$$(4) \quad I\left\{p_n(t)\, t^s\right\}= \begin{cases} 0 & (s=0,1,\ldots,n-1), \\ \lambda_n \neq 0^{(*)} & (s=n), \end{cases} \qquad (n=0,1,2,\ldots),$$

Ammesso che ciò sia possibile, osserviamo intanto che deve essere $p_0(t)=1$ ed inoltre $I\left\{p_0(t)\, t^0\right\} = \lambda_0 \neq 0$ ossia

$$(5) \qquad\qquad c_0 \neq 0 \quad,$$

Per $n > 0$, si ricava poi dalla (3) e dalla (1)

$$I\left\{p_n(t)t^s\right\} = I\left\{ \sum_{r=0}^{n} \alpha_{nr}\, t^{r+s}\right\} = \sum_{r=0}^{n} \alpha_{nr}\, c_{r+s} \quad, \quad (n=1,2,\ldots) \,,$$

cosicchè le (4) richiedono che sia

$$(6) \qquad \sum_{r=0}^{n} \alpha_{nr}\, c_{r+s} = \begin{cases} 0 & (s=0,1,\ldots,n-1), \\ \lambda_n \neq 0 & (s=n), \end{cases} \qquad (n=1,2,\ldots),$$

$(*)$ λ_n non è assegnato; si è semplicemente posto $I\left\{p_n(t)\, t^n\right\} = \lambda_n$, richiedendo che sia $\lambda_n \neq 0$.

Le (6) costituiscono un sistema di $n+1$ equazioni lineari nelle n incognite α_{no}, α_{n1}, ..., $\alpha_{n,n-1}$ (si tenga presente che $\alpha_{nn} = 1$) e per la sua compatibilità deve essere

(7) $$\begin{vmatrix} c_o & c_1 & c_2 & \cdots\cdots & c_{n-1} & c_n \\ c_1 & c_2 & c_3 & \cdots\cdots & c_n & c_{n+1} \\ \multicolumn{6}{c}{\cdots\cdots\cdots\cdots\cdots\cdots\cdots\cdots\cdots\cdots} \\ c_{n-1} & c_n & c_{n+1} & \cdots & c_{2n-2} & c_{2n-1} \\ c_n & c_{n+1} & c_{n+2} & \cdots & c_{2n-1} & c_{2n}-\lambda_n \end{vmatrix} = 0, \quad (n=1,2,..).$$

Se introduciamo i seguenti **determinanti di Hankel** :

(8) $\Delta_0 = c_0$, $\Delta_1 = \begin{vmatrix} c_0 & c_1 \\ c_1 & c_2 \end{vmatrix}$, $\Delta_2 = \begin{vmatrix} c_0 & c_1 & c_2 \\ c_1 & c_2 & c_3 \\ c_2 & c_3 & c_4 \end{vmatrix}$, ...

$$...., \quad \Delta_n = \begin{vmatrix} c_0 & c_1 & \cdots & c_n \\ c_1 & c_2 & \cdots & c_{n+1} \\ \multicolumn{4}{c}{\cdots\cdots\cdots\cdots\cdots} \\ c_n & c_{n+1} & \cdots & c_{2n} \end{vmatrix}, ...$$

è evidente che la (7) può scriversi

(9) $$\Delta_n = \lambda_n \, \Delta_{n-1} \, , \qquad (n = 1, 2, ...) .$$

Poichè già sappiamo che deve essere $\Delta_0 = c_0 \neq 0$, è evidente che dalla (9) segue, in virtù della $\lambda_n \neq 0$:

(10) $$\Delta_n \neq 0 \, , \qquad (n = 0, 1, 2, ...) .$$

A.Ghizzetti

Dunque la (10) rappresenta una condizione <u>necessaria</u> affinchè sia possibile costruire i polinomi $p_n(t)$ nel modo prescritto da (3), (4) ,

Ma è facile vedere che tale condizione è anche <u>suffi-ciente</u>. Infatti, considerate le (6) che corrispondono a s = 0, 1,....,n-1 , si vede che esse formano un sistema di n equazioni nelle n incognite α_{n_0}, α_{n_1},....., $\alpha_{n,n-1}$ con determinante uguale a $\Delta_{n-1} \neq 0$. Perciò i coefficienti incogniti del polinomio $p_n(t)$ sono univocamente determinati ed il polinomio che ne risulta, in forza delle stesse (6), verifica le condizione (4) con s=0, 1,...,n-1 . Inoltre, ponendo $I\left\{p_n(t) \, t^n\right\} = \lambda_n$ e ripetendo il calcolo già fatto per arrivare alla (9), si trova $\lambda_n = \dfrac{\Delta_n}{\Delta_{n-1}}$ e quindi $\lambda_n \neq 0$; è dunque anche soddisfatta la (4) che corrisponde a s = n .

<u>Supposto dunque che i momenti $\left\{c_r\right\}$ verifichino la condizione (10) è possibile, in uno ed un solo modo, la costruzione della successione $\left\{p_n(t)\right\}$ di polinomi, verificanti le condizioni (3) e (4). Se la (10) non è verificata tale costruzione non è possibile.</u>

E' evidente che dalla (4) deriva

(11) $\qquad I\left\{p_n(t) \, p_m(t)\right\} = 0 , \qquad (m \neq n)$

cosicchè i $p_n(t)$ risultano essere <u>polinomi ortogonali</u> (rispetto all'operatore I).

Si osservi poi che risulta

A.Ghizzetti

$$I\left\{p_n^2(t)\right\}=I\left\{p_n(t)\sum_{t=0}^{n}\alpha_{nr}\ t^r\right\}=\sum_{t=0}^{n}\alpha_{nr}\left\{p_n(t)t^r\right\}=\alpha_{nn}\lambda_n=\lambda_n,$$

ossia, per la (9)

(12) $$I\left\{p_n^2(t)\right\}=\frac{\Delta_n}{\Delta_{n-1}}\quad,\qquad (n=0,1,\dots)^{(*)}.$$

Osserviamo poi che, in forza della $\alpha_{nn}=1$, è possibile ricavare successivamente dalle (3) le potenze t^0 , t^1; t^2 ;.... come combinazioni lineari di $p_0(t)$; $p_0(t)$ e $p_1(t)$; $p_0(t)$, $p_1(t)$ e $p_2(t)$; ...... Ne segue che ogni polinomio di grado $n \geqslant 0$ è univocamente esprimibile come combinazione lineare dei polinomi ortogonali $p_0(t)$, $p_1(t),\dots\dots, p_n(t)$.

3.2 - Ci proponiamo ora di far vedere che i polinomi ortogonali $\left\{p_n(t)\right\}$ verificano una ricorrenza a tre termini del tipo

(13) $$p_n(t)=(t-a_{n-1})p_{n-1}(t)-b_{n-1}\ p_{n-2}(t)\ ,\qquad (n=2,3,\dots),$$

la quale assieme alle formule iniziali

$(*)$ La (12) vale anche per $n=0$ (in cui il 1° membro vale $c_0 = \Delta_o$) se si conviene di porre $\Delta_{-1}=1$.

$$(14) \qquad p_0(t)=1 \ , \qquad p_1(t)=-\frac{c_1}{c_0}+t \qquad ,$$

permette il calcolo successivo di tutti i polinomi.

Infatti per $n \geqslant 2$ il polinomio $p_n(t)-tp_{n-1}(t)=$
$=t^n + \cdots -t(t^{n-1} + \cdots)$ è di grado $n-1$ al più e quindi
è esprimibile come combinazione lineare di $p_0(t)$, $p_1(t)$,..
..., $p_{n-1}(t)$. Posto

$$(15) \qquad p_n(t)-t\,p_{n-1}(t) = \sum_{\tau=0}^{n-1} \gamma_{nr} \ p_r(t) \quad ,$$

moltiplichiamo **ambo i membri di questa relazione per** $p_s(t)$
$(s=0,1,\ldots,n-1)$ e poi applichiamo l'operatore I ; ne
risulta la

$$I\left\{p_n(t)p_s(t)\right\} - I\left\{t\,p_{n-1}(t)p_s(t)\right\} = \sum_{\tau=0}^{n-1} \gamma_{nr}\, I\left\{p_r(t)p_s(t)\right\} ,$$

$$(s = 0,1,\ldots,n-1) \ ,$$

che, tenendo conto di (11), (12), immediatamente si semplifica nella

$$(16) \qquad -I\left\{t\,p_{n-1}(t)\,p_s(t)\right\} = \gamma_{ns}\,\frac{\Delta_s}{\Delta_{s-1}} \qquad ,$$

$$(s = 0,\ 1,\ \ldots\ ,\ n-1) \ ,$$

Ma per la (4) si ha $I\left\{tp_{n-1}(t)p_s(t)\right\}=I\left\{p_{n-1}(t)(t^{s+1}+\ldots)\right\}=0$
per $s+1 < n-1$, onde la (16) fornisce

$$(17) \qquad \gamma_{ns} = 0 \qquad \text{per} \qquad s < n-2 \quad ,$$

Invece per   s=n-2,   n-1   si ottengono le

$$-I\left\{t\ p_{n-1}(t)p_{n-2}(t)\right\}= f_{n,n-2}\ \frac{\Delta_{n-2}}{\Delta_{n-3}} \quad ;$$

$$-I\left\{t\ p_{n-1}^2(t)\right\}= f_{n,n-1}\ \frac{\Delta_{n-1}}{\Delta_{n-2}} \quad ,$$

da cui, tenendo anche conto che $I\left\{t\ p_{n-1}(t)p_{n-2}(t)\right\}=$

$$=I\left\{p_{n-1}(t)(t^{n-1}+ \cdots)\right\}= \frac{\Delta_{n-1}}{\Delta_{n-2}} \quad ,\quad \text{si ricava}$$

$$(18)\quad f_{n,n-2}=-\ \frac{\Delta_{n-1}\ \Delta_{n-3}}{\Delta_{n-2}^2} \quad ,\qquad f_{n,n-1}=-\ \frac{\Delta_{n-2}}{\Delta_{n-1}}\ I\left\{t\ p_{n-1}^2(t)\right\}.$$

Pertanto, in base a (17) e (18), la (15) diventa

$$p_n(t)-t\ p_{n-1}(t)=-\ \frac{\Delta_{n-1}\Delta_{n-3}}{\Delta_{n-2}^2}\ p_{n-2}(t)-\frac{\Delta_{n-2}}{\Delta_{n-1}}\ I\left\{t\ p_{n-1}^2(t)\right\}p_{n-1}(t),$$

da cui, con le posizioni

$$a_{n-1} = \frac{\Delta_{n-2}}{\Delta_{n-1}}\ I\left\{t\ p_{n-1}^2(t)\right\} \quad ,\quad b_{n-1}= \frac{\Delta_{n-1}\ \Delta_{n-3}}{\Delta_{n-2}^2} \quad ,$$

si ottiene la (13).

3.3 - Definiamo ora i cosidetti __polinomi associati__ $O_n(z)$
ai polinomi ortogonali $p_n(t)$.
A tale scopo si osservi che l'espressione $\dfrac{p_n(z)-p_n(t)}{z - t}$

è evidentemente un polinomio di grado n-1 nelle due varia-

bili   z , t , per cui applicando ad essa l'operatore I
si ottiene evidentemente un polinomio in z di grado n-1 ,
Porremo per definizione

$$(19) \qquad O_n(z) = I\left\{ \frac{p_n(z)-p_n(t)}{z-t} \right\} , \qquad (n=0,1,2,\ldots,).$$

E' evidente che risulta

$$(20) \qquad O_0(z)=0 , \qquad O_1(z) = I\{1\} = c_0 ,$$

I polinomi associati $O_n(z)$ verificano la stessa ricorrenza a tre termini (13); si ha cioè

$$(21) \quad O_n(z)=(z-a_{n-1})\, O_{n-1}(z) - b_{n-1}\, O_{n-2}(z), \quad (n=2,3,\ldots,).$$

Infatti, partendo da (19) ed esprimendo $p_n(z)$, $p_n(t)$
mediante la (13), si può scrivere

$$O_n(z)=I\left\{ \frac{(z-a_{n-1})p_{n-1}(z)-b_{n-1}p_{n-2}(z)-(t-a_{n-1})p_{n-1}(t)+b_{n-1}p_{n-2}(t)}{z-t} \right\}=$$

$$=I\left\{ (z-a_{n-1})\frac{p_{n-1}(z)-p_{n-1}(t)}{z-t} -b_{n-1}\frac{p_{n-2}(z)-p_{n-2}(t)}{z-t} +p_{n-1}(t) \right\}$$

donde si ricava subito la (21), tenendo presente che
$I\{p_{n-1}(t)\}= 0$ per $n>1$,

Consideriamo ora le funzioni razionali $\dfrac{O_n(z)}{p_n(z)}$

$(n=1,2,3,\ldots)$; ciascuna di esse ha in $z=\infty$ uno zero
del 1° ordine e quindi ammette uno sviluppo di Laurent del
tipo

A,Ghizzetti

$$\frac{O_n(z)}{p_n(z)} = \sum_{r=0}^{\infty} \frac{\gamma_{nr}}{z^{r+1}} \quad , \qquad (n=1, 2, 3,\ldots) \; ;$$

vogliamo dimostrare che <u>i primi</u> 2n <u>coefficienti di questo</u> <u>sviluppo coincidono con i primi</u> 2n <u>momenti, vale a dire</u> che si ha

(22) $$\frac{O_n(z)}{p_n(z)} = \sum_{r=0}^{2n-1} \frac{c_r}{z^{r+1}} + O\left(\frac{1}{z^{2n+1}}\right) .$$

Infatti, per la (19) si può scrivere

$$\frac{O_n(z)}{p_n(z)} = I\left\{\frac{1}{z-t}\right\} - \frac{1}{p_n(z)} I\left\{\frac{p_n(t)}{z-t}\right\} \; ;$$

ma si ha

$$I\left\{\frac{1}{z-t}\right\} = I\left\{\sum_{r=0}^{\infty} \frac{t^r}{z^{r+1}}\right\} = \sum_{r=0}^{\infty} \frac{1}{z^{r+1}} I\{t^r\} =$$

$$= \sum_{r=0}^{\infty} \frac{c_r}{z^{r+1}} = \sum_{r=0}^{2n-1} \frac{c_r}{z^{r+1}} + O\left(\frac{1}{z^{2n+1}}\right) ,$$

$$I\left\{\frac{p_n(t)}{z-t}\right\} = I\left\{\sum_{r=0}^{\infty} \frac{t^r p_n(t)}{z^{r+1}}\right\} = \sum_{r=0}^{\infty} \frac{1}{z^{r+1}} I\{t^r p_n(t)\} =$$

$$= \sum_{r=n}^{\infty} \frac{1}{z^{r+1}} I\{t^r p_n(t)\} = O\left(\frac{1}{z^{n+1}}\right)$$

$$\frac{1}{p_n(z)} = \frac{1}{z^n +\ldots} = O\left(\frac{1}{z^n}\right)$$

e quindi

$$\frac{O_n(z)}{p_n(z)} = \sum_{\ell=0}^{2n-1} \frac{O_r}{z^{r+1}} + O\left(\frac{1}{z^{2n+1}}\right) - O\left(\frac{1}{z^n}\right) O\left(\frac{1}{z^{n+1}}\right),$$

ossia la (22),

3.4 - Riscriviamo le (13), (21) nel modo seguente

$$(23) \quad \begin{cases} O_{n+1}(z)-(z-a_n)O_n(z)+b_n\,O_{n-1}(z)=0 \\ p_{n+1}(z)-(z-a_n)p_n(z)+b_n\,p_{n-1}(z)=0 \end{cases} \quad (n=0,1,2,\ldots)$$

notando che si possono ritenere valide anche per n=0,
ponendo

$$a_0 = \frac{O_1}{\mathcal{S}_0} \quad , \quad b_0 = -c_0 \quad , \quad p_{-1}(z)=0 \quad , \quad O_{-1}(z)=1 \quad ,$$

Confrontando con le (27), (28), (29) di § 2, si vede che
le funzioni razionali $\dfrac{O_n(z)}{p_n(z)}$ (n=1, 2, 3,...,.) dianzi
considerate sono le ridotte della seguente frazione continua

$$\frac{\wp_0}{z - a_0 +} \quad \frac{-b_1}{z - a_1 +} \quad \frac{-b_2}{z - a_2 +} \quad \cdots\cdots\quad ,$$

E' appunto, nello studio delle frazione continue di questo
tipo che si applicano le nozioni dianzi esposte, (si veda
la 3ª lezione di Wynn).

CENTRO INTERNAZIONALE MATEMATICO ESTIVO

(C.I.M.E.)

P. W Y N N

FOUR LECTURES ON THE NUMERICAL APPLICATION
OF CONTINUED FRACTIONS

FOUR LECTURES ON THE NUMERICAL APPLICATION
OF CONTINUED FRACTIONS

by

P. Wynn

Lecture I

§1. Introduction

Those of you who have ever attempted to read the classical expositions of the theory of continued fractions will
realise how difficult it is to extract those parts of the theory which are primarily of practical interest. As you know we
shall be concerned during the course of these lectures with
the numerical application of continued fractions. We shall be
interested that is to say not primarily in continued fraction_
in themselves but in their exploitation. It is this consideration which determines the scope of these lectures.

Obviously it is not possible during this short course of
lectures to deal with the subject as completely as is desirable
and in a manner which answers fully to the finest pedagogic
precepts. In these lectures the material is presented in such a
manner as to facilitate the continuity of the exposition : the
formal properties of continued fractions are described at the
most convenient point and the more rigorous discussion of convergence behaviour takes place when a number of formal expansions have already been made available to illustrate it.

In the first lecture we shall describe the structure of
the continued fraction and various ways of deriving continued
fractions ; we shall not concern ourselves with questions of
convergence but indicate by means of numerical examples the
usefulness of the expressions derived.

P. Wynn

In the second lecture we shall deal with a mechanism of convergence which includes the greater number of known continued fraction expansions.

In the next two lectures which I shall give we shall be concerned with those continued fractions which (both for direct application in the calculation of functions and for their use in the acceleration of slowly convergent iterative processes) are of by far the greatest importance, namely continued fractions which are derived by the transformation of power series.

§2. The Mechanism of the Continued Fraction

You are of course aware of the rôle which the infinite series

$$(1) \qquad S = \sum_{s=0}^{\infty} a_s$$

plays in numerical computation. The partial sums of this series may be formed by adding the first n terms together thus :

$$(2) \qquad S_n = a_1 + a_2 + \ldots + a_n \qquad (n=1,2,\ldots)$$

and for some n the value of S_n is taken to be a sufficiently good approximation to S, the value of (1).

The situation is very much the same when we come to the infinite continued fraction, which we may write as

$$(3) \qquad C = b_0 + \cfrac{a_1}{b_1 + \cfrac{a_2}{b_2 + \ldots}}$$

P. Wynn

The <u>convergents</u> of this continued fraction are

$$(4) \qquad C_n = b_0 + \cfrac{a_1}{b_1 + \cfrac{a_2}{b_2 + \cfrac{\cdot}{\cdot\cdot\cdot} \quad b_{n-2} + \cfrac{a_{n-1}}{b_{n-1} + \cfrac{a_n}{b_n}}}}$$

Their values are computed in a way which is made obvious by
the notation used. We divide a_n by b_n and add the quotient to
b_{n-1} ; we divide a_{n-1} by this result and add the quotient to
b_{n-2}, and so on . More concisely we evaluate the sequence
$D_s = (s=0,1,\ldots,n)$ by means of the relationships

$$(5) \qquad D_0 = b_n \, , \quad D_{r+1} = b_{n-r-1} + \frac{a_{n-r}}{D_r} \quad (r=0,1,\ldots,n-1)$$

when

$$(6) \qquad D_n = C_n$$

For some n the value of C_n is taken to be a sufficiently good
approximation to C, the value of (3) .

   To save space we shall write (3) as

$$(7) \qquad C = b_0 + \frac{a_1}{b_1+} \quad \frac{a_2}{b_2+} \quad \cdots$$

and (4) as

P. Wynn

$$(8) \qquad C_n = b_0 + \frac{a_1}{b_1+} \quad \frac{a_2}{b_2+} \quad \cdots \quad \frac{a_n}{b_n}$$

Here it is appropriate to remark that the value of a simple fraction is unaltered if the numerator and denominator are both multiplied by the same non-zero quantity. Thus $\frac{a}{b} = \frac{a\gamma}{b\gamma}$ for example. Accordingly we may write

$$C = b_0 + \frac{\gamma_1 a_1}{\gamma_1 b_1+} \quad \frac{\gamma_1 a_2}{b_2+} \quad \frac{a_3}{b_3+} \cdots \frac{a_s}{b_s+} \cdots$$

$$= b_0 + \frac{\gamma_1 a_1}{\gamma_1 b_1+} \quad \frac{\gamma_2 \gamma_1 a_2}{\gamma_2 b_2+} \quad \frac{\gamma_2 a_3}{b_3+} \cdots \frac{a_s}{b_s+} \cdots$$

$$(9) \qquad = b_0 + \frac{\gamma_1 a_1}{\gamma_1 b_1+} \quad \frac{\gamma_2 \gamma_1 a_2}{\gamma_2 b_2+} \quad \frac{\gamma_3 \gamma_2 a_3}{\gamma_3 b_3+} \cdots \frac{\gamma_s \gamma_{s-1} a_s}{\gamma_s b_s+} \cdots$$

This is the so-called equivalence transformation . In certain convergence investigations it is used to ensure that the value of the coefficients b_s (s=1,2,...) become unity ; in numerical applications it may be used to ensure that the coefficients a_s, b_s (s=1,2,...) are expressed exactly (i.e. as integers or simple binary fractions), or it may used to simplify the expression for the continued fraction, or again it may be used to reduce the sizes of the coefficients, and so on.

§3. The Derivation of Continued Fractions

We have alreday dealt with the way in which continued fractions are used for the purposes of computation: for the rest of this lecture we shall consider the way in which they

P. Wynn

are derived. We are given, that is to say, some quantity or function which we shall call C and we must derive from it an infinite continued fraction.

Historically speaking the earliest example of a continued fraction was that provided by the well-known algorithm of Euclid for determining whether two integers have a common divisor, but this is hardly a matter of practical interest. We shall begin with an expansion said [1] to have been derived by Omar Khayam and given in the textbook of the distinguished Italian algebraist Bombelli [2].

We shall consider a very simple process, the calculation of square roots. In particular we are to calculate the value of y where

$$(10) \qquad y^2 = a^2 + x \; ,$$

a and x being known, x being small. Thus if we are to compute $\sqrt{101}$ we take a=10, x=1 .

We may rewrite (10) as

$$(11) \qquad (y-a)(y+a) = x$$

or again

$$(12) \qquad y = a + \frac{x}{a+y} \; .$$

But this substitution may be repeated ; we have

$$(13) \qquad y = a + \cfrac{x}{a+a+\cfrac{x}{a+y}}$$

or in general

(14) $$y = a + \frac{x}{2a+} \frac{x}{2a+} \cdots \frac{x}{2a+} \cdots$$

When $a=10$, $x=1$, we have

(15) $$C_0 = 10.0$$

$$C_1 = 10.0500$$

whilst

(16) $$\sqrt{101} = 10.0499$$

§4. Iterated Bilinear Transformations

The preceding example was very simple, but at least it serves to illustrate how continued fractions may be derived by means of repeated substitution.

Let us now consider the sequence of functions f_s $(s=0,1,\ldots)$ defined by

(17) $$f_0 = b_0 + f_1$$

(18) $$f_1 = \frac{a_1}{b_1 + f_2}$$

and in general

(19) $$f_s = \frac{a_s}{b_s + f_{s+1}} \qquad (s=1,2,\ldots)$$

Substituting for f_1 in terms of f_2, we have

$$(20) \qquad f_0 = b_0 + \frac{a_1}{b_1 + f_2} \quad,$$

for f_2 in terms of f_3, and so on

$$(21) \qquad f_0 = b_0 + \frac{a_1}{b_1+} \quad \frac{a_2}{b_2+} \cdots \frac{a_s}{b_s+} \cdots$$

Thus <u>if we are given or may define a sequence of functions</u> <u>$f_s(s=0,1,\ldots)$ which satisfy (17) and (19) then we may obtain</u> <u>a formal continued fraction for f_0.</u>

§5. Continued Fractions Derived from the Riccati Equation

The general Riccati equation may be written in the following way

$$(22) \qquad \alpha_0 f_0' = \beta_0 f_0^2 + \gamma_0 f_0 + \delta_0$$

f_0 is the dependent variable, α_0, β_0, γ_0 and δ_0 are functions of the independent variable x, the dash denotes differentiation with respect to x .

The right hand side of equation (19) is a simple quo - tient :
if we differentiate it with respect to x, a factor of $(b_s + f_{s+1})^2$ appears in the denominator, Furthermore a factor of $(b_s + f_{s+1})^2$ also appears in the denominator of the expression which gives f_s^2 in terms of f_{s+1} (obtained simply by squaring equation (19)). Thus it can be seen that if we substitute for f_0 in equation (22) in terms of f_1 then we obtain

a Riccati equation for f_1 ;. for f_1 in terms of f_2 in this new equation, then we obtain a Riccati equation for f_2, and so on. In general <u>the functions</u> f_s <u>(s=0,1,...) all satisfy Riccati</u> <u>equations of the form</u>

$$(23) \qquad \alpha_r f'_r = \beta_r f^2_r + \gamma_r f_r + \delta_r \quad (r=0,1,...)$$

where very simple recursions exist between the coefficients

$$\alpha_{r-1}, \ \beta_{r-1}, \ \gamma_{r-1}, \ \delta_{r-1}; \ \alpha_r, \ \beta_r, \gamma_r, \delta_r; \ a_{r-1}, \ b_{r-}$$

$$(24) \qquad\qquad\qquad (r=1,2...)$$

Thus <u>the solution</u> <u>of a Riccati equation can be expanded</u> <u>directly in the form of a continued fraction.</u> The coefficients in this continued fraction can be chosen in such a way that the resulting expansion has certain asymptotic properties with regard to the variable x, or they may be chosen in such a way as to simplify the recursions between the members of the set (24) and so on .

In order to illustrate the above process let us consider the function

$$(25) \qquad\qquad f_1(x) = x \tan(x)$$

(i.e. in equation (17) we put $b_0 = 0$ so that $f_0 = f_1$) . This function satisfies the equation

$$(26) \qquad\qquad xf'_1 = f^2_1 + f_1 + x^2.$$

P. Wynn

We shall show that the functions $f_r(x)$ $(r=1,2,\ldots)$ derived by means of the substitutions

(27)
$$f_r(x) = \frac{x^2}{2r-1-f_{r+1}(x)}$$

satisfy the equations

(28)
$$xf_r' = f_r^2 - (2r-3)f_r + x^2 \qquad (r=1,2,\ldots)$$

For r=1, equation (26) indicates that this assertion is true. Assume it be true for some value of r and use the substitution (27) . We obtain

(29)
$$x\left[\frac{2x(2r-1-f_{r+1})+x^2 f_{r+1}'}{(2r-1-f_{r+1})^2}\right] = x^2 + \left[\frac{x^2}{2r-1-f_{r+1}}\right]^2 - (2r-3)\left[\frac{x^2}{2r-1-f_{r+1}}\right]$$

Multiply throughout by $(2r-1-f_{r+1})^2$, divide by x^2, and simplify : we obtain

$$xf_{r+1}' = f_{r+1}^2 - (2r-1) f_{r+1} + x^2$$

i.e. the validity of equations (28) follows by induction. We obtain

(30)
$$f_0(x) = \frac{x^2}{1-}\ \frac{x^2}{3-}\ \frac{x^2}{5-}\ \cdots\ \frac{x^2}{2r-1-}\ \cdots$$

or

(31) $\tan(x) = \dfrac{x}{1-} \ \dfrac{x^2}{3-} \ \dfrac{x^2}{5-} \ \cdots \ \dfrac{x^2}{2r-1-} \ \cdots$

When x=1.0 we have for the continued fraction (31)

(32)

$$C_0 = 0.0$$
$$C_1 = 1.0$$
$$C_2 = 1.5$$
$$C_3 = 1.5555\ 5556$$
$$C_4 = 1.5573\ 7705$$

and

(33) $\tan(1.0) = 1.5574\ 077$

A little reflection will reveal that many other elementary functions (e.g. exp (x) , ln (1+x), arctan (x), arcsin(x), arccos(x), the error function, the exponential integral, and so on) satisfy differential equations of Riccati form. This means that such functions have continued fraction expansions whose coefficients have a particularly simple form. In his recent textbook A.N. Khovanskii [3] uses this principle to give a unified treatment of the continued fraction expansions of elementary functions.

Such functions as sin(x) and cos(x) do not satisfy Riccati equations; their continued fraction expansions do not have simple coefficients.

§6. Gauss-Type Continued Fractions ([4] , chapter III §24;
    [5] chapter XVIII)

P. Wynn

Sequences of bilinear substitutions may also be derived
by the transformation of sequences of three term recurrence
relations. Consider, for example, the sequence of quantities
v_s (s=0,1...) which satisfy the relationships

(34) $$v_2 + b_1 v_1 - a_1 v_0 = 0$$

(35) $$v_3 + b_2 v_2 - a_2 v_1 = 0$$

and indeed in general

(36) $$v_{s+1} + b_s v_s - a_s v_{s-1} = 0 \qquad (s=0,1,\ldots)$$

These may easily be rearranged as

(37) $$\frac{v_1}{v_0} = \cfrac{a_1}{b_1 + \cfrac{v_2}{v_1}}$$

(38) $$\frac{v_2}{v_1} = \cfrac{a_2}{b_2 + \cfrac{v_3}{v_2}}$$

and in general

(39) $$\frac{v_s}{v_{s-1}} = \cfrac{a_s}{b_s + \cfrac{v_{s+1}}{v_s}} \qquad (s=0,1,\ldots)$$

Thus, in the notation of equations (17)-(19) we may write

P. Wynn

(40) $$b_0 = 0$$

(41) $$f_1 = \frac{v_1}{v_0}$$

and

(42) $$f_s = \frac{v_s}{v_{s-1}} \qquad (s=1,2,\ldots)$$

to obtain from equation (21)

(43) $$\frac{v_1}{v_0} = \frac{a_1}{b_1+} \quad \frac{a_2}{b_2+} \quad \cdots \quad \frac{a_s}{b_s+} \quad \cdots$$

For example, the Bessel function $J_n(x)$ satisfies the recursion

(44) $$J_{m+s+1}(x) - \frac{2(m+s)}{x} J_{m+s}(x) + J_{m+s-1}(x) = 0$$

Thus writing

(45) $$v_s = J_{m+s}(x)$$
$$a_s = -1$$
$$b_s = \frac{-2(m+s)}{x}$$

in equation (43) we obtain

(46) $$\frac{J_{m+1}(x)}{J_m(x)} = \frac{1}{\dfrac{-2(m+1)}{x}} - \frac{1}{\dfrac{-2(m+2)}{x}} \quad \cdots \quad \frac{1}{\dfrac{-2(m+s)}{x}} \quad \cdots$$

or, by using an equivalence transformation of the form (9) with

(47) $$\gamma_s = -x \qquad (s=1,2,\ldots)$$

P.Wynn

we obtain

$$(48) \qquad \frac{J_{m+1}(x)}{J_m(x)} = \frac{x}{2(m+1)-} \quad \frac{x^2}{2(m+2)-} \cdots \frac{x^2}{2(m+s)-} \cdots$$

When m=0, x=2.0 the convergents of the continued fraction (48) are

$$(49) \qquad \begin{aligned} c_0 &= 0.0 \\ c_1 &= 1.0 \\ c_2 &= 2.5 \\ c_3 &= 2.5714\ 2857 \\ &\cdots\cdots\cdots \\ c_7 &= 2.5759\ 2025 \end{aligned}$$

and

$$(50) \qquad \frac{J_1(2.0)}{J_0(2.0)} = 2.5759\ 2032$$

The system of recursions (36) from which the continued fraction (43) was derived is, of course, very simple. We remark in passing that the same principle may be used to derive continued fraction expansions from very much more complex systems, and show how this may be done when we are concerned with two sequences of functions u_s, v_s (s=0,1,...) which satisfy

$$(51) \qquad u_1 + d_1 v_1 - c_1 v_0 = 0$$

$$(52) \qquad v_2 + f_1 u_1 - e_1 v_1 = 0$$

and in general

(53) $$u_s + d_s v_s - c_s u_{s-1} = 0$$

(54) $$v_{s+1} + f_s u_s - e_s v_s = 0$$

These equations we rearrange as

(55) $$\frac{v_1}{u_0} = \frac{c_1}{d_1 + \dfrac{u_1}{v_1}}$$

(56) $$\frac{u_1}{v_1} = \frac{e_1}{f_1 + \dfrac{v_2}{u_1}}$$

and in general

(57) $$\frac{v_s}{u_{s-1}} = -\frac{c_s}{d_s + \dfrac{u_s}{v_s}}$$

(58) $$\frac{u_s}{v_s} = \frac{e_s}{f_s + \dfrac{v_{s+1}}{u_s}}$$

Substituting for $\dfrac{u_1}{v_1}$; $\dfrac{v_s}{u_{s-1}}$, $\dfrac{u_s}{v_s}$ $(s=2,3,\ldots)$; we obtain

(59) $$\frac{v_1}{u_0} = \frac{c_1}{d_1+} \ \frac{e_1}{f_1+} \ \cdots \ \frac{c_r}{d_r+} \ \frac{e_r}{f_r+} \ \cdots$$

P. Wynn

For example, the function $_2F_1$ (a,b,c,x) which for $|x| < 1$ may be defined by the power series expansion

$$(60) \quad _2F_1(a,b;c;x) = 1 + \frac{ab}{1!c}\,x + \frac{a(a+1)b(b+1)}{2!\ c(c+1)}\,x^2 + \ldots$$

satisfies the recursions

$$c(c+1)\,_2F_1(a,b;c;x) - c(c+1)\,_2F_1(a,b+1;c+1;x)$$

$$(61) \qquad\qquad + a(c-b)x\ _2F_1(a+1,b+1;c+2;x) = 0$$

$$(c+1)(c+2)\,_2F_1(a,b+2;c+1;x) - (c+1)(c+2)\,_2F_1(a+1,b+1;c+2;..)$$

$$(62) \qquad\qquad +(b+1)(c-a+1)x\ _2F_1(a+1,b+2;c+3;x) = 0$$

These may be rearranged to yield

$$_2F_1(a+s,b+s;c+2s;x) - \frac{(c+2s-2)(c+2s-1)}{(a+s-1)(c-b+s-1)x}\,_2F_1(a+s-1,b+s;c+2s-1;x)$$

$$(63) \qquad + \frac{(c+2s-2)(c+2s-1)}{(a+s-1)(c-b+s-1)x}\,_2F_1(a+s-1,b+s-1;c+2s-2;x) = 0$$

$$_2F_1(a+s,b+s;c+2s+1;x) - \frac{(c+2s-1)(c+2s)}{(b+s)(c-a+s)x}\,_2F_1(a+s,b+s;c+2s;x)$$

$$(64) \qquad + \frac{(c+2s-1)(c+2s)}{(b+s)(c-a+s)x}\,_2F_1(a+s-1,b+s;c+2s-1;x) = 0$$

Comparing equations (53) ,(54) with (63), (64) we see that if we write

$$(65) \qquad\qquad u_s = \,_2F_1(a+s,b+s;c+2s;x)$$

$$(66) \qquad\qquad v_s = \,_2F_1(a+s-1,b+s,c+2s-1;x)$$

P. Wynn

$$(67) \qquad c_s = d_s = -\frac{(c+2s-2)(c+2s-1)}{(a+s-1)(c-b+s-1)x}$$

$$(68) \qquad e_s = f_s = -\frac{(c+2s-1)(c+2s)}{(b+s)(c-a+s)x}$$

then formula (59) yields

$$\frac{{}_2F_1(a,b+1;c+1;x)}{{}_2F_1(a,b;c;x)} = \frac{-\dfrac{c(c+1)}{a(c-b)x}}{\dfrac{c(c+1)}{a(c-b)x}+} \quad \frac{-\dfrac{(c+1)(c+2)}{(b+1)(c-a+1)x}}{\dfrac{(c+1)(c+2)}{(b+1)(c-a+1)x}+} \cdots$$

$$(69) \qquad \cdots \frac{-\dfrac{(c+2s-2)(c+2s-1)}{(a+s-1)(c-b+s-1)x}}{\dfrac{(c+2s-2)(c+2s-1)}{(a+s-1)(c-b+s-1)x}+} \quad \frac{-\dfrac{(c+2s-1)(c+2s)}{(b+s)(c-a+s)x}}{\dfrac{(c+2s-1)(c+2s)}{(b+s)(c-a+s)x}+} \cdots$$

or, by means of a suitable equivalence transformation, the continued fraction expansion

$$\frac{{}_2F_1(a,b+1;c+1;x)}{{}_2F_1(a,b;c;x)} = \frac{c}{c-} \quad \frac{a(c-b)x}{c+1-} \cdots$$

$$(70) \qquad \cdots \frac{(b+s-1)(c-a+s-1)x}{c+2s-2-} \quad \frac{(a+s-1)(c-b+s-1)x}{c+2s-1-}$$

When $a=c=1$, $b=0$ and x is replaced by $-x$, we have

$$(71) \qquad {}_2F_1(1,1;2;-x) = x^{-1}\ln(1+x)$$

(72) $\qquad _2F_1(1,0;1;x) = 1$

and the continued fraction expansion

(73) $\qquad \ln(1+x) = \dfrac{1}{1+\cdot} \ \dfrac{1^2x}{2+} \ \dfrac{2^2x}{3+} \ \cdots \ \dfrac{(s-1)^2x}{2s-1+} \ \dfrac{(s-1)^2x}{2s+} \ \cdots$

When $x = 1.0$ successive convergents of (73) are

$$C_0 = 0$$

$$C_1 = 1.0$$

$$C_2 = 0.6666\ 6667$$

(74) $\qquad C_3 = 0.7000\ 0000$

$$\cdot \ \cdot \ \cdot \ \cdot \ \cdot \ \cdot \ \cdot \ \cdot$$

$$C_{10} = 0.6931\ 4716$$

whilst

(75) $\qquad \ln(2) = 0.6931\ 4718$

    Further special cases which may be derived from (70) are the continued fraction expansions of the incomplete betafunction

(76) $\quad \dfrac{1}{1-} \ \dfrac{ax}{c-} \ \dfrac{1(c-a)x}{c+1-} \ \cdots \ \dfrac{(s-1)(c-a+s-2)x}{c+2s-3-} \ \dfrac{(a+s-1)(c+s-2)x}{c+2s-2-} \ \cdots$

of the arctangent

(77) $\arctan(x) = \dfrac{x}{1+} \ \dfrac{1^2x^2}{3+} \ \dfrac{4.1^2x^2}{5+} \ \cdots \ \dfrac{4(s-1)^2x^2}{4s-3+} \ \dfrac{(2s-1)^2x^2}{4s-1+} \ \cdots$

P. Wynn

and of the quotient

$$(78) \qquad \frac{\text{arc sin}(x)}{\sqrt{1-x^2}} = \frac{x}{1-} \ \frac{1.2.x^2}{3-} \ \frac{1.2.x^2}{5-} \cdots \ \frac{r(r-1)x^2}{4r-3-} \ \frac{r(r+1)x^2}{4r-1-}$$

If, in the expansion (69) , we replace x by $\frac{x}{b}$ and let b tend to infinity then we obtain the continued fraction

$$(79) \qquad \frac{{}_1F_1(a+1;c+1;x)}{{}_1F_1(a;c;x)} = \frac{1}{1-} \ \frac{\dfrac{(c-a)}{c(c+1)} \, x}{1+} \ \frac{\dfrac{(a+1)}{(c+1)(c+2)} \, x}{1-} \cdots$$

$$(80) \qquad = \frac{c}{c-} \ \frac{(c-a)x}{c+1+} \ \frac{(a+1)x}{c+2-} \cdots$$

Taking a to be zero we have

$$(81) \qquad {}_1F_1(1;c+1;x) = 1 + \frac{x}{(c+1)} + \frac{x^2}{(c+1)(c+2)} + \cdots$$

$$(82) \qquad = \frac{1}{1-} \ \frac{x}{c+1-} \ \frac{1.x}{c+2-} \cdots$$

As a special case of this we have

$$(83) \qquad \exp(x) = \frac{1}{1-} \ \frac{x}{1+} \ \frac{1.x}{2-} \cdots$$

When $x = 2.0$ the successive convergents of this continued fraction are

P. Wynn

$$
\begin{aligned}
C_0 &= 0.0 \\
C_1 &= 1.0 \\
C_2 &= -1.0 \\
C_3 &= \infty \\
C_4 &= 5.0 \\
C_5 &= 7.0 \\
C_6 &= 7.5 \\
&\cdot\ \cdot\ \cdot\ \cdot\ \cdot \\
C_{10} &= 7.3890\ 5781
\end{aligned}
$$

(84)

whilst

(85) $\qquad \exp(2.0) = 7.3890\ 5610$

As further special cases of expansion (82) we have

$$
\mathrm{erf}(x) = \int_0^x e^{-t^2}\, dt
$$

(86) $\quad = xe^{-x^2} \left\{ \dfrac{1}{1-}\ \dfrac{2x^2}{3+}\ \dfrac{4x^2}{5-}\ \cdots\ \dfrac{4(r-1)x^2}{4r-3-}\ \dfrac{2(2r-1)x^2}{4r-1+}\ \cdots \right\}$

and the expansion of Dawson's integral

(87) $\displaystyle\int_0^x e^{t^2}\, dt = xe^{x^2} \left\{ \dfrac{1}{1+}\ \dfrac{2x^2}{3-}\ \dfrac{4x^2}{5+}\ \cdots\ \dfrac{4(r-1)x^2}{4r-3+}\ \dfrac{2(2r-1)x^2}{4r-1-} \right\}$

If, in the expansion (79) we replace x by $\dfrac{x}{a}$, and let a tend to infinity , then we obtain the expansion

P. Wynn

$$\frac{{}_0F_1(c+1;x)}{{}_0F_1(c;x)} = \cfrac{1}{1+}\ \cfrac{\dfrac{x}{c(c+1)}}{1+}\ \cfrac{\dfrac{x}{(c+1)(c+2)}}{1+}\ \cdots$$

(88)
$$= \cfrac{c}{c+}\ \cfrac{x}{c+1+}\ \cfrac{x}{c+2+}\ \cdots\ \cfrac{x}{c+r-1+}\ \cfrac{x}{c+r+}\ \cdots$$

where

(89)
$$_0F_1(c;x) = 1 + \frac{x}{1!\,c} + \frac{x^2}{2!\,c(c+1)} + \cdots$$

Since

(90)
$$J_n(x) = \left\{\Gamma(n+1)\right\}^{-1}\ \left(\frac{x}{2}\right)'\ {}_0F_1\left\{n+1;\left(\frac{-x}{2}\right)^2\right\}$$

it will be realised that the continued fraction (48) may be derived from expansion (88) .

Returning once more to expansion (68) we replace x by $\frac{c}{z}$ and let c tend to infinity : we obtain

(91)
$$\frac{{}_2F_0(a,b+1;z^{-1})}{{}_2F_0(a,b;z^{-1})} = \cfrac{1}{1-}\ \cfrac{a}{z-}\ \cfrac{(b+1)}{1-}\ \cfrac{(a+1)}{z-}\ \cdots$$

where

(92)
$$_2F_0(a,b;z^{-1}) \sim 1 + \frac{ab}{1!\,z} + \frac{a(a+1)b(b+1)}{2!\,z^2} + \cdots$$

Letting b tend to zero and multiplying equation (91) through-out by z^{-1} we obtain

(93)
$$z^{-1}\,{}_2F_0(1,a;z^{-1}) \sim \frac{1}{z} + \frac{a}{z^2} + \frac{a(a+1)}{z^3} + \cdots$$

P. Wynn

(94) $$= \frac{1}{z-} \frac{a}{1-} \frac{1}{z-} \cdots \frac{(r-1)}{z-} \frac{(a+r-1)}{1-} \cdots$$

For example when $a=1$ and z is replaced by $-z$ we have

(95) $$-e^z Ei(-z) = e^z \int_z^\infty e^{-t} t^{-1} dt = \frac{1}{z+} \frac{1}{1+} \frac{1}{z+} \cdots \frac{(r-1)}{z+} \frac{r}{1+} \cdots$$

When $z=5.0$ the successive convergents of this continued
fraction are

(96)
$$\begin{aligned}
C_0 &= 0.0 \\
C_1 &= 0.2 \\
C_2 &= 0.1666\ 6667 \\
C_3 &= 0.1714\ 8572 \\
&\cdot\ \cdot\ \cdot\ \cdot\ \cdot\ \cdot\ \cdot \\
C_{12} &= 0.1704\ 2212
\end{aligned}$$

whilst

(97) $$-e^{5.0} Ei(-5.0) = 0.1704\ 2218$$

A further special case of (94) is given by

$$erfc(z) = \int_z^\infty e^{-t^2}\ dt$$

(98) $$= e^{-z^2} \frac{1}{2z+} \frac{2}{2z+} \cdots \frac{4(r-1)}{2z+} \frac{2(2r-1)}{2z+} \cdots$$

§7. Euler Type Continued Fractions

We shall now show how a continued fraction may be derived for the logarithmic derivative of a function which satisfies a linear second order differential equation.

Suppose that the function $y(x)$ satisfies the differential
equation

$$(99) \qquad y = Q_0 y' + P_1 y''$$

where Q_0 and P_1 are in general functions of x. Then it may
easily be shown that the function $y^{(\nu)}(x)$ satisfies

$$(100) \qquad y^{(\nu)} = Q_\nu y^{(\nu+1)} + P_{\nu+1} y^{(\nu+2)}$$

where

$$(101) \qquad Q_\nu = \frac{(Q_{\nu-1} + P'_\nu)}{1-Q'_{\nu-1}}$$

$$(102) \qquad P_{\nu+1} = \frac{P}{1-Q'_{\nu-1}}$$

For differentiating equation (100), we obtain

$$(103) \quad y^{(\nu+1)} = Q_\nu y^{(\nu+2)} + Q'_\nu y^{(\nu+1)} + P_{\nu+1} y^{(\nu+3)} + P'_{\nu+1} y^{(\nu+2)}$$

or

$$(104) \quad (1-Q'_\nu) y^{(\nu+1)} = (Q_\nu + P_{\nu+1}) y^{(\nu+2)} + P_{\nu+1} y^{(\nu+3)}$$

i.e

$$(105) \qquad y^{(\gamma+1)} = \frac{Q_\gamma + P'_{\gamma+1}}{(1-Q'_\nu)} \; y^{(\nu+2)} + \frac{P_{\gamma+1} \; y^{(\gamma+3)}}{(1-Q'_\gamma)}$$

$$= Q_{\gamma+1} \; y^{(\nu+2)} + P_{\gamma+2} \; y^{(\gamma+3)}$$

where $Q_{\gamma+1}$ and $P_{\gamma+2}$ are, as is seen by inspection of equation (105), given by equations of the form (101) and (102) in which γ has been replaced by $\gamma+1$.

Now equations (100) may be written as

$$(107) \qquad y^{(s+1)} + \frac{Q_{s-1}}{P_s} \; y^{(s)} - \frac{1}{P_s} \; y^{(s-1)} = 0 \quad (s=1,2,\ldots)$$

Comparison of equations (36) and (107) show that <u>we have the continued fraction expansion</u>

$$(108) \qquad \frac{y'}{y} = \cfrac{\dfrac{1}{P_1}}{\dfrac{Q_0}{P_1}+} \; \cfrac{\dfrac{1}{P_2}}{\dfrac{Q_1}{P_2}+} \cdots \cfrac{\dfrac{1}{P_s}}{\dfrac{Q_{s-1}}{P_s}+} \cdots = \frac{1}{Q_0+} \; \frac{P_1}{Q_1+} \cdots \frac{P_{s-1}}{Q_{s-1}+} \cdots$$

For example the hypergeometric function $_2F_1(a,b;c;x)$ satisfies the equation

$$(109) \qquad x(1-x)y'' + \left\{ c-(a+b+1)x \right\} y' - aby = 0$$

We thus derive formally

P. Wynn

$$\frac{\frac{d}{dx} \, {}_2F_1(a,b;c;x)}{{}_2F_1(a,b;c;x)} = \frac{\frac{ab}{c} \, {}_2F_1(a+1,b+1;c+1;x)}{{}_2F_1(a,b;c;x)}$$

$$(110) \quad = \frac{ab}{c-(a+b+1)x-} \, \frac{(a+1)(b+1)x(1-x)}{c+1-(a+b+3)x-} \, \cdots \, \frac{(a+s)(b+s)x(1-x)}{c+s-(a+b+2s+1)x-} \cdots,$$

e.g. with a = b = 0, c=1, and x replaced by -x the expansion alternative to (72)

$$(111) \quad \ln(1+x) = \frac{x}{1+x-} \, \frac{1^2 x(1+x)}{2+3x-} \, \cdots \, \frac{(s-1)^2 x(1+x)}{s+(2s-1)x-} \cdots$$

When x = 1.0 the successive convergents of (111) are

$$
\begin{aligned}
C_0 &= 0 \\
C_1 &= 0.5 \\
C_2 &= 0.625 \\
C_3 &= 0.6666\ 6667 \\
&\cdot\ \cdot\ \cdot\ \cdot\ \cdot\ \cdot\ \cdot\ \cdot \\
C_{13} &= 0.6931\ 3898
\end{aligned}
$$

(112)

whilst

$$(113) \qquad \ln(2) = 0.6931\ 4718$$

It appears (and the above example serves to illustrate this observation) that if two separate expansions may be derived from (58) and (108) respectively for the same function , then that derived from (58) is to be preferred for numerical purposes.

P. Wynn

Then function $_1F_1(a;c;x)$ (given by (80)) satisfies the equation

$$(114) \qquad xy'' + (c-x)y' - ay = o$$

which leads to

$$(115) \qquad \frac{_1F_1(a+1;c+1;x)}{_1F_1(a;c;x)} = \frac{c}{c-x+} \frac{(a+1)x}{c+1-x+} \frac{(a+2)x}{c+2-x+} \cdots \frac{(a+s-1)x}{c+s-1-x+} \cdots$$

As special cases of this we have

$$erf'(x) = \int_0^x e^{-t^2} dt$$

$$(116) \qquad = xe^{-x^2}\left\{ \frac{1}{1-2x^2+} \frac{4x^2}{3-2x^2+} \cdots \frac{4(s-1)x^2}{2s-1-2x^2+} \cdots \right\}$$

and

$$(117) \qquad \int_0^x e^{t^2} dt = xe^{x^2}\left\{ \frac{1}{1+2x^2-} \frac{4x^2}{3+2x^2-} \cdots \frac{4(s-1)x^2}{2s-1+2x^2-} \cdots \right\}$$

The function $_2F_0(a,b;x)$ (given by (92)) satisfies the equation

$$(118) \qquad x^2y'' + \left\{ (a+b+1)x-1 \right\} y' + aby = 0.$$

This leads to

P. Wynn

$$\frac{\frac{d}{dx} \, _2F_0(a,b;x)}{_2F_0(a,b;x)} = \frac{ab}{1-(a+b+1)x-} \frac{(a+1)(b+1)x^2}{1-(a+b+3)x-} \cdots$$

(119)
$$\cdots \frac{(a+s-1)(b+s-1)x^2}{1-(a+b+2s-1)x-} \cdots$$

or equivalently

$$\frac{z^{-1} \, _2F_0(a+1,b+1,-z^{-1})}{_2F_0(a,b;-z^{-1})} = \frac{1}{z+(a+b+1)-} \frac{(a+1)(b+1)}{z+(a+b+3)-} \cdots$$

(120)
$$\cdots \frac{(a+s-1)(b+s-1)}{z+(a+b+2s-1)-} \cdots$$

Putting $a = b = 0$, we derive

(121) $-e^z Ei(-z) = e^z \int_z^\infty e^{-t} t^{-1} dt = \frac{1}{z+1-} \frac{1^2}{z+3-} \cdots \frac{(s-1)^2}{z+2s-} \cdots$

When $z = 5.0$ the successive convergents of the continued fraction (121) are

$$
\begin{aligned}
c_0 &= 0.0 \\
c_1 &= 0.1666\ 6667 \\
c_2 &= 0.1702\ 1277 \\
c_3 &= 0.1704\ 0359 \\
&\cdots\cdots\cdots \\
c_6 &= 0.1704\ 2212
\end{aligned}
$$

(122)

whilst

(123) $-e^{5.0} \, Ei\,(-5.0) = 0.1704\ 2218$

(We note in passing that expansion (121) is the even part
of the continued fraction (95) , i.e. the successive convergents of (121) are the successive even order convergents of
(94)).

Since, when using the method of Euler, we obtain a
system of three term recurrence relationships from the
given differential equation and then use those recursions to
derive a continued fraction, we can assert that the class of
Euler-type continued fractions is a subclass of the Gauss-type
continued fractions.

Furthermore, since the logarithmic derivative of a
function which satisfies a second order homogeneous linear
differential equation satisfies a Riccati equation, we conclude
that the continued fractions of this section may also be derived by the method of $\S$ 5.

$\S$ 8. Interpolatory Continued Fractions

Suppose that we are given a function   f(x) which takes
on the values

$$(124) \qquad f_0, f_1, f_2, \ldots$$

when the argument x takes on the values

$$(125) \qquad x_0, x_1, x_2, \ldots$$

We shall now show how to construct a continued fraction which
takes on the values (124) when x takes on the values (125)

P. Wynn

Firstly we construct a table of <u>inverse differences</u> [6] which may be arranged as follows

(126)

$$
\begin{array}{llll}
x_0 & f_0 = v_0(x_0) & & \\
& & v_1(x_1) & \\
x_1 & f_1 = v_0(x_1) & & v_2(x_2) \\
& & v_1(x_2) & & v_3(x_3) \\
x_2 & f_2 = v_0(x_2) & & v_2(x_3) & \cdot \\
& & v_1(x_3) & \cdot & \cdot \\
x_3 & f_3 = v_0(x_3) & \cdot & \cdot & \cdot \\
\cdot & \cdot & \cdot & \\
\cdot & \cdot & \\
\cdot & &
\end{array}
$$

Table I

from the relationships

(127) $$v_0(x_r) = f_r \qquad (r = 0, 1, \ldots)$$

(i.e. the function values go into the first column) and

(128) $$v_{r+1}(x) = \frac{x - x_r}{v_r(x) - v_r(x_r)} \qquad (x = x_{r+1}, x_{r+2}, \ldots r = 0, 1, \ldots)$$

for example

(129) $$v_1(x_1) = \frac{x_1 - x_0}{v_0(x_1) - v_0(x_0)}$$

$$(130) \qquad v_1(x_2) = \frac{x_2 - x_0}{v_0(x_2) - v_0(x_0)} \; ;$$

$$\cdot \quad \cdot \quad \cdot \quad \cdot \quad \cdot \quad \cdot \quad \cdot \quad \cdot \quad \cdot \quad \cdot$$

$$(131) \qquad v_2(x_2) = \frac{x_2 - x_1}{v_1(x_2) - v_1(x_1)} \; , \ldots$$

and so on.

Now relationship (128) may be written as

$$(132) \qquad v_r(x) = v_r(x_r) + \frac{x - x_r}{v_{r+1}(x)} \quad . \quad (r = 0, 1, \ldots)$$

From this we have in particular

$$(133) \qquad v_0(x) = v_0(x_0) + \frac{x - x_0}{v_1(x)} \; ,$$

$$(134) \qquad v_1(x) = v_1(x_1) + \frac{x - x_1}{v_2(x)} \; ,$$

$$(135) \qquad v_2(x) = v_2(x_2) + \frac{x - x_2}{v_3(x)} \; ,$$

and so on. Substituting repeatedly for $v_1(x)$, $v_2(x)$, $v_3(x), \ldots$ and remembering that $v_0(x) = f(x)$ we have

$$(136) \qquad f_0(x) = f_0 + \frac{x - x_0}{v_1(x_1)+} \quad \frac{x - x_1}{v_2(x_2)+} \quad \cdots \quad \frac{x - x_{s-1}}{v_s(x_s)+} \quad \cdots$$

It is clear that if the argument x takes on one of the given argument values x_s, then the continued fraction terminates with the partial denominator $v_s(x_s)$ and actually takes on the value f_s. For values of x other than those given by the set (125) the continued fraction (136) may be used to interpolate

P. Wynn

the function $f(x)$.

As an example we consider the interpolation of the function

$$f(x) = \tan(x)$$

in the neighbourhood of a pole. When

$$x_s = 1.566 + 0.001 \, s \quad (s=0,1,2)$$

the table of inverted differences analogous to Table I is

1.568	357.61106		
		0.00000 5023108	
1.569	556.69098		- 357.61286
		0.00000 2226788	
1.570	1255.76559		

Table II

This leads to the continued fraction

$$\tan(x) \doteq 357.61106 + \cfrac{x-1.568}{0.00000\,5023108-} \; \cfrac{x-1.569}{-357.61286}$$

When $x \doteq 1.5686$, the successive convergents of this continued fraction are

$$C_0 = 357.61106$$
$$C_1 = 457.15103$$
$$C_2 = 435.47730$$

whilst

$$\tan(1.5685) = 435.47732$$

P. Wynn

Direct polynomial interpolation would of course be quite inapplicable here.

It should be pointed out that the use of inverse differences is not the only method available for the construction of
interpolatory continued fractions; we mention the use of Thie-
le's reciprocal differences [7] and an alternative approach
which I devised [8] .

Perhaps what is at this time the definitive treatment of the
subject has been given by Joseph Stoer [9] . The rational
functions which may be derived from the continued fraction
(136) are not optimal in the sense that in some interval (a.b)
the difference

$$(137) \qquad \max \left| f(x) - \left\{ f_0 + \frac{x-x_0}{v_1(x_1)+} \quad \frac{x-x_1}{v_2(x_2)+} \quad \cdots \quad \frac{x-x_{s-1}}{v_s(x_s)} \right\} \right|$$

is a minimum for $a \leqslant x \leqslant b$. However the rational functions derived from expansion (136) do to a certain degree imitate the
true behaviour of $f(x)$ and, following the work of Maehly [10]
Stiefel [11] and others, may be used as a basis from which the
best approximations may be derived. Those who are particularly
interested are referred to a paper of Josef Stoer [12] .

P.Wynn

§9. Conclusion

In this talk I have tried to show you how continued fractions may be derived , and introduced to you the most important continued fractions (from a practical viewpoint) whose general expansions are known in closed form. I mention that far more numerical information than I have given here concerning such continued fractions is available in [13] I am sorry to say that the treatment has been somewhat thin, due to the shortage of time, and we have not considered the convergence domains of the various expansions derived, without which the continued fractions are virtually meaningless. However, this defect will be remedied in the following three lectures.

Literature

1. ХОВАНСКИ   А Н   ГАС ТЫ П.Э К   РА   ГО Т ИЙ ДР ЕЙ,   РИКО-МАТЕМ ТН ЕСКNЕ ИСС ПЕ ЗОВАН-НИЯ, ГИ К X № :1957

2. Bombelli R., L'Algebra, Bologna, 1572

3. Khovanskii A.N., The Application of Continued Fractions and their Generalisations to Problems in Approximation Theory, Noordhoff, Groningen, 1963

4. Perron O., Die Lehre von den Kettenbrüchen, vol 2, Teubner, Stuttgart, 1957

5. Wall H., Analytic Theory of Continued Fractions, van Nostrand, New York, 1948

P. Wynn

6. Hildebrand F.B., Introduction to Numerical Analysis,
    McGraw Hill , New York, 1956

7. Norlund N.E., Vorlesung über Differenzenrechnung,
    Springer, Berlin, 1937

8. Wynn P., Uber einen Interpolations-Algorithmus und
    gewisse andere Formeln, die in der Theorie der Interpola-
    tion durch rationale Funktionen bestehen,Num.Math.,
    vol.2,1960

9. Stoer J., Uber zwei Algorithmen zur Interpolation mit
    rationalen Funktionen, Num.Math., vol. 3, 1961

10. Maehly H.J., Methods for fitting rational approximations
    Pts. II and III, Jour. A.C.M., vol 10, 1963

11. Stiefel E.L., Numerical Methods of Tschebyscheff
    Approximation, On Numerical Approximation ed. R.E.
    Langer, Madison 1959

12. Stoer J., A Direct Method for Chebyshev Approximation by
    Rational Functions, Jour. A.C.M. vol 11, 1964

13. Wynn P., The Numerical Efficiency of Certain Continued
    Fraction Expansions, Proc. Kon.Ned.Akad.van Wet. vol. 65,
    1962.

P. Wynn

Lecture II

§1. The Fundamental Recursions

In the first lecture we defined the nth convergent

$$(1) \qquad C_n = b_0 + \frac{a_1}{b_1+} \ \frac{a_2}{b_2+} \ \cdots \ \frac{a_n}{b_n}$$

by means of a recursive process of division and addition. As a provisional definition this was sufficient, however it must be remarked that if we wish to compute the successive convergents $C_0, C_1, C_2, \ldots$ then more economical ways exist than the repeated use of the above definition, and certainly if we wish to investigate the convergence behaviour of the sequence $\{C_n\}$ then some other definition must be looked for.

Let us write

$$(2) \qquad C_n = \frac{A_n}{B_n} \qquad\qquad (n=0,1,\ldots)$$

and try to determine the A_n and B_n in such a way as to assist in the computation of the quantities C_n. In order to do this we write

$$
\begin{aligned}
A_0 &= b_0 & B_0 &= 1 \\
A_1 &= a_1 + b_1 b_0 & B_1 &= b_1 \\
A_2 &= (b_2 b_1 + a_2)\, b_0 + b_2 a_1 \quad & B_2 &= b_2 b_1 + a_2
\end{aligned}
$$

(3)

and note that for $n=0,1,2$ equation (2) is satisfied. Now it may

P. Wynn

easily be verified that

$$A_2 = b_2 A_1 + a_2 A_0$$

(4)

$$B_2 = b_2 B_1 + a_2 B_0$$

and this suggests that in general

$$A_n = b_n A_{n-1} + a_n A_{n-2}$$

$$(n = 2,3,\ldots)$$

(5)

$$B_n = b_n B_{n-1} + a_n B_{n-2}$$

But C_{n+1} is computed simply by replacing b_n by $b_n + \dfrac{a_{n+1}}{b_{n+1}}$ in the expression for C_n, i.e. in the expression

(6)
$$\frac{b_n A_{n-1} + a_n A_{n-2}}{b_n B_{n-1} + a_n B_{n-2}}$$

Carrying this out we obtain

(7)
$$C_{n+1} = \frac{(b_n + \dfrac{a_{n+1}}{b_{n+1}}) A_{n-1} + a_n A_{n-2}}{(b_n + \dfrac{a_{n+1}}{b_{n+1}}) B_{n-1} + a_n B_{n-2}}$$

i.e.

(8)
$$C_{n+1} = \frac{b_{n+1} \left\{ b_n A_{n-1} + a_n A_{n-2} \right\} + a_{n+1} A_{n-1}}{b_{n+1} \left\{ b_n B_{n-1} + a_n B_{n-2} \right\} + a_{n+1} B_{n-1}}$$

or, using (5)

(9)
$$C_{n+1} = \frac{b_{n+1} A_n + a_{n+1} A_{n-1}}{b_{n+1} B_n + a_{n+1} B_{n-1}}$$

i.e. if equations (5) are true for some value of n, they are also true for n+1. But these equations are valid for n=2 and hence generally.

It remains to remark, as can easily be verified, that if in conjunction with equations (3) we also write

(10) $A_{-1} = 1$ $B_{-1} = 0$

then   equations (5) also hold for n=1.

§ 2. Periodic Continued Fractions

As a first exercise in the application of the fundamental recursions to the investigation of the convergence behaviour of a continued fraction we consider the expansion

(11) $$b + \frac{a}{b+} \ \frac{a}{b+} \ \cdots \ \frac{a}{b+} \ \cdots$$

Here the fundamental recursions (5) become simply

(12) $A_n = b\, A_{n-1} + a\, A_{n-2}$

         $B_n = b\, B_{n-1} + a\, B_{n-2}$

Now it is known from the theory of difference equations that the general solutions of

(13) $D_n = bD_{n-1} + aD_{n-2}$

is

(14) $$D_n = \delta \rho_1^{\,n} + \delta' \rho_2^{\,n}$$

where ρ_1 and ρ_2 are the roots of

(15) $$\rho^2 - b\rho - a = 0$$

and the constants δ and δ' may for example be determined from the initial values D_{-1} and D_0 . Thus the solutions of (12) are

(16) $$\begin{cases} A_n = \alpha \, \rho_1^{\,n} + \alpha' \rho_2^{\,n} \\ B_n = \beta \, \rho_1^{\,n} + \beta' \rho_2^{\,n} \end{cases}$$

where

(17) $$\begin{cases} A_{-1} = 1 = \dfrac{\alpha}{\rho_1} + \dfrac{\alpha'}{\rho_2} \\[2mm] A_0 = b = \alpha + \alpha' \\[2mm] B_{-1} = 0 = \dfrac{\beta}{\rho_1} + \dfrac{\beta'}{\rho_2} \\[2mm] B_0 = 1 = \beta + \beta' \end{cases}$$

Now, from equation (15) ,

(18) $$b = \rho_1 + \rho_2$$

Thus the constants α , α', b may be elimited from equations (16), (17) and we obtain for C_n the closed expression

P.Wynn

$$C_n = \frac{A_n}{B_n}$$

$$= \frac{\dfrac{\rho_1^2}{(\rho_1 - \rho_2)}\rho_1^n + \dfrac{\rho_2^n}{(\rho_2 - \rho_1)}\rho_2^n}{\dfrac{\rho_1}{(\rho_1 - \rho_2)}\rho_1^n + \dfrac{\rho_2}{(\rho_2 - \rho_1)}\rho_2^n}$$

(19)
$$= \frac{\rho_1^{n+2} - \rho_2^{n+2}}{\rho_1^{n+1} - \rho_2^{n+1}}$$

Now let us suppose that ρ_1 is the root of greater modulus, then

(20)
$$\lim_{n \to \infty} C_n = \lim_{n \to \infty} \left\{ \frac{\rho_1 - \rho_2(\frac{\rho_2}{\rho_1})^{n+1}}{1 - (\frac{\rho_2}{\rho_1})^n} \right\}$$

$$= \rho_1$$

Thus if equation (15) has two distinct roots of unequal moduli then the continued fraction (11) converges to the root of largest modulus. Now suppose that

(21)
$$\rho_2 = \rho_1$$

We then find that

(22)
$$\lim_{n \to \infty} C_n = \lim_{n \to \infty} \frac{(n+2)\,\rho_1^{n+1}}{(n+1)\,\rho_1^n}$$

$$= \rho_1$$

P. Wynn

Thus in this case also, the continued fraction (11) converges, and to the double root of (15).

If, however, the roots of (15) are distinct but of equal moduli then the expression (19) has no limit as n tends to infinity and the continued fraction (11) does not converge .

In this way, we have been able to describe the convergence behaviour of the continued fraction (11) completely.

§3. Continued Fractions whose Coefficients lie in certain Circular Domain ([1] chapter II, § 19) *

Expansion (11) is in all truth a very primitive continued fraction and we shall now go on to discuss continued fractions whose coefficients, whilst not constant are very nearly so. More specifically we shall suppose of the continued fraction

$$(23) \qquad C = \frac{a_1}{b_1+} \quad \frac{a_2}{b_2+} \quad \cdots \quad \frac{a_s}{b_s} + \quad \cdots$$

that its coefficients lie in certain circular domains given

$$(24) \qquad |a_s - a| \leq h(k - \theta - kn)|\rho_1|^2$$

$$(25) \qquad |b_s - b| \leq h(1-k)|\rho_1|$$

---

* The conditions imposed by Perron in his treatment are somewhat less restrictive than those imposed here.

P.Wynn

where h, k,θ and ρ_1 arise in the following way.

The roots of the equation

(26) $\qquad \rho^2 - b\rho - a = 0$

are ρ_1 and ρ_2, and they satisfy

(27) $\qquad 0 < |\rho_1| \leq R$

(28) $\qquad \left|\frac{\rho_2}{\rho_1}\right| \leq \theta < 1$

(i.e. they are of unequal modulus and ρ_1 has the larger modulus). K is a constant such that

(29) $\qquad \theta < k \leq 1$.

h is a positive number satisfying

(30) $\quad hk \leq k - \theta$, $(k+1)h < 1 - \theta$, $(1 + \theta^2 + 2k)h < (1 - \theta)^2$, $hk < \theta$

(Once ρ_1, θ, and k are fixed then some h can always be found to satisfy (30), merely by taking h sufficiently small).

Two such circular domains are exhibited in Fig. 1

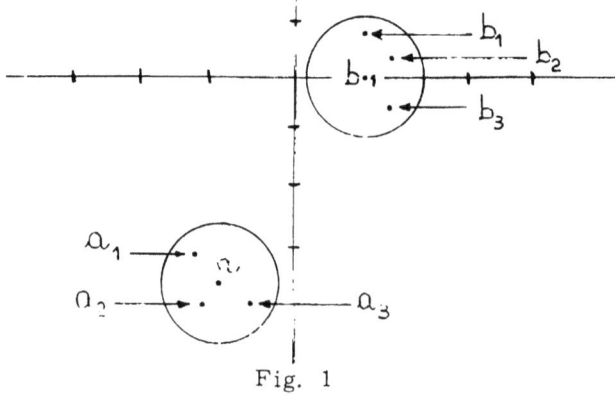

Fig. 1

P. Wynn

Now in the previous case we obtained a tractable expression for C_n and then examined its behaviour as n tended to infinity , and we shall do precisely the same now. But this time since the exact values of the coefficients are not known, we only know that they lie in certain circular domains: we have to proceed somewhat more indirectly.

We first rewrite the continued fraction (23) as

(31) $$\cfrac{a_1}{x_1+y_1-} \quad \cfrac{y_1x_2}{x_2+y_2-} \quad \cdots \quad \cfrac{y_{s-1}x_s}{x_s+y_s-} \quad \cdots$$

where the quantities x_s, y_s (s=1,2,...) are derived from the coefficients a_s, b_s by means of

(32) $$x_1 = -\frac{a_1}{\rho_1}$$

(33) $$x_s+y_s = b_s, \quad y_sx_{s+1} = -a_{s+1} \quad (s=1,2,\dots)$$

We shall first of all show that such quantities $x_s, y_s (s=1,2,\dots)$ can always be found (i.e. that no $y_s = 0$): we shall prove in fact that

(34) $$|y_s| \geq (1-h) \ |\rho_1| > 0 \qquad (s=1,2,\dots)$$

and furthermore that it is a consequence of the fact that the coefficients a_s, b_s (s=1,2,...) lie in certain circular domains, that the quantities x_s, y_s also lie in certain circular domains given by

P. Wynn

(35) $\qquad |x_s - \wp_2| \leqslant kh \, |\wp_1|$ $\qquad$ (s=1,2,...)

(36) $\qquad |y_s - \wp_1| \leqslant h \, |\wp_1|$ $\qquad$ (s=1,2,...)

For example, if the coefficients a_s, b_s, (s=1,2,...) lie in the circular domains exhibited in Fig. 1, then the x_s, y_s (s=1,2,...) lie in the circular domains exhibited in Fig. 2.

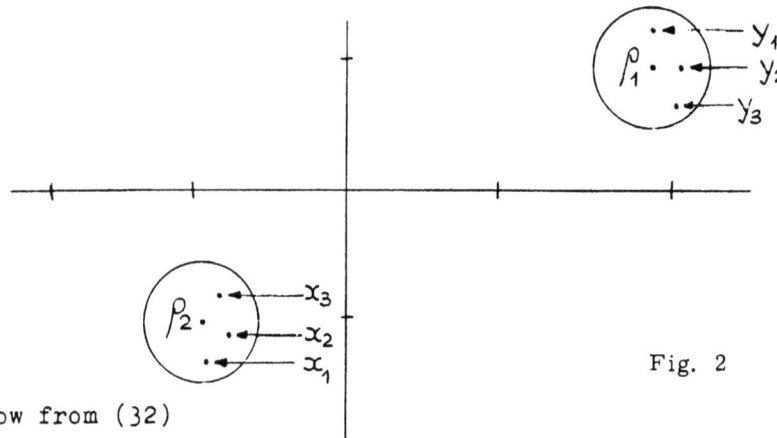

Fig. 2

Now from (32)

(37) $\qquad |x_1 - \wp_2| = \left| -\dfrac{a_1}{\wp_1} - \wp_2 \right| = \left| \dfrac{a - a_1}{\wp_1} \right| \leqslant h(k - \theta_- kh) |\wp_1| < kh \, |\wp_1|$,

thus (35) is true for s=1.

Suppose that (35) is valid for some value of s, then

$$|y_s - \wp_1| = |b_s - x_s - \wp_1| = |b_s - b + \wp_2 - x_s|$$

(38) $\qquad \leqslant |b_s - b| + |x_s - \wp_2| \leqslant h(1-k)|\wp_1| + hk|\wp_1| = h|\wp_1|$

Thus for this value of s (36) is also valid , and consequently (34). Furthermore

P. Wynn

$$\left| x_{s+1} - \rho_2 \right| = \left| - \frac{a_{s+1}}{y_s} - \rho_2 \right| = \left| \frac{a - a_{s+1}}{y_s} + \frac{\rho_2}{y_s} \left(\rho_1 - y_s \right) \right|$$

$$\leq \left| \frac{a - a_{s+1}}{y_s} \right| + \left| \frac{\rho_2}{y_s} \right| \left| y_s - \rho_1 \right|$$

(39)

$$\leq \frac{h(k - \theta - kh)}{1-h} \left| \rho_1 \right| + \frac{\theta}{1-h} h \left| \rho_1 \right|$$

$$= kh \left| \rho_1 \right|$$

i.e. (35) is also valid with s replaced by s+1. Hence (34), (35) and (36) are generally true.

We now return to the continued fraction which has been written in the form (31) and note that its nth convergent may be written as

(40)
$$C_n = \frac{\dfrac{a_1}{y_1}}{\gamma_1 + 1-} \quad \frac{\gamma_2}{\gamma_2 + 1-} \cdots \frac{\gamma_n}{\gamma_n + 1-} \cdots$$

where

(41)
$$\gamma_s = \frac{x_s}{y_s} \quad (s = 1, 2, \ldots)$$

It is a simple matter to verify by means of the fundamental recursions that

(42)
$$C_n = \frac{\dfrac{a_1}{y_1} \left\{ 1 + \gamma_2 + \gamma_2 \gamma_3 + \cdots + \gamma_2 \gamma_3 \cdots \gamma_n \right\}}{\left\{ 1 + \gamma_1 + \gamma_1 \gamma_2 + \cdots + \gamma_1 \gamma_2 \cdots \gamma_n \right\}}$$

We shall now show that both the bracketed expressions in numerator and denominator converge as n tends to infinity.

P. Wynn

We have

(43) $\qquad \chi_s = \dfrac{|x_s|}{|y_s|} \leq \dfrac{|\tfrac{?}{2} + kh|\beta_1|}{(1-h)|\beta_1|} \leq \dfrac{\theta - kh}{1-h} < 1$

(since $((k+1)h < 1-\theta)$: i.e. both expressions converge more rapidly than a convergent geometric series with ratio $\dfrac{\theta - kh}{1-h}$.

Finally we shall prove that C_n is bounded, firstly by showing that $\dfrac{a_1}{y_1}$ is finite and secondly by showing that the modulus of the limit of the denominator remains greater than a certain positive constant.

We have firstly

$$\left|\frac{a_1}{y_1}\right| = \frac{|a_1 - a| + |a|}{|y_1|} = \frac{h(k - \theta - hk)|\beta_1|^2 + |\beta_1|^2}{(1-h)|\beta_1|}$$

(44) $$\leq \frac{h(k - \theta - kh) + C}{(1-h)} R$$

Thus $\dfrac{a_1}{y_1}$ is indeed bounded.

Now write

(45) $\qquad \dfrac{\beta_2}{\beta_1} = \alpha , \qquad \chi_s - \alpha = \eta_s$,

then

(46) $\qquad |\alpha| \leq \theta$

from the given conditions, and

$$|\chi_1 \chi_2 \cdots \chi_s - \alpha^s| = |(\alpha + \eta_1)(\alpha + \eta_2)\ldots(\alpha + \eta_s) - \alpha^s|$$

$$= |\alpha^{s-1} \sum_i \eta_i + \alpha^{s-2} \sum_{ij} \eta_i \eta_j + \ldots + \eta_1 \eta_2 \cdots \eta_s|$$

$$\leq \theta^{s-1} \sum_i |\eta_i| + \theta^{s-2} \sum_{ij} |\eta_i \eta_j| + \ldots + |\eta_1 \eta_2 \cdots \eta_s|$$

(47) $$= (\theta + |\eta_1|)(\theta + |\eta_2|)\ldots(\theta + |\eta_s|) - \theta^s$$

P. Wynn

Now

$$\eta_s = \left| y_s - \alpha \right| = \left| \frac{x_s}{y_s} - \frac{\rho_2}{\rho_1} \right| = \left| \frac{\rho_1(x_s - \rho_2) - \rho_2(y_s - \rho_1)}{y_s \rho_1} \right|$$

$$\leq \left| \frac{x_s - \rho_2}{y_s} \right| + \left| \frac{\rho_2}{\rho_1} \cdot \frac{y_s - \rho_1}{y_s} \right|$$

$$(48) \qquad \leq \frac{kh}{1-h} + \frac{\theta h}{1-h} = \frac{(k+\theta)h}{1-h}$$

(the last line being obtained by use of (35) and (34)).

Equations (47) and (48) may thus be combined to give

$$(49) \qquad \left| \delta_1 \delta_2 \cdots \delta_s - \alpha^s \right| \leq \left\{ \theta + \frac{(k+\theta)h}{1-h} \right\}^s - \vartheta^s = \left(\frac{\vartheta+kh}{1-h} \right)^s - \vartheta^s .$$

Since

$$(50) \qquad \frac{\vartheta+kh}{1-h} < 1$$

$$\left| (1 + \gamma_1 + \gamma_1 \gamma_2 + \delta_1 \delta_2 \delta_3 + \cdots) - (1 + \alpha + \alpha + \alpha^2 + \cdots) \right|$$

$$(51) \qquad \leq \sum_{s=1}^{\infty} \left\{ \left(\frac{\theta+kh}{1-h} \right)^s - \vartheta^s \right\} = \frac{1-h}{1-\theta-(k+1)h} - \frac{1}{1-\theta} ,$$

and since

$$(52) \qquad 1 + \alpha + \alpha^2 + \cdots \quad = \left| \frac{1}{1-\alpha} \right| \geq \frac{1}{1-\vartheta}$$

$$\left| 1 + \gamma_1 + \delta_1 \gamma_2 + \cdots \right| \geq \frac{1}{1+\theta} - \left(\frac{1-h}{1-\theta-(k+1)h} - \frac{1}{1-\theta} \right)$$

$$(53) \qquad = \frac{(1-\theta)^2 - (1+\vartheta^2+2k)h}{(1-\theta^2)\{1-\theta-(k+1)h\}}$$

But from the given conditions

$$(54) \qquad (1+\vartheta^2+2k)h < (1-\vartheta)^2 ,$$

P. Wynn

thus the right hand side of (53) is a positive number, and
the denominator of (42) converges to a non-zero quantity.

To conclude, we have proved that <u>if the coefficients</u>
$\underline{a_s, b_s}$ <u>(s=1,2,...) of (23) lie in the circular domains given</u>
<u>by (24) and (25) in conjunction with (30)</u> then the continued frac-
tion (23) converges and to a bounded quantity.

§ 4.   <u>Inessential Divergence ([1]Chapter I, § 1)</u>

Before proceeding to that general type of continued
fraction which is the principal concern of this lecture, I wish
to interpolate a remark concerning the convergence behaviour
of continued fractions.

Suppose that we are given a continued fraction

(55) $$C = \frac{a_1}{b_1+} \ \frac{a_2}{b_2+} \ \cdots \ \frac{a_s}{b_s+} \ \cdots$$

which we shall assume to be convergent, with C non-zero.
Let us consider the continued fraction

(56) $$\frac{a_0}{C-} \ \frac{a_1}{b_1+} \ \frac{a_2}{b_2+} \ \cdots \ \frac{a_s}{b_s+} \ \cdots$$

which, since it can be written

(57) $$\frac{a_0}{C - \left\{ \dfrac{a_1}{b_1+} \ \dfrac{a_2}{b_2+} \ \cdots \ \dfrac{a_s}{b_s+} \cdots \right\}}$$

clearly does not converge in the strict sense. But it is not
entirely without meaning, since if the successive convergents
of (57) are C'_s (s=0,1,...), then the sequence $C_s^{'-1}$ (s=0,1,...)

P.Wynn

converges to zero.

Moreover, in certain cases, it is eminently reasonable that a continued fraction should exhibit this sort of divergence. Consider the expansion which we derived in the previous lecture

$$(58) \qquad \tan(x) = \frac{x}{1-} \frac{x^2}{3-} \cdots \frac{x^2}{2s-1-}$$

This as we shall shortly see, converges for x lying in any bounded domain in the complex plane with the exception of the points $x = \pm \frac{(2n+1)}{2} \pi$, (n=0,1,...) at which it exhibits the sort of divergence just described. It is quite natural that expansion (58) should behave in this way since tan (x) has simple poles at the points of divergence.

The type of divergence behaviour which we have just described is called <u>inessential divergence</u>.

§ 5. Continued Fractions which are Periodic in the Limit

A short while ago we dealt with continued fractions whose coefficients all lay in certain circular domains, and we showed that under certain conditions such continued fractions are convergent in the strict sense.

Now we do not assume that the coefficients all lie within certain circular domains ; instead we shall assume that the partial numerators and denominators tend respectively to two limits.

Let $a_1, a_2, a_3, \ldots; b_1, b_2, b_3, \ldots$ be two sequences which converge to a and b respectively. Further suppose that $\vartheta < 1$

P. Wynn

and two positive numbers r, R exist such that

(59) $\qquad r \leqslant |\rho_1| \leqslant R \qquad \left|\dfrac{\rho_2}{\rho_1}\right| = \theta$

where ρ_1, ρ_2 are the roots of

(60) $\qquad \rho^2 - b\rho - a = 0$

Then there exists some s' such that for $s \geqslant s'$ the continued fraction

(61) $\qquad b_s + \dfrac{a_{s+1}}{b_{s+1}+} \quad \dfrac{a_{s+2}}{b_{s+2}+} \cdots$

converges.

We choose some k lying between θ and 1 such that

(62) $\quad kh < k - \theta, \quad (k+1)h < 1 - \theta, \quad (1 + \theta^2 + 2k)h < (1 - \theta)^2$

Then for sufficiently large s (say $s \geqslant s'$)

(63) $\quad |a_s - a| \leqslant h(k - \theta - kh)r^2 \leqslant h(k - \theta - kh)|\rho_1|^2$

and

(64) $\quad |b_s - b| \leqslant h(1-k)r \leqslant r(1-k)|\rho_1|.$

Thus for $s \geqslant s'$ the coefficients of (61) lie within two circular domains as described in § 3 and (61) is convergent.

From this result it follows that the continued fraction

(65) $\qquad b_0 + \dfrac{a_1}{b_1+} \quad \dfrac{a_2}{b_2+} \quad \cdots \quad \dfrac{a_s}{b_s+} \quad \cdots$

for which $a_s \neq 0 \ (s = 0, 1, \ldots)$, $\lim\limits_{s \to \infty} a_s = a$, $\lim\limits_{s \to \infty} b_s = b$, either converges of diverges inessentially if the roots ρ_1, ρ_2 of

(66) $\qquad \rho^2 - b\rho - a = 0$

P. Wynn

have   unequal modulus.

§ 6.   Continued Fractions with Variable Coefficients ([2], [3],
       [1] chapter II, § 19)

The convergence theory with which we have just been
dealing concerns continued fractions whose coefficients are
constants. But the coefficients in most of the expansions which
we derived in the first lecture are functions of some variable
which we called x or z as convenience dictated. Accordingly we
shall go on to discuss the convergence of such continued fractions.

Let a_1, a_2,... be a sequence of constants with limit a,
and x be a complex variable.

Then if a = 0 the continued fraction

(67) $$C(x) = \frac{a_1 x}{1+} \; \frac{a_2 x}{1+} \; \cdots \; \frac{a_3 x}{1+} \; \cdots$$

either converges or diverges inessentially for all x of finite
modulus.

If a $\neq$ 0 then the continued fraction either converges
or diverges inessentially for all x of finite modulus not
lying on the cut from $\frac{-1}{4a}$ to the point at infinity not passing
through the origin (i.e. in any bounded domain lying in the cut
plane of Fig. 3.)

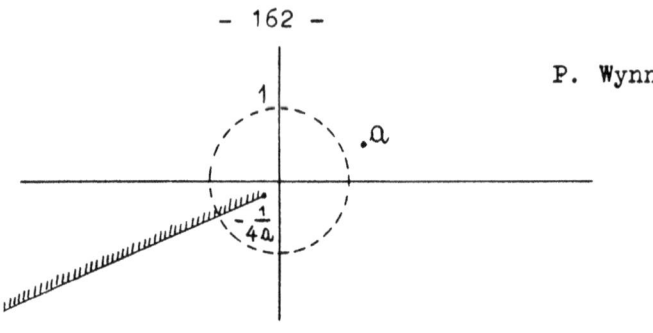

Fig. 3

In both cases the points of inessential divergence are poles of $C(x)$.

In the notation of § 5 b=1 and a has been replaced by ax : we are dealing with the quadratic equation

(68) $$\rho^2 - \rho - ax = 0$$

If a=0 and $|x|$ is finite (so that ax=0), then $\rho_1 = 1$ and $\rho_2 = 0$; i.e. for all x of finite modulus the conditions of § 5 are fulfilled, and the continued fraction either converges or diverges inessentially.

We now deal with the case in which a is non-zero. We have

(69) $$\rho_1 = \frac{1 + \sqrt{1+4ax}}{2} \ , \quad \rho_2 = \frac{1 - \sqrt{1+4ax}}{2} \ \left[\operatorname{Re}\left\{ \sqrt{1+4ax} \right\} \geqslant 0 \right]$$

ρ_1 and ρ_2 have equal modulus if and only if the function under the square root sign is either zero or real and negative: this occurs only when x lies on the cut described earlier. When $|x| \leqslant X$ we have

(70) $$|\rho_1| \leqslant \frac{1 + \sqrt{1+4|ax|}}{2} \leqslant \frac{1 + \sqrt{1+4|a|X}}{2}$$

(71) $$|\rho_1| \geq \tfrac{1}{2}(|\rho_1| + |\rho_2|) \geqslant \tfrac{1}{2}(\rho_1 + \rho_2) = \tfrac{1}{2}$$

P. Wynn

so that there exist two positive numbers r and R and a number
lying between 0 and 1 satisfying the conditions of § 5 ; i.e.
for all x of finite modulus not lying on the above cut, the
continued fraction (67) either converges or diverges inessentially.

§7 Some Example

In the first lecture we showed that

$$\frac{{}_2F_1(a,b+1;c+1;x)}{{}_2F_1(a,b;c;x)} =$$

$$(72) \quad = \frac{1}{1-} \; \frac{\dfrac{a(x-b)}{c(c+1)}}{1-} x \; \cdots \; \frac{\dfrac{(b+r-1)(c-a+r-1)}{(c+2r-3)(c+2r-3)}}{1-} x \; \frac{\dfrac{(a+r-1)(c-b+r-1)}{(c+2r-2)(c+2r-1)}}{1-} x \; \cdots$$

Here we have

$$(73) \quad \lim_{s\to\infty} a_s = \begin{cases} \lim\limits_{r\to\infty} -\dfrac{(b+r-1)(c-a+r-1)}{(c+2r-3)(c+2r-2)} \\[2mm] \lim\limits_{r\to\infty} -\dfrac{(a+r-1)(c-b+r-1)}{(c+2r-2)(c+2r-1)} \end{cases} = -\frac{1}{4}$$

i.e. the continued fraction (72) converges or diverges inessentially for all x of bounded modulus not lying on the segment
of the real axis $(1,\infty)$.

For example the expansion

$$(74) \quad \ln(1+x) = \frac{x}{1+} \; \frac{1^2x}{2+} \; \frac{1^2x}{3+} \; \cdots \; \frac{(r-1)^2x}{2r-1+} \; \frac{r^2x}{2r+} \; \cdots$$

converges for all x of bounded modulus not lying on the segment
of the real axis $(-\infty,-1)$ (x has been replaced in (72) by $-x$).

The expansion

$$(75) \quad \arctan(x) = \frac{x}{1+} \ \frac{1^2 x}{3+} \ \frac{4 \cdot 1^2 x}{5+} \ \cdots \ \frac{4(r-1)^2 x}{4r-3+} \ \frac{(2r-1)^2 x}{4r-1+} \ \cdots$$

converges for all x of bounded modulus not lying on the segment
of the real axis $(-\infty, -1)$.

The expansion

$$(76) \quad \frac{\arcsin(x)}{\sqrt{1-x^2}} = \frac{x}{1-} \ \frac{1 \cdot 2 x^2}{3-} \ \frac{1 \cdot 2 \cdot x^2}{5-} \ \cdots \ \frac{r(r-1)x^2}{4r-3-} \ \frac{r(r+1)x^2}{4r-1-} \cdots$$

converges for all x of bounded modulus not lying on the segments
of the imaginary axis $(i, \infty i)$, $(-\infty i, -i)$ (x has been replaced
in (72) by x^2).

We also showed that

$$\frac{{}_1F_1(a+1; c+1; x)}{{}_1F_1(a; c; x)} =$$

$$(77)$$

$$= \frac{1}{1-} \ \frac{\dfrac{(c-a)}{c(c+1)} x}{1+} \ \cdots \ \frac{\dfrac{(a+r-1)x}{(c+2r-3)(c+2r-2)}}{1-} \ \frac{\dfrac{(c-a+r-1)x}{(c+2r-2)(c+2r-1)}}{1+} \ \cdots$$

Here we have

$$(78) \quad \lim_{s \to \infty} a_s = \begin{cases} \lim\limits_{r \to \infty} \dfrac{(a+r-1)}{(c+2r-1)(c+2r-2)} \\[2ex] \lim\limits_{r \to \infty} \dfrac{(c-a+r-1)}{(c+2r-2)(c+2r-1)} \end{cases} = 0$$

P. Wynn

i.e. the continued fraction (77) converges or diverges inessentially for all x of bounded modulus.

For example the expansions

$$\exp(x) = \frac{1}{1-} \; \frac{x}{1+} \; \frac{1x}{2-} \; \cdots$$

$$\mathrm{erf}(x) = \int_0^x e^{-t^2} dt$$

(80)
$$= xe^{-x^2} \left\{ \frac{1}{1-} \; \frac{2x^2}{3+} \; \frac{4x^2}{5-} \; \cdots \; \frac{4(r-1)x^2}{4r-3-} \; \frac{2(2r-1)x^2}{4r-1+} \; \cdots \right\}$$

(81)
$$\int_0^x e^{t^2} dt = xe^{x^2} \left\{ \frac{1}{1+} \; \frac{2x^2}{3-} \; \frac{4x^2}{5+} \; \cdots \; \frac{4(r-1)x^2}{4r-3+} \; \frac{2(2r-1)x^2}{4r-1-} \; \cdots \right\}$$

all converge for x of bounded modulus.

Lastly we showed that

(82)
$$\frac{J_m(x)}{J_{m-1}(x)} = \frac{\frac{x}{2(m+1)}}{1-} \; \frac{\left(\frac{x}{2}\right)^2 \frac{1}{(m+1)(m+2)}}{1-} \; \cdots \; \frac{\left(\frac{x}{2}\right)^2 \frac{1}{(m+s-1)(m+s)}}{1-} \; \cdots$$

and

(83)
$$\tan(x) = \frac{x}{1-} \; \frac{\frac{x^2}{1.3}}{1-} \; \cdots \; \frac{\frac{x^2}{(2s-3)(2s-1)}}{1-} \; \cdots$$

For both these continued fractions, using the notation of the
preceding section,

(84)
$$\lim_{s \to \infty} a_s = 0$$

i.e. they both either converge or diverge inessentially for all
x of bounded modulus. In the first case the points of inessential divergence are the zeros of the function $J_{m-1}(x)$, the

P. Wynn

second they are the poles of the function $\tan(x)$.

You may also recall that we derived by the method of Euler the expansion

$$
(85) \quad \cfrac{ab}{c-(a+b+1)x} \cfrac{}{1-} \cfrac{(a+1)(b+1)x(1-x)}{c-(a+b+1)x\}\ \{c+1-(a+b+3)x\}} \cfrac{}{1-} \cdots
$$

$$
\cdots \cfrac{(a+s-1)(b+s-1)x(1-x)}{\{c+s-2-(a+b+s-1)x\}\ c+s-1-(a+b+s)x\}} \cfrac{}{1-} \cdots
$$

which, in a certain domain that we did not specify, converges to

$$
(86) \quad \frac{ab}{c} \frac{{}_2F_1(a+1,b+1;c+1;x)}{{}_2F_1(a,b;c;x)}
$$

The convergence behaviour of this continued fraction is sufficiently interesting to merit special consideration.

We recall that if $\wp_1$ and $\wp_2$ are the roots of the equation

$$
(87) \qquad \wp^2 - b\wp - a = 0
$$

then the continued fraction

$$
(88) \qquad b + \frac{a}{b+} \ \frac{a}{b+} \ \cdots
$$

converges to the root of larger modulus. Let us wite

$$
(89) \qquad \wp_1 = \frac{b+\sqrt{b^2+4a}}{2}, \qquad \wp_2 = \frac{b-\sqrt{b^2+4a}}{2}
$$

so that if $|\wp_1| > |\wp_2|$, then expansion (88) converges to $\wp_1$.

Now let us suppose that a and b in (88) are functions

P. Wynn

of some variable x. It may well occur that for values of x
lying in a certain domain, ρ_1 (as defined by equations (89)) is
the root of larger modulus and for x lying in another domain
ρ_2 is the root of larger modulus. This means that <u>the continued
fraction converges to one function for certain values of x and
to another function for other values of x.</u>

Precisely the same sort of behaviour is exhibited by
the continued fraction (85). It converges $[2]$ to the quotient
(86) for $\text{Re}(x) < \tfrac{1}{2}$ or $x = \tfrac{1}{2}$, but to the quotient

(90) $\dfrac{-ab}{a+b-c+1} \; \dfrac{{}_2F_1(a+1,b+1;a+b-c+2;1-x)}{{}_2F_1(a,b;a+b-c+1;1-x)}$

for $\text{Re}(x) > \tfrac{1}{2}$. On the line $\text{Re}(x) = \tfrac{1}{2}$ (with the exception of the
point $x = + \tfrac{i}{2}$) expansion (85) diverges.

For example, the expansion

(91) $\dfrac{x}{1+x-} \; \dfrac{1^2 x(1+x)}{2+3x-} \; \cdots \; \dfrac{(s-1)^2 x(1+x)}{s+(2s-1)x-} \; \cdots$

converges to $\ln(1+x)$ for $\text{Re}(x) > -\tfrac{1}{2}$ or $x = -\tfrac{i}{2}$ (x has been
replaced by $-x$ in (85)) and diverges inessentially for all other
values of x.

To conclude we remark with regard to the other continued
fractions derived by the method of Euler in the first lecture
that the expansions

(92) $\displaystyle\int_0^x e^{-t^2}\,dt = xe^{-x^2}\left\{ \dfrac{1}{1-2x^2+} \; \dfrac{4x^2}{3-2x^2+} \; \cdots \; \dfrac{4(s-1)x^2}{2s-1-2x^2+} \; \cdots \right\}$

P. Wynn

$$(93) \quad \int_0^x e^{t^2} dt = xe^{x^2} \left\{ \frac{1}{1+2x^2-} \quad \frac{4x^2}{3+2x^2-} \cdots \frac{4(s-1)x^2}{2s-1+2x^2-} \cdots \right\}$$

both converge for x of bounded modulus.

At this stage I wish to point out that the methods which we have developed in this lecture for the investigation of convergence do not suffice for all the expansions derived in the first lecture. For example the expansion

$$(94) \quad e^Z Ei(z) = \int_0^\infty \frac{e^{-t}}{z-t}$$

$$= \frac{1}{z-} \quad \frac{1}{1-} \quad \frac{1}{z-} \cdots \frac{r-1}{1-} \quad \frac{r}{z-} \cdots$$

is not amenable to the above treatment.

§8. The Euler Minding Sum Formulae and the Even and Odd Parts of a Continued Fraction

The convergence of continued fractions of this type and indeed others of far greater generality will be dealt with in the next two lectures. In order both to conclude this lecture and to prepare the attack to be launched in the next, I wish to derive two further results in the found theory of continued fractions.

We recall that the convergents

$$(95) \quad C_n = b_0 + \frac{a_1}{b_1+} \quad \frac{a_2}{b_2+} \cdots \frac{a_n}{b_n} \qquad (n=0,1,\ldots)$$

of the continued fraction

P. Wynn

$$(96) \qquad C = b_0 + \cfrac{a_1}{b_1 +} \quad \cfrac{a_2}{b_2 +} \quad \cdots \quad \cfrac{a_s}{b_s +} \quad \cdots$$

may be computed by evaluating the recursions

$$(97) \qquad A_n = b_n A_{n-1} + a_n A_{n-2}$$

$$B_n = b_n B_{n-1} + a_n B_{n-2}$$

from the initial conditions

$$(98) \qquad A_{-1} = 1, \quad A_0 = b_0, \quad B_{-1} = 0, \quad B_0 = 1,$$

when

$$(99) \qquad C_n = \frac{A_n}{B_n} \qquad (n=0,1,\ldots)$$

Let us eliminate b_n from equations (97) : we obtain

$$(100) \qquad A_n B_{n-1} - B_n A_{n-1} = - a_n (A_{n-1} B_{n-2} - B_{n-1} A_{n-2}).$$

Writing n-1 for n in this relationship, we have

$$(101) \qquad A_{n-1} B_{n-2} - B_{n-1} A_{n-2} = -a_{n-1}(A_{n-2} B_{n-3} - B_{n-2} A_{n-3})$$

Substituting the left hand side of (101) into the right hand side of (100) we have

$$(102) \qquad A_n B_{n-1} - B_n A_{n-1} = a_n a_{n-1}(A_{n-2} B_{n-3} - B_{n-2} A_{n-3}).$$

Repeating substitutions of the form (100), we have

$$(103) \qquad A_n B_{n-1} - B_n A_{n-1} = (-1)^n a_n a_{n-1} \cdots a_1 (A_0 B_{-1} - B_0 A_{-1})$$

$$= (-1)^n a_n a_{n-1} \cdots a_1$$

on account of (98). Dividing throughout by $B_n B_{n-1}$ we have

$$(104) \qquad \frac{A_n}{B_n} - \frac{A_{n-1}}{B_{n-1}} = \frac{(-1)^n a_n a_{n-1} \cdots a_1}{B_n B_{n-1}} \quad .$$

Writing out such equations as (104) with n replaced by n-1, n-2, ...,0, and adding them together we have

$$(\frac{A_n}{B_n} - \frac{A_{n-1}}{B_{n-1}}) + (\frac{A_{n-1}}{B_{n-1}} - \frac{A_{n-2}}{B_{n-2}}) + \cdots + (\frac{A_1}{B_1} - \frac{A_0}{B_0}) =$$

$$(105)$$

$$\frac{(-1)^n a_n a_{n-1} \cdots a_1}{B_n B_{n-1}} + \frac{(-1)^{n-1} a_{n-1} a_{n-2} \cdots a_1}{B_{n-1} B_{n-2}} + \cdots + \frac{(-1) a_1}{B_1 B_0}$$

or finally

$$(106) \qquad C_n = \frac{A_n}{B_n} =$$

$$= b_0 + \sum_{s=1}^{n} \frac{(-1)^s a_s a_{s-1} \cdots a_1}{B_s B_{s-1}} \quad .$$

In this way the convergent of a continued fraction has been exhibited as the partial sum of a certain series (105). This series is known as the <u>Euler-Minding series</u>.

We shall now show how to construct continued fractions whose convergents are C_{2n} (n=0,1,...) and C_{2n+1} (n=0,1,...) respectively.

From the fundamental recursions we have in particular

P. Wynn

$$A_{2n} = b_{2n}A_{2n-1} + a_{2n}A_{2n-2}$$

(107)
$$A_{2n-1} = b_{2n-1}A_{2n-2} + a_{2n-1}A_{2n-3}$$

$$A_{2n-2} = b_{2n-2}A_{2n-3} + a_{2n-2}A_{2n-4}$$

Eliminating A_{2n-1} and A_{2n-3} from these equations, we obtain

(108) $A_{2n} = \left[a_{2n} + b_{2n}\left(b_{2n-1} + a_{2n-1}b_{2n-2}^{-1}\right)\right]A_{2n-2} - b_{2n}a_{2n-1}b_{2n-2}^{-1}a_{2n-2}A_{2n-4}$

Similarly we have

(109) $B_{2n} = \left[a_{2n} + b_{2n}\left(b_{2n-1} + a_{2n-1}b_{2n-2}^{-1}\right)\right]B_{2n-2} - b_{2n}a_{2n-1}b_{2n-2}^{-1}a_{2n-2}B_{2n-4}$

Finally we recall that

(110) $\qquad C_0 = b_0, \qquad C_2 = b_0 + \dfrac{b_2 a_1}{b_2 b_1 + a_2}$

Thus if the successive numerators and denominators of

(111) $\qquad b_0 + \dfrac{a_1}{b_1+} \quad \dfrac{a_2}{b_2+} \quad \cdots \quad \dfrac{a_s}{b_s+} \quad \cdots$

are $A_s, B_s (s=0,1,\ldots)$ respectively, then those of

$$b_0 + \dfrac{b_2 a_1}{b_2 b_1 + a_2 -} \quad \dfrac{b_4 a_3 b_2^{-1} a_2}{a_4 + b_4(b_3 + a_3 b_2 - 1) -} \quad \cdots$$

(112)
$$\cdots \dfrac{b_{2s+2} a_{2s+1} b_{2s}^{-1} a_{2s}}{a_{2s+2} + b_{2s+2}(b_{2s+1} + a_{2s+1} b_{2s} - 1) -}$$

P. Wynn

are A_{2s}, B_{2s} $(s=0,1,\ldots)$, and of course the convergents of (112) are $C_{2s}(s=0,1,\ldots)$. The fundamental recursions for the continued fraction (112) are (108) and (109).

Similarly we derive from the fundamental recursions the relationships

$$(113)\, A_{2n+1} = \left\{ a_{2n+1} + b_{2n+1}(b_{2n} + a_{2n}b_{2n-1}^{-1}) \right\} A_{2n-1} -$$

$$- b_{2n+1} a_{2n} b_{2n-1}^{-1} a_{2n-1} A_{2n-3}$$

and

$$(114)\, B_{2n+1} = \left\{ a_{2n+1} b_{2n+1}(b_{2n} + a_{2n}b_{2n-1}^{-1}) \right\} B_{2n-1} -$$

$$- b_{2n+1} a_{2n} b_{2n-1}^{-1} a_{2n-1} B_{2n-3}$$

Furthermore we recall that

$$(115) \qquad A_{-1}=1 \quad B_{-1}=0 \qquad A_1 = b_1 b_0 + a_1 \qquad A_1 = b_1$$

Thus the successive numerators and denominators of

$$b_0 + a_1 b_1^{-1} -$$

$$(116)$$

$$- \frac{b_3 a_2 b_1^{-2} a_1}{a_3 + b_3(b_2 + a_2 b_1^{-1})} - \frac{b_5 a_4 b_3^{-1} a_3}{a_5 + b_5(b_4 + a_4 b_3^{-1})} - \frac{b_{2s+1} a_{2s} b_{2s-1}^{-1} a_{2s-1}}{a_{2s+1} + b_{2s+1}(b_{2s} + a_{2s} b_{2s-1}^{-1})} - \cdots$$

are $b_1^{-1} A_{2s+1}$, $b_1^{-1} B_{2s+1}(s=0,1,\ldots)$ respectively. The successive convergents of (116) are C_{2s+1} $(s=0,1,\ldots)$. The

P. Wynn

fundamental recursions for the continued fraction (116) are
(113) and (114) .

Expansions (112) and (116) are called the **even** and **odd**
parts respectively of the continued fraction (111).

References

1. Perron O., Die Lehre von den Kettenbrüchen, vol 2, Teubner,
   Stuttgart, 1957.

2. van Vleck E.B.,On the Convergence of Algebraic Continued
   Fractions whose Coefficients have limiting Values, Trans.
   A.M. S., vol 5, 1904.

3. Pringsheim A.,Uber Konvergenz und funktiontheoretischen
   Charakter gewisser limitärperiodischer Kettenbrüche,
   Sitzungsberichte der kgl.Bay.Akad.Wiss.München,1910.

4. Ince E.L., On the Continued Fractions Connected with the
   Hypergeometric Equations, Proc.Lond.Math.Soc.,vol 18,1918.

P. Wynn

Lecture III

§1.   Introduction

In the last lecture we were concerned with the convergence of a large number of continued fractions whose coefficients can be given in closed form. The methods which we developed were not sufficient to deal with all the continued
fractions which we had derived in the first lecture, but most
of the expansions were covered. In the two following lectures
we shall attend to the remaining expansions by placing them
within a much wider framework of inquiry: we shall be dealing
with continued fractions which are derived by the transformations of power series.

Since the very beginning, the expansion of the solution
to a problem in the form of a power series has constituted a
formidable resource of Applied Mathematics. At the present time
there exists an enormous corpus of work associated with power
series, asymptotic series, series of orthogonal functions and
so on. Unfortunately it is not always true that the series
derived converge. They may either diverge or be convergent only
in some asymptotic sense, that is they may yield either no, or
an insufficient amount of, information about the required solution. It is a remarkable and extremely important fact that
certain continued fractions which are derived from a power series (in a way which I am about to describe) converge in
domains of the independent variable where the original power
series diverges. This property of continued fractions was first
noticed by Euler [1] who made use of it in a rather formal

P. Wynn

way: it was later subjected to a far deeper and rigorous
inquiry by Markoff [2], Stieltjes [3], Hamburger [4], Carleman
[5], Nevanlinna [6], and many others.

The fact that continued fractions expansions can be
used where power series are inapplicable is in itself of prime importance in the computation of functions. But apart from
this, there is at the present time an increasing tendency
(due in large measure to the advent of digital computers) to
iterative processes in the solution of problems in Applied
Mathematics. By regarding the quantities produced in some iterative scheme as the partial sums of a slowly convergent or
divergent series and transforming this series into a continued
fraction, we are presented with a formidable technique for the
acceleration of slowly convergent iterative processes. Thus the
continued fractions which we shall consider in the following
two lectures assume a significance in the methods of Applied
Mathematics whose measure is only beginning to be appreciated.

§ 2.   Orthogonal Polynomials ([7] Chapter 4)

In order to introduce the continued fractions which
we are considering in this talk we shall go on to something
which apparently has nothing to do with the subject.

Suppose that we are given a process of formal integration
$I_m \{ \dots \}$ which operates on a scalar variable t in such a way
that

$$(1) \qquad I_m \{ t^s \} = c_{m+s} \qquad (s=0,1\dots)$$

P. Wynn

For example $I_m\{\ldots\}$ might be the process of integration from zero
to infinity with respect to the weight function $t^m e^{-t}$, so that
we obtain

(2) $\quad I_m\{t^s\} = \int_0^\infty (t^m e^{-t}) t^s dt = (m+s)!$ $\quad (s=0,1,\ldots)$

We introduce the system of polynomials $p_r^{(m)}(t)$ of the form

(3) $\qquad p_r^{(m)}(t) = \sum_{s=o}^{r} k_{r,s}^{(m)} t^s$

which have the property

(4) $\qquad I_m\left\{p_r^{(m)}(t)t^{s'}\right\} \quad \begin{matrix} = 0 & (s'=0,1,\ldots,r-1) \\ \neq 0 & (s'=r) \end{matrix}$

i.e.

(5) $\qquad \sum_{s=o}^{r} k_{r,s}^{(m)} c_{m+s+s'} \quad \begin{matrix} = 0 & (s'=0,1,\ldots,r-1) \\ \neq 0 & (s'=r) \end{matrix}$

and

(6) $\qquad k_{r,r}^{(m)} = 1 \qquad\qquad (r=0,1\ldots)$

It is a simple consequence of (4) that

(7) $\qquad I_m\left\{p_r^{(m)}(t)\ p_{s'}^{(m)}(t)\right\} \quad \begin{matrix} = 0 & (s'= 0,1,\ldots,r-1) \\ \neq 0 & (s'= r) \end{matrix}$

i.e. the polynomials $p_r^{(m)}(t)$ $(r=0,1,\ldots)$ form a so called
orthogonal system .

Such a system satisfies a three term recursion of the
form

P. Wynn

$$(8) \qquad p_r^{(m)}(z) = (z - \alpha_{r-1}^{(m)}) \, p_{r-1}^{(m)}(z) - \beta_{r-2}^{(m)} \, p_{r-2}^{(m)}(z)$$

and, from equations (5) and (6), we may easily deduce that

$$(9) \qquad p^{(m)}(z) = 1, \quad p_1^{(m)}(z) = z - \frac{c_{m+1}}{c_m}$$

We now introduce a second set of polynomials $0_r^{(m)}(z)$ ($r=0,1,\ldots$) called associated orthogonal polynomials which are defined by

$$(10) \qquad 0_r^{(m)}(z) = I_m \left\{ \frac{p_r^{(m)}(z) - p_r^{(m)}(t)}{z-t} \right\} \qquad (r=0,1,\ldots)$$

(Since every difference $z^s - t^s$ is divisible by $z-t$, the function inside the braces of equation (10) is a polynomial in t, i.e. not a general rational function of t, and hence the $\mathit{L}_r^{(m)}(z)$ are, as asserted, polynomials in z).

It is a simple consequence of the definition (10) and equation (8) that the polynomials $0_r^{(m)}(z)$ also satisfy a three term recursion of the form

$$0_r^{(m)}(z) = (z - \alpha_{r-1}^{(m)}) \, 0_{r-1}^{(m)}(z) - \beta_{r-2}^{(m)} \, 0_{r-2}^{(m)}(z) \quad (r=2,3,\ldots)$$

where, from equations (9) and (10)

$$(11) \qquad 0_0^{(m)}(z) = 0, \, 0_1^{(m)}(z) = c_m$$

§ 3.   Associated Continued Fractions   ([8] chapter III,§25)

We now come to consider why we have introduced a process of formal integration I_m ... , the set of moments c_{m+s} (s=0,1,...) and the systems of orthogonal and associated othogonal polynomials $p_r^{(m)}(z)$, $0_r^{(m)}(z)$,(r=0,1,...) respectively.

Firstly, I point out that formally

(12) $$\frac{1}{z-t} = \frac{1}{z} + \frac{t}{z^2} + \frac{t^2}{z^3} + \ldots$$

Thus, again purely formally,

(13) $$I_m \left(\frac{1}{z-t} \right) = \frac{c_m}{z} + \frac{c_{m+1}}{z^2} + \frac{c_{m+2}}{z^3} + \ldots$$

that is, the moments c_{m+s} (s=0,1,...) may be regarded as the coefficients in a certain power series.

Now we consider the quotient $\dfrac{0_r^{(m)}(z)}{p_r^{(m)}(z)}$. We have

$$\frac{0_r^{(m)}(z)}{p_r^{(m)}(z)} = \frac{I_m \left\{ \dfrac{p_r^{(m)}(z) - p_r^{(m)}(t)}{z - t} \right\}}{p_r^{(m)}(z)}$$

(14) $$= I_m \left\{ \frac{1}{z-t} \right\} - \frac{1}{p_r^{(m)}(z)} \; I_m \left\{ \frac{p_r^{(m)}(t)}{z-t} \right\}$$

Now $\dfrac{1}{p_r^{(m)}(z)}$ may be expanded as a series in inverse powers

P. Wynn

of z which commences with a term in $\frac{1}{z^r}$, for

$$\frac{1}{p_r^{(m)}(z)} = \frac{1}{(z^r + k_{r,r-1}^{(m)} z^{r-1} + k_{r,r-2}^{(m)} z^{r-2} + \ldots + k_{r,0}^{(m)})}$$

$$= \frac{1}{z^r} \frac{1}{(1 + k_{r,r-1}^{(m)} z^{-1} + k_{r,r-2}^{(m)} z^{-2} + \ldots + k_{r,0}^{(m)} z^{-r})}$$

$$(15) \qquad = \frac{1}{z^r} - k_{r,r-1}^{(m)} \frac{1}{z^{r+1}} + (k_{r,r-1}^{(m)^2} - k_{r,r-2}^{(m)}) \frac{1}{z^{r+2}} + \ldots$$

Furthermore we have

$$(16) \qquad I_m \left\{ \frac{p_r^{(m)}(t)}{z-t} \right\} = \sum_{s=0}^{\infty} I_m \left\{ p_r^{(m)}(t) \frac{t^{s'}}{z^{s'+1}} \right\}$$

$$(17) \qquad = \sum_{s'=r}^{\infty} I_m \left\{ p_r^{(m)}(t) \frac{t^{s'}}{z^{s'+1}} \right\}$$

since, by the definition (4), the first r terms of the series
(16) vanish. Thus the expression

$$(18) \qquad I_m \left\{ \frac{p_r^{(m)}(t)}{z-t} \right\}$$

represents a function of z whose series expansion in inverse
powers of z commences with a term in z^{-r-1}. Thus, taking note
of equations (14), (15) and (17) we see that the quotient

$$(19) \qquad \frac{o_r^{(m)}(z)}{p_r^{(m)}(z)}$$

has a series expansion in inverse powers of z which agrees
with the power series

(20)
$$\sum_{s=0}^{\infty} c_{m+s} \, z^{-s-1}$$

as far as the term in z^{-2r}.

But the polynomials $0_r^{(m)}(z)$, $p_r^{(m)}(z)$ both satisfy the
same three term recursions (see equations (8), (11)) i.e. they
are the numerators and denominators of the rth convergent of
the continued fraction

(21)
$$\frac{c_m}{z-\alpha_0^{(m)}-} \quad \frac{\beta_0^{(m)}}{z-\alpha_1^{(m)}-} \cdots \frac{\beta_{s-2}^{(m)}}{z-\alpha_{s-1}^{(m)}-} \cdots$$

Thus we have shown, at least in principle, how to
construct a continued fraction whose convergents $\dfrac{0_r^{(m)}(z)}{p_r^{(m)}(z)}$
(r=0,1,...) are rational functions of z whose series expansion
in inverse powers of z agree with the terms of a given power
series as far as the terms in z^{-2r} (r=0,1,...). Such a continued fraction is said to be <u>associated</u> with the given power
series.

For example we may consider the special case of (1)

(22) $c_{m+s} = s\,!$ (s=0,1,...)

in conjunction with

(23)
$$\int_0^{\infty} e^{-t} t^s dt = s\,!$$

P. Wynn

Now it is known that the Laguerre polynomials satisfy the orthogonality condition

$$(24) \qquad \int_0^\infty e^{-t} L_r(t) L_{s'}(t) dt \quad \begin{cases} = 0 \ (s'=0,1,\ldots,r-1) \\ \neq 0 \ (s'=r) \end{cases}$$

corresponding to (7), and the three term recursion

$$(25) \qquad L'_s(z) = (z-2s-3) \ L'_{s-1}(z) - (s-1)^2 \ L'_{s-2}(z)$$

(where $L_s(z) = (-1)^s L'_s(z)/s!$, i.e. the Laguerre polynomials have been suitably normalised, without, of course, vitiating condition (24)) corresponding to (8).

Thus we have

$$\int_0^\infty \frac{e^{-t} dt}{z-t} \sim \sum_{s=0} s! \, z^{-s-1}$$

$$(26) \qquad = \frac{1}{z-1-} \ \frac{1^2}{z-3-} \cdots \frac{(s-1)^2}{z-2s+1} \cdots$$

as was derived at the end of the preceding lecture.

In the introductory remarks to this lecture I indicated that associated continued fractions converge over domains of the independent variable in which the original power series is divergent. Let me illustrate this by means of a very crude example. The continued fraction expansion associated with the series

$$(27) \qquad \frac{1}{z} + \frac{1}{z^2} + \frac{1}{z^3} + \cdots$$

is

$$(28) \qquad \frac{1}{z-1}$$

P. Wynn

and terminates abruptly with its first convergent.
The series (27) diverges for $|z| < 1$, but the continued fraction
(28) "converges" for all z with the exception of the point
z=1 at which it is inessentially divergent.

§ 4. Corresponding Continued Fractions ([8] chapter III, § 26)

  We shall now consider continued fractions of the form

(29) $$\frac{c_m}{z-} \quad \frac{q_1^{(m)}}{1-} \quad \frac{e_1^{(m)}}{z-} \cdots \frac{q_r^{(m)}}{1-} \quad \frac{e_r^{(m)}}{z-} \cdots$$

whose convergents C_s (s=0,1,...) are rational functions of z
having series expansions in inverse powers of z that agree
with the given power series $\sum_{s=0}^{\infty} c_{m+s} z^{-s-1}$ as far as the term
in z^{-s} (i.e. the power series expansions of the successive
convergents agree with the given series as far as 0,1,2,...
terms as opposed to 0,2,4,... terms in the case of the associated expansion). Such continued fractions are said to correspond to the series $\sum_{s=0}^{\infty} c_{m+s} z^{-s-1}$. We shall attempt to
express the numerators and denominators of the convergents of
the corresponding continued fraction in terms of those of the
associated expansion.

  The even part of (29) is

(30) $$\frac{c_m}{z-q_1^{(m)}-} \quad \frac{e_1^{(m)} q_1^{(m)}}{z-q_2^{(m)}- e_1^{(m)}-} \cdots \frac{e_{s-1}^{(m)} q_{s-1}^{(m)}}{z-q_s^{(m)}- e_{s-1}^{(m)}-} \cdots$$

P. Wynn

and has convergents whose series expansions in inverse powers of z agree with the series $\sum_{s=0}^{\infty} c_{m+s} z^{-s-1}$ as far as $0,2,4,\ldots$ terms respectively: it is indeed the continued fraction associated with the series $\sum_{s=0}^{\infty} c_{m+s} z^{-s-1}$, its convergents are $\dfrac{O_s^{(m)}(z)}{p^{(m)}(z)}$ $(s=0,1,\ldots)$

The odd part of (28) may be written

$$\frac{c_m}{z} + z^{-1} \left\{ \frac{c_m\, q_1^{(m)}}{z-q_1^{(m)} - e_1^{(m)} -} \quad \frac{e_1^{(m)}\, q_2^{(m)}}{z-q_2^{(m)} - e_2^{(m)} -} \cdots \frac{e_{s-1}^{(m)}\, q_s^{(m)}}{z-q_s^{(m)} - e_s^{(m)} -} \cdots \right.$$

and has convergents whose series expansion in inverse powers of z agree with the series $\sum_{s=0}^{\infty} c_{m+s} z^{-s-1}$ as far as $1,3,5,\ldots$ terms respectively. If we write

$$\sum_{s=0}^{\infty} c_{m+s} z^{-s-1} = \frac{c_m}{z} + z^{-1} \sum_{s=0}^{\infty} c_{m+1+s} z^{-s-1}$$

we see that the successive convergents of the continued fraction

$$(31) \quad \frac{c_m\, q_1^{(m)}}{z-q_1^{(m)} - e_1^{(m)} -} \quad \frac{e_1^{(m)}\, q_2^{(m)}}{z-q_2^{(m)} - e_2^{(m)} -} \cdots \frac{e_{s-1}^{(m)}\, q_s^{(m)}}{z-q_s^{(m)} - e_s^{(m)} -} \cdots$$

have series expansions in inverse powers of z which agree with the series $\sum_{s=0}^{\infty} c_{m+1+s} z^{-s-1}$ as far as $0,2,4,\ldots$ terms respectively, i.e. expansion (31) is the continued fraction associated with the series $\sum_{s=0}^{\infty} c_{m+1+s} z^{-s-1}$; its convergents are

$$\frac{O_r^{(m+1)}(z)}{p_r^{(m+1)}(z)} \quad (r=0,1,\ldots)$$

Thus in conclusion the successive convergents of the corresponding continued fraction (29) are

$$(32)\quad \frac{c_m p_0^{(m+1)}(z)+O_\bullet^{(m+1)}(z)}{zp^{(m+1)}(z)},\; \frac{O_1^{(m)}(z)}{p_1^{(m)}(z)},\; \frac{c_m p_1^{(m+1)}(z)+O_1^{(m+1)}(z)}{zp_1^{(m)}(z)},\ldots,$$

$$\ldots,\; \frac{O_r^{(m)}(z)}{p_r^{(m)}(z)},\; \frac{c_m p_r^{(m+1)}(z)+O_r^{(m+1)}(z)}{zp_r^{(m+1)}(z)},$$

Processes for constructing the coefficients $\alpha_s^{(m)}$, $\beta_s^{(m)}$ ($s=0,1,\ldots$) in the associated continued fraction, and $q_r^{(m)}$, $e_r^{(m)}$ ($r=1,2,\ldots$) in the corresponding continued fraction, from those of the series $\sum\limits_{s=0}^{\infty} c_{m+s}\, z^{-s-1}$ will be considered in detail in later lectures : here we are primarily concerned with questions of convergence.

§5. The Stieltjes Integral

A definite integral is normally written in the form

$$(33)\quad \int_a^b f(t)\, dt$$

however we shall prefer to write it in the Stieltjes form

$$(34)\quad \int_a^b d\psi(t)$$

If $\psi(t)$ is differentiable for t lying in the interval (a,b) then (34) may be written

$$(35) \qquad \int_a^b \left\{ \frac{d\psi(t)}{dt} \right\} dt$$

which has the same form as (33): however we shall wish to take into account cases in which $\psi(t)$ is not differentiable throughout the interval (a,b).

The reason for this is as follows : we shall very much be concerned with the continued fraction expansion of Stieltjes transforms of the form

$$(36) \qquad F(z) = \int_a^b \frac{d\psi(t)}{z-t} \quad .$$

For example, the function

$$(37) \qquad \int_0^\infty \frac{e^{-t} dt}{z-t}$$

for which we have obtained a continued fraction expansion, has this form with, say

$$(38) \qquad \psi(t) = 1 - e^{-t} \qquad\qquad (0 \leq t \leq \infty)$$

If $\psi(t)$ is differentiable and non-constant throughout the interval (a,b) then $F_m(z)$ is a non-rational function of z. However, during our convergence investigations we shall be very much concerned to express the convergents (which are rational functions of z) as Stieltjes transforms. But a rational function can very easily be expressed as the Stieltjes transform of a simple step-function. For example

$$(39) \qquad \frac{A}{z-\lambda} = \int_a^b \frac{d\psi(t)}{z-t}$$

P. Wynn

is the integral transform of the function

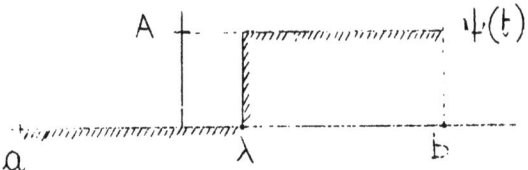

(for which $d\psi(t)$ is zero except at the point $t=\lambda$ when $d\psi(t)=A$).

The function

$$(40) \qquad \frac{A_1}{z-\lambda_1} + \frac{A_2}{z-\lambda_2} = \int_{\lambda}^{b} \frac{d\cdot\psi(t)}{z-\lambda}$$

is the integral transform of a function such as

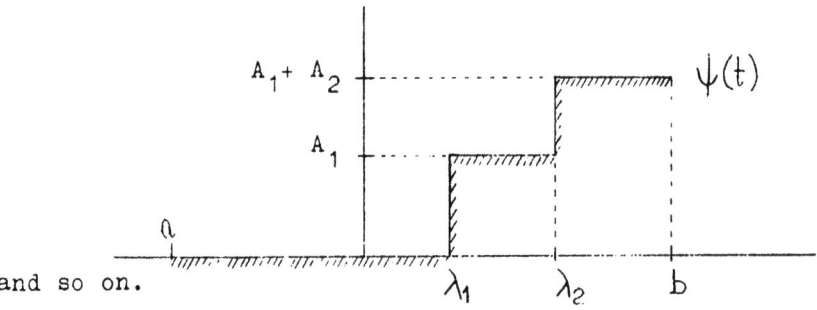

and so on.

In this way we have devised a common mode of expression for the function to be expanded and for the convergents.

For the rest of this lecture we shall assume that $\psi(t)$ is a <u>non-decreasing</u> function, that is for any α and β in (a,b) then

$$(41) \qquad \psi(\beta) \geq \psi(\alpha) \qquad \qquad \text{for } b \geq \beta > \alpha \geq a$$

P. Wynn

One extremely important consequence of this assumption is that
if, for $a \leq t \leq b$, the function $g(t)$ has one sign, then the
integral

$$(42) \qquad G = \int_a^b g(t) \; d\psi(t)$$

has the same sign as $g(t)$; for example if $g(t)$ is positive
then so is G.

   A second consequence of this assumption is that we may
apply Helly's Theorem of Choice [9] : if $\psi_1(t), \psi_2(t), \psi_3(t) \ldots$
is a sequence of non-decreasing functions, and if further

$$(43) \qquad c \leq \psi_s(t) \leq C \qquad\qquad (s=1,2,\ldots)$$

where c and C are independent of s then one can find a non-decreasing function $\psi(t)$, and a sequence of indices s_r $(r=0,1,\ldots)$
such that at all points of continuity of $\psi(t)$, the equation

$$(44) \qquad \lim_{r \to \infty} \psi_{s_r}(t) = \psi(t)$$

holds .

  §6. The Regularity of the Stieltjes Transform

   We shall now show that if $\psi_m(t)$ is non-decreasing for
$a \leq t \leq b$, a and b are finite, then the function

$$(45) \qquad F_m(z) = \int_a^b \frac{d\psi_m(t)}{z-t}$$

is regular for z not lying in the interval $a \leq z \leq b$. (The same

P. Wynn

is actually true for $b = \infty$, $a = -\infty$ if the integral $\int_a^b d\psi_m(t)$ exists). If a and b are finite then $F_m(z)$ is regular at the point $z = \infty$.

Suppose that a and b are finite. Then for $|z| > |a| + |b|$

$$(46) \quad F_m(z) = \int_a^b \left\{ \frac{1}{z} + \frac{t}{z^2} + \frac{t^2}{z^3} + \ldots \right\} d\psi_m(t)$$

Since the series in braces converges uniformly for $a \leq t \leq b$

$$(47) \quad F_m(z) = \frac{1}{z} \int_a^b d\psi_m(t) + \frac{1}{z^2} \int_a^b t \, d\psi_m(t) + \frac{1}{z^3} \int_a^b t^2 d\psi_m(t) +$$

i.e. the point $z = \infty$ has been disposed of.

For finite z we shall consider

$$(48) \qquad G_m(z) = \int_a^b \left\{ \int_{z_0}^z \frac{d\xi}{\xi - t} \right\} d\psi_m(t)$$

where the path of integration from z_0 to z does not cross the line $a \leq t \leq b$.

There exist a positive number c such that for all ξ and t under consideration $|\xi - t| > c$. Now for all $|h| > c$

P. Wynn

$$\frac{G_m(z+h)-G_m(z)}{h} = \int_a^b \frac{\int_{z_c}^{z+h} \frac{d\xi}{\xi-t} - \int_{z_0}^{z} \frac{d\xi}{\xi-t}}{h} \, d\psi_m(t)$$

$$= \int_a^b \frac{1}{h} \ln\left\{1 + \frac{h}{z-t}\right\} d\psi_m(t)$$

(49)
$$= \int_a^b \left\{\frac{1}{z-t} - \frac{1}{2}\frac{h}{(z-t)^2} + \frac{1}{3}\frac{h^2}{(z-t)^3} \cdots\right\} d\psi_m(t)$$

Thus

$$\left|\frac{G_m(z+h)-G_m(z)}{h} - F_m(z)\right| = \left|\int_a^b \left\{-\frac{1}{2}\frac{h}{(z-t)^2} + \frac{1}{3}\frac{h^2}{(z-t)^3} - \cdots\right\} d\psi\right|$$

$$\leq \int_a^b \left\{\frac{|h|}{c^2} + \frac{|h|^2}{c^3} + \frac{|h|^3}{c^4} + \cdots\right\} d\psi_m(t)$$

(50)
$$= \frac{|h|}{c(c-|h|)} \int_a^b d\psi_m(t)$$

Hence

(51)
$$\lim_{h \to 0} \frac{G_m(z+h)-G(z)}{h} = F_m(z)$$

i.e. $G_m(z)$ has a derivative, namely $F_m(z)$, for all z not lying in the real interval $a \leq z \leq b$. From the Cauchy-Goursat theorem $G_m(z)$ is regular, and its derivative $F_m(z)$ is also regular for these values of z.

P. Wynn

§7. The Convergence and Divergence of the Original Power Series

We have just shown that $F_m(z)$ is regular for z not lying in the real interval $a \leq z \leq b$: we shall now investigate the convergence behaviour of the formal power series representation.

$$F_m(z) = \int_a^b \frac{d\psi\, m(t)}{z-t}$$

$$(52) \qquad \sim \sum_{s=0}^{\infty} c_{m+s}\, z^{-s-1}$$

We shall assume that the points t=a and t=b are points of increase of $\psi_m(t)$, i.e. not points in some interval over which $\psi_m(t)$ is a constant.

Let

$$(53) \qquad C = \max\,(|a|,|b|),$$

then

$$(54) \qquad |c_s| = \left| \int_a^b t^s d\,\psi_m(t) \right| \leq \int_a^b C^s d\,\psi_m(t) = C^s \left\{ \psi_m(b) - \psi_m(a) \right\}$$

i.e. for $|z|>C$, the series converges.

Now let ε be some arbitrary positive quantity. Then when s is even

$$(55) \begin{cases} \text{if } C = |a| \;,\; |c_s| = \int_a^b |t|^s d\psi_m(t) \geqslant \int_a^{a+\varepsilon} |t|^s d\psi_m(t) \geqslant (C-\varepsilon)^s \int_a^{a+\varepsilon} d\psi_m(t); \\ \text{if } C = |b| \;,\; |c_s| = \int_a^b |t|^s d\psi_m(t) \geqslant \int_{b-\varepsilon}^b |t|^s d\psi_m(t) \geqslant (C-\varepsilon)^s \int_{b-\varepsilon}^b d\psi_m(t); \end{cases}$$

i.e. for $|z|<C$, the series (52) diverges.

P. Wynn

The situation which obtains when a=0,b=1 is sketched
below

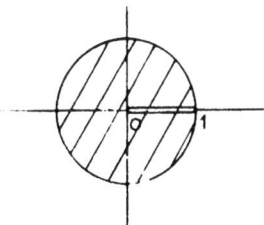

The series (52) converges outside the shaded circle,
and diverges inside it.

§8. The Convergence of the Associated and Corresponding Continued Fraction : The Theorem of Markoff.([2],[8] chapter IV, §34)

We have just shown that the power series development
of a Stieltjes transform converges in one domain and diverges
in another: we shall now investigate the convergence behaviour
of the associate.l and corresponding continued fraction expansions derived from this power series.

Let us first turn to the associated expansion whose
successive numerators and denominators are $0_r^{(m)}(z)$, $p_r^{(m)}(z)$
($r=0,1,.$) respectively.

Now it is a well known consequence of the fact that
$\psi_m(t)$ has been assumed to be a non-decreasing function in the
interval $a \leqslant t \leqslant b$, that the zeros λ_i $i=1,2,\ldots,r$ of $p_r^{(m)}(z)$
should all be real and satisfy

(56) $$a < \lambda_i < b \qquad (i = 1,2,\ldots, r)$$

P. Wynn

For assume that of the zeros of $p_r^{(m)}(z)$ only those which may be called $\lambda_1, \lambda_2, \ldots, \lambda_h$, with $h < r$, lie in the interval $a < z < b$. Then the function $(t - \lambda_1)(t - \lambda_2) \ldots (t - \lambda_h) \, p_r^{(m)}(t)$ is either always positive or always negative for $a \leqslant t \leqslant b$, and in any event non-zero. Thus the value of the integral

$$(57) \qquad \int_a^b (t - \lambda_1)(t - \lambda_2) \ldots (t - \lambda_h) p_r^{(m)}(t) \, d\psi_m(t)$$

is apparently non-zero. But, from the orthogonality properties of the polynomial $p_r^{(m)}(t)$ the value of the integral (57) is zero, since the degree of the polynomial $(t - \lambda_1)(t - \lambda_2) \ldots (t - \lambda_h)$ is less than r. From this contradiction we conclude that condition (56) must hold.

It can also be proved quite easily that the $\lambda_i \, (i = 1, 2, \ldots, r)$ are distinct.

Now suppose that $\Omega(t)$ is some polynomial of degree at most 2r-1. Then by a process of formal division we obtain the equation

$$(58) \qquad \frac{\Omega(t)}{p_r^{(m)}(t)} = Q(t) + \sum_{i=1}^{r} \frac{\Omega(\lambda_i)}{p_r^{(m)\prime}(\lambda_i)} \cdot \frac{1}{t - \lambda_i}$$

where $Q(t)$ is of degree at most r-1. Multiply equation (58) throughout by $p_r^{(m)}(t)$ and integrate with respect to the weight function $d\psi_m(t)$; we have

$$(59) \quad \int_a^b \Omega(t) d\psi_m(t) = \int_a^b Q(t) p_r^{(m)}(t) d\psi_m(t) +$$

$$+ \sum_{i=1}^r \frac{\Omega(\lambda_i)}{p_r^{(m)\prime}(\lambda_i)} \int_a^b \frac{p_r^{(m)}(t) d\psi_m(t)}{t - \lambda_i}$$

Now the first integral on the right side has the value zero by reason of the orthogonality properties of the polynomial $p_r^{(m)}(t)$.

Furthermore, since

$$(60) \quad p_r^{(m)}(\lambda_i) = 0 \qquad\qquad (i=1,2,\ldots,r)$$

and, by definition

$$(61) \quad 0_r^{(m)}(\lambda) = \int_a^b \frac{p_r^{(m)}(\lambda) - p_r^{(m)}(t)}{\lambda - t} d\psi_m(t)$$

we have

$$\int_a^b \frac{p_r^{(m)}(t)}{t - \lambda_i} d\psi_m(t) = \int_a^b \frac{p_r^{(m)}(\lambda_i) - p_r^{(m)}(t)}{\lambda_i - t} d\psi_m(t)$$

$$= 0_r^{(m)}(\lambda_i) \qquad (i=1,2,\ldots,r)$$

(62)

Thus finally

$$(63) \quad \int_a^b \Omega(t) d\psi_m(t) = \sum_{i=1}^r \frac{0_r^{(m)}(\lambda_i)}{p_r^{(m)\prime}(\lambda_i)} \Omega(\lambda_i)$$

where $\Omega(t)$ is any polynomial of degree at most $2r-1$.

P. Wynn

Before proceeding to the the next step we will stop to pick up a small result obtained by putting

(64) $$\Omega(t) = 1$$

in equation (63). We then have

(65) $$\psi_m(b) - \psi_m(a) = \sum_{i=1}^{r} \frac{O_r^{(m)}(\lambda_i)}{P_r^{(m)\prime}(\lambda_i)}$$

Now the convergent $\dfrac{O_r^{(m)}(z)}{P_r^{(m)}(z)}$ has of course a partial fraction decomposition : it is

(66) $$\frac{O_r^{(m)}(z)}{P_r^{(m)}(z)} = \sum_{i=1}^{r} \frac{O_r^{(m)}(\lambda_i)}{P_r^{(m)\prime}(\lambda_i)} \frac{1}{z-\lambda_i}$$

Thus, using equation (66), we may write

(67)
$$\int_a^b \frac{d\psi_m(t)}{z-t} - \frac{O_r^{(m)}(z)}{P_r^{(m)}(z)} = \int_a^b \frac{d\psi_m(t)}{z-t} - \sum_{i=1}^{r} \frac{O_r^{(m)}(\lambda_i)}{P_r^{(m)\prime}(\lambda_i)} \frac{1}{z-\lambda_i}$$

$$- \int_a^b \Omega(t) d\psi_m(t) + \sum_{i=1}^{r} \frac{O_r^{(m)}(\lambda_i)}{P_r^{(m)}(\lambda_i)} \Omega(\lambda_i)$$

$$= \int_a^b \left\{ \frac{1}{z-t} - \Omega(t) \right\} d\psi_m(t) - \sum_{i=1}^{r} \frac{O_r^{(m)}(\lambda_i)}{P_r^{(m)\prime}(\lambda_i)} \left\{ \frac{1}{z-\lambda_i} + \right.$$

$$\left. - \Omega(\lambda_i) \right\}$$

P. Wynn

We shall now make a special choice for the polynomial $\Omega(t)$.

If z does not lie in the real interval $a \leqslant z \leqslant b$ then some ξ exists such that ξ is further from z than it is from any value of t lying in the interval $a \leqslant t \leqslant b$. (We have only to take ξ to be the centre of a circle which does not enclose z but for which the segment (a,b) is a chord, as in the sketch.)

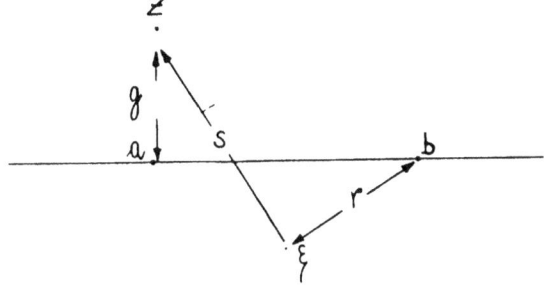

For such a point ξ , and t lying in the interval $a \leqslant t \leqslant b$,

(68) $|z - t| > g$ (independent of t)

and

(69) $\left| \dfrac{\xi - t}{z - \xi} \right| < \theta < 1$ (θ independent of t)

(with regard to the distances marked in the figure we can take

(70) $\theta = \dfrac{r}{g}$).

We now take $\Omega(t)$ to be the polynomial in t

$$(71) \quad \Omega(t) = \frac{1}{z-\xi} - \frac{(\xi-t)}{(z-\xi)^2} + \frac{(\xi-t)^2}{(z-\xi)^3} - \ldots - \frac{(\xi-t)^{2r+1}}{(z-\xi)^{2r}} =$$

$$= \frac{1-(\frac{\xi-t}{z-\xi})^{2r}}{z-t}$$

so that

$$(72) \quad \frac{1}{z-t} - \Omega(t) = \frac{1}{z-t} (\frac{\xi-t}{z-\xi})^{2r}$$

Equation (67) then evolves to the form

$$(73 \quad \int_a^b \frac{d\psi_m(t)}{z-t} - \frac{o_r^{(m)}(z)}{p_r^{(m)}(z)} = \int_a^b \frac{1}{z-t} (\frac{\xi-t}{z-\xi})^{2r} d\psi_m(t) -$$

$$\sum_{i=1}^r \frac{o_r^{(m)}(\lambda_i)}{p_r^{(m)\prime}(\lambda_i)} \frac{1}{z-\lambda_i} (\frac{\xi-\lambda_i}{z-\lambda_i})^{2r}$$

Now you will recall that the roots λ_i (i=1,2,...,r) of the polynomial $p_r^{(m)}(t)$ all lie in the interval $a \leqslant t \leqslant b$; thus in conjunction with (69) we have

$$(74) \quad \left| \frac{\xi - \lambda_i}{z - \xi} \right| < \theta < 1 \qquad\qquad (i=1,2,\ldots,r)$$

Using the inequalities (68),(69) and (74) in equation (73), we find that

$$(75) \left| \int_a^b \frac{d\psi_m(t)}{z-t} - \frac{o_r^{(m)}(z)}{p_r^{(m)}(z)} \right| \leqslant \int_a^b \frac{1}{\delta} \theta^{2r} d\psi_m(t) +$$

$$+ \sum_{i=1}^r \frac{o_r^{(m)}(\lambda_i)}{p_r^{(m)\prime}(\lambda_i)} \frac{1}{\delta} \theta^{2r}$$

P. Wynn

But of course

$$(76) \quad \int_a^b \frac{1}{\gamma} \theta^{2r} \, d\psi_m(t) = \frac{1}{\gamma} \theta^{2r} \int_a^b d\psi_m(t)$$

$$= \frac{1}{\gamma} \vartheta^{2r} \left\{ \psi_m(b) - \psi_m(a) \right\}$$

and, by virtue of equation (65),

$$(77) \quad \sum_{i=1}^r \frac{o_r^{(m)}(\lambda_i)}{p_r^{(m)'}(\lambda_i)} \frac{1}{\gamma} \theta^{2r} = \frac{1}{\gamma} \theta^{2r} \sum_{i=1}^r \frac{o_r^{(m)}(\lambda_i)}{p_r^{(m)'}(\lambda_i)}$$

$$= \frac{1}{\gamma} \theta^{2r} \left\{ \psi_m(b) - \psi_m(a) \right\}$$

Inserting these relationships in the inequality (75)
we have

$$(78) \quad \left| \int_a^b \frac{d\psi_m(t)}{z-t} - \frac{o_r^{(m)}(z)}{p_r^{(m)}(z)} \right| \lesssim \frac{2\theta^{2r}}{\gamma} \left\{ \psi_m(b) - \psi_m(a) \right\},$$

or, since $\xi < 1$,

$$(79) \quad \lim_{r \to \infty} \frac{o_r^{(m)}(z)}{p_r^{(m)}(z)} = \int_a^b \frac{d\psi_m(t)}{z-t}$$

i.e. the associated continued fraction converges to the value
of the Stieltjes transform.

With regard to the corresponding continued fraction,
we recall that the denominators of the convergents of odd
order each contain a factor of z: thus the corresponding continued fraction certainly diverges at the point z=0. By very
similar reasoning to that in which we have just used, it may

P. Wynn

be shown that the corresponding continued fraction converges to
the value of the Stieltjes transform if a=0.

Perhaps it is appropriate at this juncture to summari-
se the convergence results which we have derived so far: <u>if
we are given the Stieltjes transform</u>

$$(80) \qquad F_m(z) = \int_a^b \frac{d\psi_m(t)}{z-t}$$

<u>(with a and b finite) of the bounded non-decreasing function</u>
$\psi_m(t)$ <u>then the power series expansion</u>

$$(81) \qquad F_m(z) \sim \sum_{s=0}^{\infty} c_{m+s} \, z^{-s-1}$$

<u>converges for</u>

$$(82) \qquad |z| > \max\,(a,b)$$

<u>and diverges for</u>

$$(83) \qquad |z| < \max(a,b)$$

<u>the associated continued fraction derived from the power
series (81) converges for all z not lying on the segment of
the real axis (a,b). If in (80), a=0, then the power series
(81) converges for |z|>b and diverges for |z|<b , and the
corresponding continued fraction derived from the power series
(81) converges for all z not lying on the segment of the real
axis (0,b).</u>

P. Wynn

§9. The Hausdorff Moment Problem

Although, as I have indicated, the convergence results which we have just derived are of prime importance in the theory of continued fractions it still remains for us to exploit them in some way. Given a function $F_m(z)$ or a sequence of coefficients c_{m+s} $(s=0,1,\ldots)$ we cannot use the preceding convergence theory unless we have at our disposal some criterion which will enable us to decide that $F_m(z)$ is the Stieltjes transform between finite limits of a bounded non-decreasing function or that the c_{m+s} are the moments with respect to suc. a function where the limits of integration are finite.

Fortunately a formidable amount of work has been devoted to the so-called Hausdorff moment problem, i.e. the construction of the bounded non-decreasing function $\psi_m(t)$ which satisfies

$$(84) \qquad \int_0^1 t^s d\,\psi_m(t) = c_{m+s} \qquad (s=0,1,\ldots)$$

Let us first of all define total monotonicity. The sequence c_{m+s} $(s=0,1,\ldots)$ is said to be <u>totally monotone</u> if

$$(85) \quad
\begin{cases}
c_{m+s} \geq 0 & (s=0,1,\ldots) \\[2mm]
\Delta c_{m+s} = c_{m+s} - c_{m+s+1} \geq 0 & (s=0,1,\ldots) \\[2mm]
\Delta^n c_{m+s} = \Delta^{n-1} c_{m+s} - \Delta^{n-1} c_{m+s+1} \geq 0 & (s=0,1,\ldots)
\end{cases}$$

Then a fundamental result in the theory of the Hausforff moment problem is this: that <u>a bounded non-decreasing function $\psi_m(t)$ satisfying equation (84) can be found if, and only if, the</u>

P. Wynn

moments c_{m+s} (s=0,1,...) constitute a totally monotone sequence [10] , [11] .

First of all we remark that in the notations of equations (84) and (85)

$$(86) \qquad \overset{n}{\triangle} c_{m+s} = \int_{0}^{1} (1-t)^n t^s d\psi_m(t)$$

Since $(1-t)^n t^s$ (n,s = 0,1,...) is a positive function of t in the range $0 \leqslant t \leqslant 1$, and of course $d\psi_m(t)$ is also positive throughout the range, then expression (86) is positive; i.e. if a solution to the moment problem (84) exists then the sequence c_{m+s} (s=0,1,...) must be totally monotone: this disposes of the "only if" clause of the theorem.

To show that a solution to the moment problem (84) exists if the sequence c_{m+s} (s=0,1,...) is totally monotone we shall show how, under this condition, a solution can be constructed.

Firstly, if c_{m+s} (s=0,1,...) is a totally monotone sequence, then

$$(87) \qquad \overset{n}{\triangle} c_m \geq 0, \quad \overset{n-1}{\triangle} c_{m+1} \geq 0,\ldots, \quad \overset{0}{\triangle} c_{m+n} \geq 0 :$$

for (87) follows from the definition (85), and since

$$(88) \qquad \overset{r}{\triangle} c_{m+s} = \overset{r-1}{\triangle} c_{m+s} - \overset{r-1}{\triangle} c_{m+s+1}$$

the inequalities (85) follow from (87).

The inequalities (87) may be written in terms of the moments c_{m+s} as

P. Wynn

$$c_m - \binom{n}{1} c_{m+1} + \binom{n}{2} c_{m+2} - \ldots + (-1)^n c_{m+n} = r_{n,0}$$

$$c_{m+1} - \binom{n-1}{1} c_{m+2} + \ldots + (-1)^{n-1} c_{m+n} = r_{n,1}$$

(89)

$$\cdot \quad \cdot \quad \cdot \quad \cdot \quad \cdot \quad \cdot \quad \cdot \quad \cdot \quad \cdot \quad \cdot \quad \cdot \quad \cdot \quad \cdot \quad \cdot \quad \cdot \quad \cdot$$

$$c_{m+n-1} - c_{m+n} = r_{n,n-1}$$

$$c_{m+n} = r_{n,n}$$

Solving these equations for c_{m+p} $(0 \leqslant p \leqslant n)$ we have

$$(90) \qquad c_{m+p} = \sum_{s=p}^{n} \binom{n-p}{s-p} r_{n,s}$$

$$(91) \qquad c_{m+p} = \sum_{s=p}^{n} \frac{\binom{n-p}{s-p}}{\binom{n}{s}} A_{n,s} \geqslant 0$$

where

$$(92) \qquad A_{n,s} = \binom{n}{s} r_{n,s}$$

We now construct a non-decreasing step function $\psi_m^{(n)}(t)$ as follows

$$\psi_m^{(n)}(t) = \begin{cases} 0 & t \leqslant 0 \\ A_{n,0} & 0 < t \leqslant \frac{1}{n} \\ A_{n,0} + A_{n,1} & \frac{1}{n} < t \leqslant \frac{2}{n} \\ \cdot \quad \cdot \quad \cdot \quad \cdot \quad \cdot \quad \cdot \\ A_{n,0} + A_{n,1} + \ldots + A_{n,n-1} & \frac{n-1}{n} < t \leqslant 1 \\ A_{n,0} + A_{n,1} + \ldots + A_{n,n-1} + A_{n,n} & 1 < t \end{cases}$$

(93)

with

(94) $\qquad \psi_m^{(n)}(1) = c_m$

We now express c_{m+p} as a Stieltjes integral. From (91) we have

$$c_{m+p} = \sum_{s=0}^{n} \frac{s(s-1)\ldots(s-p+1)}{n(n-1)\ldots(n-p+1)} A_{n,s}$$

$$= \int_0^1 \frac{t(t-\frac{1}{n})(t-\frac{2}{n})\ldots(t-\frac{p-1}{n})}{1(1-\frac{1}{n})(1-\frac{2}{n})\ldots(1-\frac{p-1}{n})} d\psi_m^{(n)}(t)$$

(95) $\qquad = \int_0^1 t^p \, d\psi_m^{(n)}(t) + O(\frac{1}{n})$

where $O(\frac{1}{n})$ tends to zero as n tends to infinity. Thus the step functions $\psi_m^{(n)}(t)$ (n=0,1,...) constitute a sequence of approximations to the derived weight function $\psi_m(t)$, and

(96) $\qquad \lim_{n \to \infty} \psi_m^{(n)}(t) = \psi_m(t)$

Thus from the theory of the Hausdorff moment problem we have won the following result: if the coefficients of the power series

(97) $\qquad F_m(z) \sim \sum_{s=0}^{\infty} c_{m+s} z^{-s-1}$

constitute a totally monotonic sequence then this power series converges for $|z| > 1$ and diverges for $|z| < 1$; on the other hand the associated and corresponding continued fractions derived from this power series both converge for all z not lying on the real interval $(0,1)$.

As a simple example of the application of this result we consider the series

P. Wynn

(98) $$F_m(z) = 1 \cdot z^{-1} + \frac{1}{2} \cdot z^{-2} + \frac{1}{3} \cdot z^{-3} + \ldots$$

Here

(99) $$c_{m+s} = \frac{1}{(s+1)} \qquad (s=0,1\ldots)$$

and, as is easily verified, in the notation of equations (85)

(100) $$\Delta^n c_{m+s} = \frac{n!}{(s+1)(s+2)\ldots(s+n+1)} > 0 \qquad (n,s=0,1,\ldots)$$

i.e. the sequence of coefficients (99) is totally monotone. Thus the series (98) converges for $|z| > 1$ and diverges for $|z| < 1$ as is indeed obvious at a glance. The associated and corresponding continued fractions derived from the series (98) converge for all z not lying in the interval (0,1). The function to which they then converge is of course then given by

(101) $$\int_0^1 \frac{dt}{z-t} = \ln(1-z^{-1}) \qquad (z \text{ not } in \ (0,1))$$

§10. Function-Theoretic Methods (see [12] chapter XV)

We have just shown how the convergence of the associated and corresponding continued fractions can in a certain case be deduced from the coefficients c_{m+s} ($s=0,1,\ldots$) of the original power series. I shall now show how the convergence of these continued fractions may be deduced from the behaviour of the function $F_m(z)$.

We start from the fundamental result fo Herglotz [12] that a function f(x) is analytic and has a positive real part for $|x| < 1$ if and only if

P. Wynn

(102) $f(x) = \int_0^{2\pi} \dfrac{e^{it} + x}{e^{it} - x} \, d\phi(t) + qi$

where $\phi(t)$ <u>is a bounded and non-decreasing function of t such</u>
<u>that</u> $\phi(2\pi) > \phi(0)$ <u>and q</u> <u>is a real constant.</u>

To show that from the given properties of $f(x)$, $\phi(t)$ is
a bounded non-decreasing function of t with $\phi(2\pi) > \phi(0)$, we
shall construct the function $\phi(t)$. Let

$$f(x) = \sum_{s=0}^{\infty} (a_s + ib_s) x^s$$

(103)

$$= a_o + i\lambda + \sum_{s=1}^{\infty} (a_s + ib_s) r^s (\cos s\theta + i \sin s\theta)$$

where

(104) $x = r\, e^{i\theta}$

Then

(105) $\mathrm{Re}\left\{ f(x) \right\} = a_o + \displaystyle\sum_{s=1}^{\infty} r^s (a_s \cos s\theta - b_s \sin s\theta)$

the right hand side of this equation being positive when
$r < 1$. Thus the function

(106) $\phi_r(t) = \dfrac{1}{2\pi} \displaystyle\int_0^t \mathrm{Re}\left\{ f(x) \right\} \, d\theta$

is a non-decreasing function of t and $\phi_r(0) = 0$, $\phi_r(2\pi) = a_o > 0$
Moreover

(107)
$$\begin{cases} \displaystyle\int_0^{2\pi} d\phi_r(t) = a_o \\[2mm] \displaystyle\int_0^{2\pi} 2\cos st \, d\phi_r(t) = r^s a_s; -\int_0^{2\pi} 2\sin st \, d\phi_r(t) = r^s b_s \ (s=1,2,..) \end{cases}$$

P. Wynn

Thus from Helly's theorem (see equation (44)); one can find a bounded non-decreasing function $\phi(t)$ such that $\phi(0)=0$, $\phi(2\pi)=a_0$, (i.e. in the notation of equation (43) $c=0, C=a_0$) and sequence of values of r such that

$$\int_0^{2\pi} d\phi'(t) = a_0$$

$$(108) \int_0^{2\pi} 2\cos st \, d\phi'(t) = a_s, -\int_0^{2\pi} 2\sin st \, d\phi(t) = b_s \, (s=1,2,\ldots)$$

Substituting for the coefficients $a_s (s=0,1,\ldots)$, $b_s (s=1,2,\ldots)$ in expansion (103) in terms of the integral expressions (100) we find that

$$f(x) = i_- + \int_0^{2\pi} \left\{ 1 + 2 \sum_{s=1}^{\infty} (xe^{-it})^s \right\} d\phi(t)$$

$$(109) \qquad = i_- + \int_0^{2\pi} \frac{e^{it}+x}{e^{it}-x} \, d\phi(t).$$

To prove the converse assertion we must show that for $r<1$ the right hand side of (102) is regular and that its real part is positive. In order to do this we write

$$\frac{e^{it}+x}{e^{it}-x} = \frac{1+re^{i(\theta-t)}}{1-re^{i(\theta-t)}}$$

$$= \frac{1+r\cos(\theta-t)+ir\sin(\theta-t)}{1-r\cos(\theta-t)-ir\sin(\theta-t)}$$

$$= \frac{\{1+r\cos(\theta-t)+ir\sin(\theta-t)\}\{1-r\cos(\theta-t)+ir\sin(\theta-t)\}}{\{1-r\cos(\theta-t)\}^2 + r^2\sin^2(\theta-t)}$$

$$(110) \qquad = \frac{1-r^2+2ir\sin(\theta-t)}{1-2r\cos(\theta-t)+r^2}.$$

P. Wynn

Thus (109) may be written

$$(111) \quad f(x) = \int_0^{2\pi} \frac{1-r^2}{1-2r\cos(\theta-t)+r^2} \, d\phi(t) + i\int_0^{2\pi} \frac{2ir\sin(\theta-t)}{1-2r\cos(\theta-t)+r^2} \, d\phi(t)$$

Clearly, when $r < 1$ the right hand side of equation (111) is regular and the value of the first integral (i.e. Re $\{f(x)\}$) is positive.

Thus the theorem of Herglotz has been proved : we now proceed to apply it. Writing

$$\frac{e^{it}+x}{e^{it}-x} = \frac{1+xe^{-it}}{1-xe^{-it}} = \frac{(1+xe^{-it})(1-xe^{it})}{(1-xe^{-it})(1-xe^{it})}$$

$$(112) \quad \begin{aligned} &= \frac{1+xe^{-it}-xe^{it}-x^2}{1-xe^{-it}-xe^{it}+x^2} \\[2mm] &= \frac{1-2ix\sin t - x^2}{1-2x\cos t + x^2} \end{aligned}$$

we see that equation (109) may be written

$$(113) f(x) = \int_0^{2\pi} \left[\frac{1-x^2}{1-2x\cos t+x^2} - i\frac{2x\sin t}{1-2x\cos t+x^2} \right] d\phi(t) + qi$$

i.e. the most general expression for a function $f(x)$ which is analytic and has a positive real part for $|x| < 1$ and is real for real values of x is

$$(114) \quad f(x) = \int_0^{2\pi} \frac{1-x^2}{1-2x\cos t + x^2} \, d\phi(t)$$

or writing in turn

P. Wynn

$$(115) \qquad \cos t = 1 - 2 \sin^2 \frac{t}{2}$$

$$(116) \quad 1 - 2x \cos t + x^2 = (1-x)^2 - 4x \sin^2 \frac{t}{2}$$

is

$$(117) \qquad f(x) = \frac{1+x}{1-x} \int_0^{2\pi} \frac{d\phi(t)}{1 + \frac{4x}{(1-x)^2} \sin^2 \frac{t}{2}}$$

We now consider the transformation

$$z = -\frac{(1-x)^2}{4x}$$

which maps the domain $|x| < 1$ conformally onto the z-plane which has been cut along the line $(0,1)$. We find that

$$\frac{1+x}{1-x} = \sqrt{1-z^{-1}}$$

thus (substituting the expressions (118) and (119) into (147)) we find that

$$(120) \qquad G(z) = \sqrt{z(z-1)} \int^{2\pi} \frac{d\phi(t)}{z - \sin^2 \frac{t}{2}}$$

where $\phi(t)$ is a bounded non-decreasing function for which $\phi(2\pi) > \phi(0)$ is the most general expression for a function which is analytic and has a positive real part throughout the z-plane which has been cut along the segment of the real axis $(0,1)$, and is real for real z.

Now let us write

$$(121) \qquad F_m(z) = \int_0^{2\pi} \frac{d\phi\, t}{z - \sin^2 \frac{t}{2}}$$

P. Wynn

and consider the power series expansion

$$(122) \qquad F_m(z) = \sum_{s=0}^{\infty} c_{m+s} z^{-s-1},$$

where

$$(123) \qquad c_{m+s} = \int_0^{2\pi} \sin^{2s} \frac{t}{2} \, d\phi(t). \qquad\qquad (s=0,1,\ldots)$$

Since

$$\Delta^r c_{m+s} = \int_0^{2\pi} (1-\sin^2 \frac{t}{2})^r \sin^{2s} \frac{t}{2} \, d\phi(t)$$

$$(124) \qquad\qquad = \int_0^{2\pi} \cos^{2r} \frac{t}{2} \sin^{2s} \frac{t}{2} \, d\phi(t) > 0 \qquad (r,s=0,1,\ldots$$

we see that the sequence c_{m+s} $(s=0,1,\ldots)$ is totally monotone.

Thus we may enunciate the concluding result of this lecture: <u>if</u>

$$(125) \qquad F_m(z) = \left\{ \sqrt{z(z-1)} \right\}^{-1} G(z)$$

<u>where $G(z)$ is analytic and has a positive real part throughout
the z-plane which has been cut along the segment of the real
axis $(0,1)$, and is real for real z, then the series expansion
of $F_m(z)$ in inverse powers of z converges for $|z|>1$ and
diverges for $|z|<1$: the associated and corresponding continued
fractions derived from this power series converge for all z
not lying on the segment of the real axis $(0,1)$.</u>

As a very simple example we consider the function

$$(126) \qquad\qquad G(z) = 1.$$

The real part of this function is indeed positive and without doubt $G(z)$ is an analytic function. Thus the power series

$$\left\{ \sqrt{z(z-1)} \right\}^{-1} = z^{-1} (1-z^{-1})^{-\frac{1}{2}}$$

$$(127) \qquad \sim z^{-1} + \frac{(\frac{1}{2})}{1} z^{-2} + \frac{(\frac{1}{2})(\frac{3}{2})}{1 \cdot 2} z^{-3} + \dots$$

converges for $|z| > 1$ and diverges for $|z| < 1$. The associated and corresponding continued fractions derived from the series (127) converge for all z not lying on the segment of the real axis $(0,1)$.

References

1. Euler L., De transformatione seriei divergentis $1-mx+m(m+n)x^2-m(m+n)(m+2n)x^3+ +m(m+n)(m+2n)(m+3n)x^4-\dots$ in fractionam cont... Nova Acta. Acad.Sci. Imprr.Petropol,pro annum 1784.

2. Markoff A., Deux démonstrations de la convergence de certaines fractions continues,A.Math.,vol. 19, 1895.

3. Stieltjes T.J.,Sur la Reduction en Fraction Continue d'une Série Précédent Suivant les Pouissances Descendants d'une Variable, Ann.Fac.Sci. Toulouse, vol 3, 1889, pp 1-17.

4. Hamburger H., Uber eine Erweiterung des Stieltjes'chen Momentenproblems, Math.Annalen,vol 81, 1920; vol 82, 1921.

P. Wynn

5. Carleman T.,   Les fonctions quasi-analytiques, Gauthier-
                    Villars, Paris 1926

6. Nevanlinna R., Asymptotische Entwickelungen beschränkter
                    Funktionen und das Stieltjeschen Momenten-
                    problem, Ann.Acad.Sci.Fenn.,vol 18,1922.

7. Erdélyi A.,   Higher Transcedental Functions, vol 2,
                    Mc Graw Hill, New York, 1953.

8. Perron O.,   Die Lehre von den Kettenbrüchen, vol 2,
                    Teubner Stuttgart, 1957.

9. Helly E.,   Uber lineare Funktional operationen, Sitzungs
                    berichte der Akad.Wiss.Wien,1912.

10.Hausdorff F.,   Uber das Momentproblem für ein endliches
                    Interval, Math.Zeit., vol 16, 1923.

11.Schoenberg I.J. On finite and infinite completely monotonic
                   sequences, Bull Amer Math Soc., vol 38,1932.

12.Wall H.,   Analytic Theory of Continued Fractions, van
                   Nostrand, New York, 1948.

13.Herglotz A.,   Uber Potenzreihen mit positiven reelen Teil
                   im Einheitskreise, Berichte über die Verhand.
                   Sächsichen Akad. der Wiss. Leipzig, vol 63,
                   1911.

P. Wynn

Lecture IV

§1. Introduction

In the last lecture we considered integral transforms
of the form

$$(1) \qquad F_m(z) = \int_a^b \frac{d\psi_m(t)}{z-t}$$

where $\psi_m(t)$ is a bounded non-decreasing function for $a \leqslant t \leqslant b$
and the limits of integration a and b are finite. You will
recall firstly that we were able to show that the series
expansion of $F_m(z)$ in inverse powers of z diverges for $|z| < $ max
(a,b), and secondly that an essential step in the proof of the
convergence of the associated and corresponding continued
fractions derived from this power series, depended on the fact
that a and b are finite.

In this lecture we shall commence by considering integrals of the form

$$(2) \qquad F_m(z) = \int_{-\infty}^{+\infty} \frac{d\psi_m(t)}{z-t}$$

Thus we know for a start that the power series with which
we shall be dealing are divergent, and also that we shall have
to prove the convergence of the continued fractions derived
from these power series in some other way than that used in
the last lecture.

This time we shall adopt quite a different approach,
both to the way in which the function $F_m(z)$ is expanded as   an

P. Wynn

associated or corresponding continued fraction and to the convergence proofs for these expansions. I mention in passing that
we do this out of necessity : the formalism and the convergence
proofs of the last lecture might also have been treated in the
way that we are about to use, but the methods that we did indeed adopt were perhaps the most instructive at that juncture.

§2. <u>Properties of the Stieltjes Transform</u> (see [1]), <u>chapter
II, §2</u>)

Perhaps it is most appropriate, to begin with, to inves
gate the sort of functions with which we are concerned.

You will recall that toward the end of the last lecture
we proved the fundamental and far-reaching result of Herglotz
that the most general expression of a function $f(x)$ which is
analytic and has a positive real part for $|x| < 1$ is

$$(3) \qquad f(x) = \int_0^{2\pi} \frac{e^{it}+x}{e^{it}-x} \, d\phi(t) + i$$

where $\phi(t)$ is a bounded non-decreasing function such that
$\phi(2\pi) > \phi(0)$ and q is a real constant.

Let us write in equation (3)

$$(4) \qquad x = \frac{1+iz}{1-iz}$$

which maps the interior of the circle $|x| = 1$ onto the lower
half plane $Im(z) < 0$; then we have

P. Wynn

(5)
$$\frac{e^{it}+x}{e^{it}-x} = \frac{1+z\tan\frac{t}{2}}{1-z\tan\frac{t}{2}}$$

Multiplying equation (3) throughout by $-i$ and using the substitution (4) in conjuction with

(6)
$$\phi(t)=\begin{cases}\alpha(2\arctan(t)-2\pi) & t<0 \\ \alpha(2\arctan(t))+\phi(2\pi) & t\geqslant 0\end{cases}$$

we find that

$$g(z) = if\left(\frac{1+iz}{1-iz}\right)$$

(7)
$$=\int_{-\infty}^{+\infty}\frac{1+zt}{1-zt}d\gamma(t) - \left\{\phi(+0)-\phi(0)+\phi(2\pi)-\phi(2\pi-0)\right\}z+q$$

i.e. that the most general expression for a function which is analytic and has a negative imaginary part in the half plane $Im(z)>0$ is given by

(8)
$$g(z) = \int_{-\infty}^{+\infty}\frac{1+zt}{1-zt}d\alpha(t) - Az+q$$

where A and q are real, and $\alpha(t)$ is a bounded non-decreasing function for $-\infty\leqslant t\leqslant\infty$.

It is easy to see that

(9)
$$\frac{g(z)-g(z_0)}{z-z_0} = A+\int_{-\infty}^{+\infty}\frac{t^2+1}{(z-t)(z_0-t)}d\alpha(t)$$

Since

(10)
$$\left|\frac{t^2+1}{(z-t)(z_0-t)}\right| \leqslant \frac{1+t^{-2}}{\sin^2\varepsilon}$$

P. Wynn

if z_0 and z lie in any sector

(11) $\quad \varepsilon \leqslant \varepsilon \cdots \mathfrak{z}\ (z) \leqslant \pi - \varepsilon, \qquad 0 < \varepsilon < \frac{\pi}{2}$

then the value of the integral on the right hand side of equation (9) tends to zero as z tends to infinity in the sector (11). Thus if z tends to infinity in the sector (11), then

(12) $\qquad\qquad \lim_{z\to\infty} \frac{g(z)}{z} = A.$

We shall now consider functions for which

(13) $\qquad\qquad \lim_{z\to\infty} zg(z)$

is real and bounded for z in the sector (11). Clearly in the notation of equations (8) and (12)

(14) $\qquad\qquad A = 0$

thus the functions with which we are concerned can be expressed as

(15) $\qquad g(z) = \int_{-\infty}^{+\infty} \frac{1+tz}{1-tz}\ d\alpha\ (t) + q$

where q is real, $\alpha(t)$ is a bounded non-decreasing function for $-\infty \leqslant t \leqslant \infty$, and something further needs to be said concerning q and $\alpha(t)$.

Now

(16) $\mathrm{Re}\left\{ir\ g(ir)\right\} = \int_{-\infty}^{+\infty} \frac{r^2(1+t^2)}{t^2+r^2}\ d\alpha\ (t) = \int_{-\infty}^{+\infty} \frac{1+t^2}{1+\dfrac{t^2}{r^2}}\ d\alpha\ (t)$

thus from the condition (13) we know the left hand side of
this equation to be bounded as $r \to \infty$; i.e. for all $r \geqslant r_0 \geqslant 0$
there exists some constant M such that

$$(17) \qquad \int_{-\infty}^{\infty} \frac{(1+t^2)}{(1+\frac{t^2}{r^2})} \, d\alpha(t) < M$$

and a fortiori

$$(18) \qquad \int_{-T}^{T} \frac{(1+t^2)}{(1+\frac{t^2}{r^2})} \, d\alpha(t) < M$$

where T is any positive number. Letting r tend to infinity,
we have

$$(19) \qquad \int_{-T}^{T} (1+t^2) \, d\alpha(t) < M$$

i.e. the integral

$$(20) \qquad \int_{-\infty}^{+\infty} t^2 \, d\alpha(t)$$

exists, and the function

$$(21) \qquad \psi_m(t) = \int_{-\infty}^{t} (1+t^2) \, d\alpha(t)$$

is bounded and non-decreasing. Since the integral (20) exists
then so does the integral

$$(22) \qquad \int_{-\infty}^{+\infty} t \, d\alpha(t)$$

and since

P. Wynn

(23)
$$\frac{1+tz}{z-t} = t + \frac{(1+t^2)}{z-t}$$

then (15) may be written

(24)
$$g(z) = q + \int_{-\infty}^{+\infty} t\, d\alpha(t) + \int_{-\infty}^{+\infty} \frac{d\psi\, m(t)}{z-t} \, .$$

But

(25)
$$z \int_{-\infty}^{\infty} \frac{d\psi_{m}(t)}{z-t} = \int_{-\infty}^{+\infty} d\psi_{m}(t) + \int_{-\infty}^{+\infty} \frac{t}{z-t}\, d\psi\ (t)$$

and since, in the sector (11)

(26)
$$\left|\frac{t}{z-t}\right| < (\sin \varepsilon)^{-1}$$

we see that

(27)
$$z \int_{-\infty}^{+\infty} \frac{d\psi\, m(t)}{z-t} \rightarrow \int_{-\infty}^{+\infty} d\psi_{m}(t)$$

as $|z| \to \infty$ in the sector (11).

In view of the condition (13), this shows that

(28)
$$q + \int_{-\infty}^{+\infty} t\, d\alpha(t) = 0$$

and that

(29)
$$c_{m} = \int_{-\infty}^{+\infty} d\psi_{m}(t),$$

Thus in conclusion, <u>the most general expression for a function $F_m(z)$ which is analytic and has negative imaginary part in the half-plane</u> $\text{Im}(z) > 0$ <u>and for which</u>

(30)
$$\lim_{z \to \infty} zF_{m}(z) = c_{m}$$

where z lies in the sector (11) and c_m is real and bounded, is given by

(31)
$$F_m(z) = \int_{-\infty}^{+\infty} \frac{d\psi_m(t)}{z-t}$$

where $\psi_m(t)$ is a bounded non-decreasing function for $-\infty \leqslant t \leqslant \infty$ and

(32)
$$c_m = \psi_m(+\infty) - \psi_m(-\infty)$$

§3. Asymptotic Series (see [2] chapter IV, §36)

We now come to consider the formal series

(33)
$$F_m(z) \sim \sum_{s=0}^{\infty} c_{m+s} \, z^{-s-1}$$

This, as we know, is divergent: nevertheless some meaning may be attached to it.

Let us first of all define the concept of asymptotic representation. If we have a formal power series

(34)
$$\frac{a_0}{z} + \frac{a_1}{z^2} + \ldots + \frac{a_n}{z^{n+1}} + \ldots$$

and a function $f(z)$ which is analytic in an infinite domain D such that

(35)
$$\lim_{|z| \to \infty} z^{n+1} \left\{ f(z) - \left(a_0 + \frac{a_1}{z} + \ldots + \frac{a_n}{z^{n+1}} \right) \right\} = 0 \quad (n=0,1,\ldots)$$

for z lying in D, then $f(z)$ is asymptotically represented in D by $\sum_{s=0}^{\infty} a_s z^{-s-1}$.

P. Wynn

We shall now show that the Stieltjes transform (31) is asymptotically represented by the series (33) in the sector (11).

Since

$$(36) \quad \frac{1}{z-t} = \frac{1}{z} + \frac{t}{z^2} + \ldots + \frac{t^{n-1}}{z^n} + \frac{1}{z^n} \cdot \frac{t^n}{z-t}$$

we have

$$(37) \quad \int_{-\infty}^{+\infty} \frac{d\psi_m(t)}{z-t} = \sum_{s=0}^{n-1} c_{m+s} z^{-s-1} + z^{-n} \int_{-\infty}^{+\infty} \frac{t^{\nu}}{z-t} \, d\psi_m(t)$$

thus

$$(38) \quad z^n \left\{ \int_{-\infty}^{+\infty} \frac{d\psi_m(t)}{z-t} - \sum_{s=0}^{n-1} c_s z^{-s-1} \right\} = \frac{1}{z} \int_{-\infty}^{+\infty} \frac{z}{z-t} t^n d\psi_m(t)$$

Let us examine the right hand side of this equation. Putting

$$(39) \quad z = \xi + i\eta$$

we have

$$(40) \quad \left| \frac{z}{z-t} \right|^2 = \left| \frac{\xi + i\eta}{\xi - t + i\eta} \right|^2 = \frac{\xi^2 + \eta^2}{(\xi - t)^2 + \eta^2}$$

For fixed t and η the maximum value of this expression occurs when

$$(41) \quad \xi = \frac{1}{2} \left(t \pm \sqrt{t^2 + 4\eta^2} \right)$$

and is then

$$(42) \quad \frac{(\sqrt{t^2 + 4\eta^2} + |t|)^2 + 4\eta^2}{(\sqrt{t^2 + 4\eta^2} - |t|)^2 + 4\eta^2} = \frac{\sqrt{t^2 + 4\eta^2} + |t|}{\sqrt{t^2 + 4\eta^2} - |t|} = \frac{\{\sqrt{t^2 + 4\eta^2} + |t|\}^2}{4\eta^2}$$

Thus

$$(43) \quad \left|\frac{z}{z-t}\right| \leq \frac{\sqrt{t^2+4\eta^2}+|t|}{2|\eta|} \leq \frac{|t| + 2|\eta| + |t|}{2|\eta|} = 1 + \frac{|t|}{|\eta|}$$

i.e. for all z such that $|Im(z)| > \delta$ we have

$$(44) \quad \left|\frac{z}{z-t}\right| \leq 1 \leq 1 + \frac{|t|}{\delta}$$

Thus, reverting to equation (38),

$$(45) \quad \left| z^n \left\{ \int_{-\infty}^{+\infty} \frac{d\psi_m(t)}{z-t} - \sum_{s=0}^{n-1} c_s z^{-s-1} \right\} \right| \leq \frac{1}{|z|} \int_{-\infty}^{+\infty} \left(1 + \frac{|t|}{\delta}\right) |t|^n d\psi_m(t)$$

for $Im(z) > \delta$. As z tends to infinity in the half plane $|Im(z)|$ $> \delta$ the right hand side of this equation tends to zero: thus we indeed see that the Stieltjes transform (31) is asymptotical- ly represented by the series (33) in the sector (11).

Combining the results of the last section with those of this we see that the integral transform (31) is analytic and has a negative imaginary part in the upper half plane and is asymptotically represented by the formal series (33) in the sector (11): conversely any function $F_m(z)$ which is analytic and has a negative imaginary part in the upper half plane and is also asymptotically represented by the formal power series (33) in the sector (11), can be expressed as a Stieltjes tran- sform of the form (31)

P. Wynn

§4. The Continued Fraction Representation (see [1] chapter II, §4

We have just dealt with the power series representation of $F_m(z)$, we now proceed to the continued fraction representation.

Let us write $F_m(z)$ as $F_m^{(0)}(z)$ and construct a sequence of functions $F_m^{(s)}(z)$ by means of the relationships

$$(46) \qquad F_m^{(0)}(z) = \frac{c_m}{z - \alpha_0^{(m)} - F_m^{(1)}(z)}$$

$$(47) \qquad F_m^{(s-1)}(z) = \frac{\beta_{s-2}^{(m)}}{z - \alpha_{s-1}^{(m)} - F_m^{(s)}(z)} \qquad (s=1,2,\dots)$$

This is a sequence of bilinear substitutions, and as we saw in the very first lecture we have the continued fraction expansion

$$(48) \qquad F_m^{(0)}(z) = \frac{c_m}{z - \alpha_0^{(m)}} \ \frac{\beta_0^{(m)}}{z - \alpha_1^{(m)}} - \ \cdots \ \frac{\beta_{n-2}^{(m)}}{z - \alpha_{n-1}^{(m)} - F_m^{(n)}(z)}$$

$$= \frac{O_n^{(m)}(z) - F_m^{(n)}(z)\, O_{n-1}^{(m)}(z)}{p_n^{(m)}(z) - F_m^{(n)}(z)\, p_{n-1}^{(m)}(z)}$$

where the functions $O_n(z)$, $p_n(z)$ satisfy the fundamental recursions

$$(49) \qquad \begin{cases} O_{s+1}^{(m)}(z) = (z - \alpha_s^{(m)})\, O_s^{(m)}(z) - \beta_{s-1}^{(m)}\, O_{s-1}^{(m)}(z) \\[2mm] p_{s+1}^{(m)}(z) = (z - \alpha_s^{(m)})\, p_s^{(m)}(z) - \beta_{s-1}^{(m)}\, p_{s-1}^{(m)}(z) \end{cases} \qquad (s=1,2,\dots)$$

with the initial values

(50) $\quad 0_0^{(m)}(z) = 0, \; 0_1^{(m)}(z) = c_m; \quad p_0^{(m)}(z)=1, \; p_1^{(m)}(z)=z- \alpha_0^{(m)}$

Now we come to prescribe the quantities $\alpha_{s-1}^{(m)}$ $(s=1,2,\ldots)$, $\beta_{s-2}^{(m)}$ $(s=2,3,\ldots)$. In equation (46) let us take

(51) $\qquad \alpha_0^{(m)} = \dfrac{c_{m+1}}{c_m},$

then we find that this equation has the form

$$c_m z^{-1} + c_{m+1} z^{-2} + c_{m+2} z^{-3}+\ldots$$

(52) $\quad =c_m z^{-1} \left[1 + \dfrac{c_{m+1}}{c_m} z^{-1} + z^{-1}F_m^{(1)}(z)+z^{-2}\left\{\dfrac{c_{m+1}}{c_m}+F_m^{(1)}(z)\right\}^2 + \ldots \right]$

i.e. that $F_m^{(1)}(z)$ has the formal expansion in inverse powers of z

(53) $\quad F_m^{(1)}(z) \sim \sum_{s=0}^{\infty} c_{m,s}^{(1)} z^{-s-1}$

i.e. starting with a term in z^{-1}. If we take

(54) $\quad \beta_0^{(m)} = c_{m,0}^{(1)}, \quad \alpha_1^{(m)} = \dfrac{c_{m,1}^{(1)}}{c_{m,0}^{(1)}}$

then we find that $F_m^{(2)}(z)$ has an expansion of the form

(55) $\quad F_m^{(2)}(z) \sim \sum_{s=0}^{\infty} c_{m,s}^{(2)} z^{-s-1},$

and so on.

I wish to show that the expansion

$$(56) \qquad \cfrac{c_m}{z - \alpha_0^{(m)} -} \quad \cfrac{\beta_0^{(m)}}{z - \alpha_1^{(m)} -} \quad \cdots \quad \cfrac{\beta_{s-2}^{(m)}}{z - \alpha_{s-1}^{(m)} -} \quad \cdots$$

is indeed the associated continued fraction derived from the power series

$$(57) \qquad F_m(z) \sim \sum_{s=0}^{\infty} c_{m+s} \, z^{-s-1}$$

Firstly we remark that the first convergent

$$(58) \qquad \cfrac{c_m}{z - \alpha_0^{(m)}}$$

of the continued fraction (56), as defined by equations (50) and (51), is indeed the first convergent of the associated continued fraction, i.e. if we adopt the convention that a series in inverse powers of z which commences with a term in z^{-k} is represented by the symbol

$$(59) \qquad P(z^{-k}),$$

$$(60) \qquad \frac{O_1^{(m)}(z)}{P_1^{(m)}(z)} \sim \sum_{s=0}^{\infty} c_{m+s} \, z^{-s-1} + P(z^{-3})$$

Now we have from equation (48)

$$(61) \qquad F_m(z) = \frac{O_n^{(m)}(z) - F_m^{(n)}(z) \, O_{n-1}^{(m)}(z)}{P_n^{(m)}(z) - F_m^{(n)}(z) \, P_{n-1}^{(m)}(z)}$$

P. Wynn

and can easily verify that

$$(62) \quad F_m(z) - \frac{O_n^{(m)}(z)}{p_n^{(m)}(z)} = \frac{F_m^{(n)}(z)\left\{O_n^{(m)}(z)p_{n-1}^{(m)}(z)-O_{n-1}^{(m)}(z)p_n^{(m)}(z)\right\}}{p_n^{(m)}(z)\left\{p_n^{(m)}(z)-F_m^{(n)}(z)\right\}}$$

Furthermore, from the fundamental recursions (49)

$$(63) \quad \frac{O_{n+1}^{(m)}(z)}{p_{n+1}^{(m)}(z)} = \frac{O_n^{(m)}(z)-\dfrac{\beta_{n-1}^{(m)}}{z-\alpha_n^{(m)}}\,O_{n-1}^{(m)}(z)}{p_n^{(m)}(z)-\dfrac{\beta_{n-1}^{(m)}}{z-\alpha_n^{(m)}}\,p_{n-1}^{(m)}(z)}$$

and we can again easily verify that

$$F_m(z)-\frac{O_{n+1}^{(m)}(z)}{p_{n+1}^{(m)}(z)} = \frac{\left\{F_m^{(n)}(z)-\dfrac{\beta_{n-1}^{(m)}}{z-\alpha_n^{(m)}}\right\}\left\{O_n^{(m)}(z)p_{n-1}^{(m)}(z)-O_{n-1}^{(m)}(z)p_n^{(m)}(z)\right\}}{\left\{p_n^{(m)}(z)-F_m^{(n)}(z)\right\}\left\{p_n^{(m)}(z)-\dfrac{\beta_{n-1}^{(m)}}{z-\alpha_n^{(m)}}\,p_{n-1}^{(m)}(z)\right\}}$$

$$(64)$$

Thus from equations (62) and (63)

$$F_m(z)-\frac{O_{n+1}^{(m)}(z)}{p_{n+1}^{(m)}(z)} = \left\{F_m(z)-\frac{O_n^{(m)}(z)}{p_n^{(m)}(z)}\right\}\frac{p_n^{(m)}(z)}{p_n^{(m)}(z)-\dfrac{\beta_{n-1}^{(m)}}{z-\alpha_n^{(m)}}p_{n-1}^{(m)}(z)}\cdot\frac{\left\{F_m^{(n)}(z)-\dfrac{\beta_{n-1}^{(m)}}{z-\alpha_n^{(m)}}\right\}}{F_m^{(n)}(z)}$$

$$(65)$$

But in the notation of expression (59)

P. Wynn

$$(66) \qquad \frac{p_n^{(m)}(z)}{p_n^{(m)}(z) - \dfrac{\beta_{n-1}^{(m)}}{z - \alpha_n^{(m)}} \, p_{n-1}^{(m)}(z)} = P(z^{'}),$$

$$(67) \qquad F_m^{(n)}(z) = P(z^{-1}),$$

$$(68) \qquad F_m^{(n)}(z) - \frac{\beta_{n-1}^{(m)}}{z - \alpha_n^{(m)}} = P(z^{-3})$$

and thus

$$(69) \quad F_m(z) - \frac{O_{n+1}^{(m)}(z)}{p_{n+1}^{(m)}(z)} = P(z^{-2}) \left\{ F_m(z) - \frac{O_n^{(m)}(z)}{p_n^{(m)}(z)} \right\}$$

In other words, if the series expansion of the convergent $\dfrac{O_n^{(m)}(z)}{p_n^{(m)}(z)}$ in inverse powers of z agrees with the power series

$\displaystyle\sum_{s=0}^{\infty} c_{m+s} \, z^{-s-1}$ up to and including the term in z^{-2n}, then the similar expansion of $\dfrac{O_{n+1}^{(m)}(z)}{p_{n+1}^{(m)}(z)}$ agrees with this power series up to and including the term in z^{-2n-2}. But $\dfrac{O_1^{(m)}(z)}{p_1^{(m)}(z)}$, by equation (61), does have this property, and thus <u>expansion</u> (56) <u>is the associated continued fraction derived from the power</u> <u>series</u> $\displaystyle\sum_{s=0}^{\infty} c_{m+s} \, z^{-s-1}$

P. Wynn

§5. The Convergence of the Associated Continued Fraction
(see [1] chapter II §4)

When, in the preceding section, we were investigating the
mechanism of the associated continued fraction, we were
dealing solely with the formal manipulation of power series.
Now, in order to establish a convergence theory, we shall
have to inquire into the properties of the functions $F_m^{(s)}(z)$
$(s=0,1,...)$.

Firstly I remark that if two complex variables u and
v are related by an equation of the form

$$(70) \qquad u = \frac{a}{b-v}$$

where a and b are real and a is positive, then the open lower
half plane of v is mapped onto the open lower half plane of u,
and conversely.

Thus if $\mathrm{Im}\left\{F_m^{(0)}(z)\right\} < 0$ (which we know to be the case
when $\mathrm{Im}(z) > 0$) then, from equation (46),

$$(71) \qquad \mathrm{Im}\left\{F_m^{(1)}(z) - z\right\} < 0$$

i.e. when $\mathrm{Im}(z) > 0$

$$(72) \qquad \mathrm{Im}\left\{F_m^{(1)}(z)\right\} < 0$$

Furthermore it can easily be deduced from equation (46) in
conjunction with equation (51), that if $F_m^{(0)}(z)\left\{\equiv F_m(z)\right\}$
is asymptotically represented by the series (33) in the sector

(11), then $F_m^{(1)}(z)$ is also asymptotically represented by the series (53) in the sector (11). Thus $F_m^{(1)}(z)$ may be expressed as a Stieltjes transform

$$(73) \qquad F_m^{(1)}(z) = \int_{-\infty}^{+\infty} \frac{d\,\psi_m^{(1)}(t)}{z-t}$$

where $\psi_m^{(1)}(t)$ is a bounded non-decreasing function for $-\infty \leqslant t \leqslant \infty$. We note in passing that

$$(74) \qquad \beta_0^{(m)} = c_{m,0}^{(1)} > 0.$$

In exactly the same way we can show that successively

$$(75) \qquad \text{Im}\left\{ F_m^{(s)}(z) \right\} < 0 \quad \text{for} \quad \text{Im}(z) > 0 \qquad (s=1,2,\ldots)$$

and that

$$(76) \qquad \beta_{s-1}^{(m)} \geqslant 0 \qquad\qquad (s=1,2,\ldots)$$

Condition (76) is, as we shall soon see, very important: associated continued fractions whose partial numerators obey this condition are called Grommer fractions [3]

At this point we return to the equation

$$(77) \qquad F_m^{(0)}(z) = \frac{O_n^{(m)}(z) - F_m^{(n)}(z)\, O_{n-1}^{(m)}(z)}{p_n^{(m)}(z) - F_m^{(n)}(z)\, p_{n-1}^{(m)}(z)}$$

which expresses $F_m^{(0)}(z)$ as a bilinear function of $F_m^{(n)}(z)$. Now we use the well-known property of bilinear transformations that transform straight lines into circles.

P. Wynn

In particular the real axis of the $F_m^{(n)}(z)$-plane is transformed into the circle of radius

$$(78) \quad r_n^{(m)}(z) = \frac{\left| p_n^{(m)}(z)O_{n-1}^{(m)}(z) - p_{n-1}^{(m)}(z)O_{n-1}^{(m)}(z) \right|}{2 \, \text{Im} \left\{ p_{n-1}^{(m)}(z) \, \overline{p_n^{(m)}}(z) \right\}}$$

whose centre lies at the point

$$(79) \quad \frac{\text{Im} \left\{ \overline{O_n^{(m)}}(z)p_{n-1}^{(m)}(z) + O_{n-1}^{(m)}(z)\overline{p_n^{(m)}}(z) \right\}}{2 \, \text{Im} \left\{ p_{n-1}^{(m)}(z) \, \overline{p_n^{(m)}}(z) \right\}} , \quad \frac{\text{Re} \left\{ \overline{O_n^{(m)}}(z)p_{n-1}^{(m)}(z) - O_{n-1}^{(m)}p^{(m)} \right\}}{2 \, \text{Im} \left\{ p_{n-1}^{(m)}(z)\overline{p_n^{(m)}}(z \right.}$$

in the $F_m^{(0)}(z)$ $\left\{ \text{i.e. } F_m(z) \right\}$ -plane. The lower half of the $F_m^{(n)}(z)$-plane is transformed into the interior of this circle. Since, when $\text{Im}(z) > 0$, $\text{Im} \left\{ F_m^{(n)}(z) \right\} < 0$, then for those values of z the value of $F_m(z)$ lies in the interior of the above circle. Thus the successive convergents of a Grommer fraction provide a sequence of circular domains within which the value of the fraction must lie.

Let us illustrate this phenomenon by means of the continued fraction

$$(80) \quad F_m(z) = \frac{1}{z-} \frac{1}{z-} \frac{1}{z-} \frac{2}{z-} \frac{2}{z-} \cdots \frac{r-1}{z-} \frac{r}{z-} \cdots$$

which is of the form (56) with

$$(81) \quad \alpha = 0 \qquad \beta_s = \left\lceil (s+2)/2 \right\rceil \qquad (s=0,1,\ldots).$$

If
$$(82) \quad z' = z^2$$

then

(83) $\qquad F_m(z) = z \ e^{-z'} \ Ei(z')$.

When z=0.5+0.5i we obtain the following diagram

The first convergent of (80) tells us that the value of $F_m(z)$ lies within the circle I, the second within the circle II, ans so on.

§6. A Convergence Criterion Based on the Partial Numerators

Clearly, if the value of $r_n(z)$ tends to zero as n tends to infinity then $F_m(z)$ may be determined to any accuracy, and the continued fraction converges. Let us therefore investigate expression (70) a little more closely.

P. Wynn

Firstly with regard to the numerator: eliminating $(z-\alpha_{n-1}^{(m)})$ from the equations

(84)
$$
\begin{cases}
0_n^{(m)}(z) = (z-\alpha_{n-1}^{(m)})0_{n-1}^{(m)}(z) - \beta_{n-2}^{(m)} 0_{n-2}^{(m)}(z) \\
p_n^{(m)}(z) = (z-\alpha_{n-1}^{(m)})p_{n-1}^{(m)}(z) - \beta_{n-2}^{(m)} p_{n-2}^{(m)}(z)
\end{cases}
$$

we have

$$
p_n^{(m)}(z)0_{n-1}^{(m)}(z)-0_n^{(m)}(z)p_{n-1}^{(m)}(z)= \beta_{n-2}^{(m)}\left\{p_{n-2}^{(m)}(z)0_{n-1}^{(m)}(z)-0_{n-2}^{(m)}(z)p_{n-}^{(m)}\right.
$$

(85)

and by repeated substitution

(86) $\quad p_n^{(m)}(z)0_{n-1}^{(m)}(z)-0_n^{(m)}(z)p_{n-1}^{(m)}(z)=(-1)^n \beta_{n-2}^{(m)}\beta_{n-3}^{(m)} \cdot \beta_0^{(m)} c_m \cdot$

Now let us attend to the denominator. From the first of equations (84) we have

(87) $\quad \overline{p_n^{(m)}(z)} = \overline{(z-\alpha_{n-1}^{(m)})p_{n-1}^{(m)}(z)} - \beta_{n-2}^{(m)} \overline{p_{n-2}^{(m)}(z)}$

i.e.

(88) $\quad p_{n-1}^{(m)}(z) \overline{p_n^{(m)}(z)}=(z-\alpha_{n-1}^{(m)}) p_{n-1}^{(m)}(z)\overline{p_{n-1}^{(m)}(z)}- \beta_{n-2}^{(m)} \overline{p_{n-2}^{(m)}(z)}p_{n-1}^{(m)}(z)$

or, taking the imaginary part

$$
\text{Im} \left\{p_{n-1}^{(m)}(z)\overline{p_n^{(m)}(z)}\right\} = \text{Im}(z) \left|p_{n-1}^{(m)}(z)\right|^2 + \beta_{n-2}^{(m)}\text{Im} \left\{p_{n-2}^{(m)}(z)\overline{p_{n-1}^{(m)}(z)}\right\}
$$

(89)

and by repeated substitution

P. Wynn

$$I_m \left\{ p_{n-1}^{(m)}(z) \overline{p_n^{(m)}(z)} \right\} = Im(z) \left\{ \left| p_{n-1}^{(m)}(z) \right|^2 + \sum_{s=0}^{n-2} \beta_{n-2}^{(m)} \beta_{n-3}^{(m)} \cdots \beta_3^{(m)} \left| p_s^{(m)}(z) \right|^2 \right\}$$

(90)

Thus, by dividing expression (86) by expression (90), we obtain

(91) $\qquad p_n^{(m)}(z) = \left\{ 2 \, Im(z) \sum_{s=0}^{n-1} \dfrac{\left| p_s^{(m)}(z) \right|^2}{c_m \beta_0^{(m)} \beta_1^{(m)} \cdots \beta_{s-1}^{(m)}} \right\}^{-1}$

The critical problem in the convergence theory of Grommer
fractions is to establish the divergence of the series in (9
let us see how this may be deduced from the partial numerators
$\beta_s^{(m)}$ (s=0,1,...) (we follow the work of Carleman [4] , see
[5] chapter XVII, § 88)

    Firstly we remark that all the convergents lie in the
circle with centre $0, - \dfrac{c_m}{2Im(z)}$ and radius $\dfrac{c_m}{2Im(z)}$ (for example,
within the circle marked I in Fig. 1). Thus we have

(92) $\qquad \left| \dfrac{0_s^{(m)}(z)}{p_s^{(m)}(z)} \right| < \dfrac{c_m}{2 \, Im(z)}$

i.e. if the series

(93) $\qquad \sum_{s=0}^{\infty} \dfrac{\left| 0_s^{(m)}(z) \right|^2}{c_m \beta_0^{(m)} \beta_1^{(m)} \cdots \beta_{s-1}^{(m)}}$

diverges then so does the series

(94) $\qquad \sum_{s=0}^{\infty} \dfrac{\left| p_s^{(m)}(z) \right|^2}{c_m \beta_0^{(m)} \beta_1^{(m)} \cdots \beta_{s-1}^{(m)}}$

P. Wynn

But equation (86) may be written the form

$$(95) \qquad \left| \frac{p_s^{(m)}(z) \, 0_{s-1}^{(m)}(z) - 0_s^{(m)}(z) p_{s-1}^{(m)}(z)}{c_m \, \beta_o^{(m)} \cdots \beta_{s-3}^{(m)} \, \beta_{s-2}^{(m)}} \right| = 1$$

i.e.

$$(96) \qquad \frac{p_s^{(m)}(z)}{\sqrt{c_m \, \beta_0^{(m)} \cdots \beta_{s-3}^{(m)} \, \beta_{s-2}^{(m)} \, \beta_{s-1}^{(m)}}} \cdot \frac{0_{s-1}^{(m)}(z)}{\sqrt{c_m \, \beta_o^{(m)} \cdots \beta_{s-3}^{(m)} \, \beta_{s-2}^{(m)}}} +$$

$$- \frac{0_s^{(m)}(z)}{\sqrt{c_m \, \beta_o^{(m)} \cdots \beta_{s-3}^{(m)} \, \beta_{s-2}^{(m)} \, \beta_{s-1}^{(m)}}} \cdot \frac{p_{s-1}^{(m)}(z)}{\sqrt{c_m \, \beta_o^{(m)} \cdots \beta_{s-3}^{(m)} \, \beta_{s-2}^{(m)}}} = \frac{1}{\beta_{s-1}^{(m)} {}^{1/2}}$$

and by summation we derive

$$(97) \qquad \sum_{s=1}^{n} \left| \frac{p_s^{(m)}(z)}{\sqrt{c_m \, \beta_0^{(m)} \cdots \beta_{s-3}^{(m)} \, \beta_{s-2}^{(m)} \, \beta_{s-1}^{(m)}}} \cdot \frac{0_{s-1}^{(m)}(z)}{\sqrt{c_m \beta_o^{(m)} \cdots \beta_{s-3}^{(m)} \, \beta_{s-2}^{(m)}}} + \right.$$

$$\left. - \frac{0_s^{(m)}(z)}{\sqrt{c_m \, \beta_o^{(m)} \cdots \beta_{s-3}^{(m)} \, \beta_{s-2}^{(m)} \, \beta_{s-1}^{(m)}}} \cdot \frac{p_{s-1}^{(m)}(z)}{\sqrt{c_m \beta_c^{(m)} \cdots \beta_{s-3}^{(m)} \, \beta_{s-2}^{(m)}}} \right| =$$

$$= \sum_{s=1}^{n} \frac{1}{\beta_{s-1}^{(m) \, 1/2}}$$

P. Wynn

Now let us write

$$(98) \qquad \frac{p_s^{(m)}(z)}{\sqrt{c_m \beta_0^{(m)} \cdots \beta_{s-3}^{(m)} \beta_{s-2}^{(m)} \beta_{s-1}^{(m)}}} = c_s, \qquad \frac{0_{s-1}^{(m)}(z)}{\sqrt{c_m \beta_0^{(m)} \cdots \beta_{s-3}^{(m)} \beta_{s-2}^{(m)}}} = d_s,$$

$$(99) \qquad \frac{0_s^{(m)}(z)}{\sqrt{c_m \beta_0^{(m)} \cdots \beta_{s-3}^{(m)} \beta_{s-2}^{(m)} \beta_{s-1}^{(m)}}} = e_s, \qquad \frac{p_{s-1}^{(m)}(z)}{\sqrt{c_m \beta_0^{(m)} \cdots \beta_{s-3}^{(m)} \beta_{s-2}^{(m)}}} = f_s$$

We have, of course

$$(100) \qquad \left| c_s d_s - e_s f_s \right| \le \left| c_s d_s \right| + \left| e_s f_s \right|$$

and therefore

$$(101) \qquad \sum_{s=1}^{n} \left| c_s d_s - e_s f_s \right| \le \sum_{s=1}^{n} \left| c_s d_s \right| + \left| \sum_{s=1}^{n} \left| e_s f_s \right| \right..$$

But the following result due to Bunjakowski and Schwarz is known: that if $a_1, a_2, \ldots, a_n$; $b_1, b_2, \ldots, b_n$ are complex numbers, then

$$(102) \qquad \left| \sum_{s=1}^{n} a_s b_s \right|^2 \le \sum_{s=1}^{n} \left| a_s \right|^2 \cdot \sum_{s=1}^{n} \left| b_s \right|^2$$

Let us apply this inequality to the right hand side of (101). We have

$$(103) \qquad \left| \sum_{s=1}^{n} c_s d_s \right| \le \sqrt{\sum_{s=1}^{n} \left| c_s \right|^2 \cdot \sum_{s=1}^{n} \left| d_s \right|^2} \le \sqrt{\sum_{s=0}^{n} \left| c_s \right|^2 \cdot \sum_{s=0}^{n} \left| e_s \right|^2}$$

by reason of the relationship

$$(104) \qquad e_{s-1} = d_s \qquad\qquad (s=1,2,\ldots,n)$$

and the inequalities

$$(105) \qquad |c_0|^2 \geqslant 0 \;, \; |e_n|^2 \geqslant 0$$

Furthermore

$$(106) \qquad \left| \sum_{s=1}^{n} e_s f_s \right| \leqslant \sqrt{\sum_{s=1}^{n} |e_s|^2} \cdot \sum_{s=1}^{n} |f_s|^2 \leqslant \sqrt{\sum_{s=1}^{n} |c_s|^2} \cdot \sum_{s=0}^{n} |e_s|^2$$

by reason of the relationship

$$(107) \qquad c_{s-1} = f_s \qquad\qquad (s=1,2,\ldots n)$$

and the inequalities

$$(108) \qquad e_0|^2 \geqslant 0 \;, \; |c_n|^2 \geqslant 0.$$

Adding the inequalities (103) and (106), and substituting their sum into the inequality (97), we obtain

$$(109) \sum_{s=1}^{n} \left| \frac{1}{\beta_{s-1}^{(m)1/2}} \right| \leqslant 2 \sqrt{\sum_{s=0}^{n} \left| \frac{p_s^{(m)}(z)}{\sqrt{c_m \beta_0^{(m)} \cdots \beta_{s-2}^{(m)} \beta_{s-1}^{(m)}}} \right|^2} \cdot \sum_{s=0}^{n} \left| \frac{0_s^{(m)}(z)}{\sqrt{c_m \beta_0^{(m)} \cdots \beta_{s-2}^{(m)} \beta_{s-1}^{(m)}}} \right|^2$$

Thus, if the series $\sum_{s=1}^{\infty} |\beta_{s-1}^{(m)-\frac{1}{2}}|$ diverges, then one of the series (93) or (94) diverges, i.e. the continued fraction (56) converges.

Combining this result with the function-theoretic results that we derived earlier we can state the following theorem: <u>If we are given a function</u> $F_m(z)$ <u>which is analytic</u>

P. Wynn

and has a negative imaginary part in the upper half-plane and is asymptotically represented by a series of the form

$$(110) \qquad \sum_{s=0}^{\infty} c_{m+s} \, z^{-s-1}$$

in the sector $\varepsilon \leq \arg(z) \leq \pi - \varepsilon$, $0 < \varepsilon < \frac{\pi}{2}$, then $F_m(z)$ _may be_ expressed as a Stieltjes transform of the form

$$(111) \qquad \int_{-\infty}^{+\infty} \frac{d\psi_m(t)}{z-t} \qquad\qquad \textit{in which}$$

$\psi_m(t)$ is a bounded non-decreasing function for $-\infty \leq t \leq \infty$. If the continued fraction associated with the series (110) is

$$(112) \qquad \frac{c_m}{z - \alpha_0^{(m)} -} \quad \frac{\beta_0^{(m)}}{z - \alpha_1^{(m)} -} \quad \cdots \quad \frac{\beta_{s-2}^{(m)}}{z - \alpha_{s-1}^{(m)} -} \quad \cdots$$

and if the series $\sum_{s=1}^{\infty} \beta_{s-1}^{(m)-\frac{1}{2}}$ _diverges_ then the continued fraction (112) _converges_ for $\mathrm{Im}(z) \neq 0$ to the value of the Stieltjes transform (111)

As an example we may return to the expansion of the exponential integral

$$(113) \qquad e^{-z} \, \mathrm{Ei}(z) = \int_0^{\infty} \frac{e^{-t}}{z-t} \, dt$$

$$(114) \qquad \sim \sum_{s=0}^{\infty} s! \, z^{-s-1}$$

$$(115) \qquad = \frac{1}{z-1-} \quad \frac{1^2}{z-3-} \quad \cdots \quad \frac{(s-1)^2}{z-2s+1-} \quad \cdots$$

Firstly, we may write the integral (113) in the form

$$(116) \qquad \int_0^\alpha \frac{d \,\{1-e^{-t}\}}{z-t}$$

or

$$(117) \qquad \int_{-\infty}^{+\infty} \frac{d \psi_m(t)}{z-t}$$

where

$$(118) \qquad \psi_m(t) = \begin{cases} 0 & -\infty \leq t < 0 \\ 1-e^{-t} & 0 \leq t \leq \infty \end{cases}$$

and is bounded and non-decreasing for $-\infty \leq t \leq \infty$, thus the continued fraction associated with the series (114) is a Grommer fraction, as indeed is evident by inspection of (115).

Secondly, in the expansion (115),

$$(119) \qquad \beta_{s-1}^{(m)} = s^2 \qquad\qquad (s=1,2,\ldots)$$

and since $\sum_{s=1}^{\infty} s^{-1}$ diverges, the continued fraction converges to the value of the integral (113) for $\text{Im}(z) \neq 0$. Actually, as we shall shortly see, the continued fraction (115) converges for all z not lying on the positive real axis.

§7. A Convergence Criterium based on the Coefficients of the Series

In order to use the condition for convergence which we have just derived, it is necessary to know the partial numerators $\beta_{s-1}^{(m)}$ (s=1,2,...) in closed form. Although, as you will

P. Wynn

see later, these quantities may be computed numerically
from the coefficients c_{m+s} (s=0,1,...) of the original power
series, their values will not in general be given
by a closed expression. It is imperative, therefore, to derive a convergence test which can be versed in terms of the
coefficients c_{m+s} (s=0,1,...). To do this we continue to follow the work of Carleman [4] .

We first make use of a lemma derived by Carleman
expressly for the construction of this convergence proof: if

$$(120) \qquad \sum_{s=1}^{\infty} u_s$$

is a convergent series of non-negative numbers then

$$(121) \qquad \sum_{s=1}^{\infty} \sqrt[s]{u_1 u_2 \cdots u_s}$$

also converges. The corollary to this is of course that if
the u_s (s=1,2,...) are positive and the series (121) diverges,
then the series (120) must diverge.

Let us substitute in these formulae $u_s = \beta_{s-1}^{(m)}{}^{-\frac{1}{2}}$, then
if the quantities $\beta_{s-1}^{(m)}$ (s=1,2,...) are positive and the series

$$(122) \qquad \sum_{s=1}^{\infty} (\beta_0^{(m)} \beta_1^{(m)} \cdots \beta_{s-1}^{(m)})^{-\frac{1}{2s}}$$

diverges, then the series

$$(123) \qquad \sum_{s=1}^{\infty} \beta_{s-1}^{(m)}{}^{-\frac{1}{2}}$$

P. Wynn

also diverges.

Now we derive an inequality for the product $\beta_0^{(m)} \beta_1^{(m)} \ldots \beta_{s-1}^{(m)}$. We know, of course, that

$$(124) \qquad p_{s+1}^{(m)}(t) = p_s^{(m)}(t) (t - \alpha_s^{(m)}) - \beta_{s-1}^{(m)} p_{s-1}^{(m)}(t)$$

and that the polynomials $p_r^{(m)}(t)$ $(r=0,1,\ldots)$ are polynomials of degree r in t with the coefficient of t^r equal to unity : i.e. we have a decomposition of the form

$$(125) \qquad t p_{s-1}^{(m)}(t) = p_s^{(m)}(t) + \sum_{r=0}^{s-1} d_r p_r^{(m)}(t)$$

Multiply equation (124) throughout by $p_{s-1}^{(m)}(t) d\psi_m(t)$ and integrate with respect to t between $-\infty$ and $+\infty$ We obtain

$$(126) \int_{-\infty}^{+\infty} \left[p_{s+1}^{(m)}(t) p_{s-1}^{(m)}(t) \quad - \quad p_s^{(m)}(t) \left\{ p_s^{(m)}(t) + \sum_{r=0}^{s-1} d_r p_r^{(m)}(t) \right\} + \right.$$
$$\left. + \alpha_s^{(m)} p_s^{(m)}(t) p_{s-1}^{(m)}(t) + \beta_{s-1}^{(m)} \left\{ p_{s-1}^{(m)}(t) \right\}^2 \right] d\psi_m(t) = 0$$

But from the orthogonality condition

$$(127) \qquad \int_{-\infty}^{+\infty} p_h^{(m)}(t) p_k^{(m)}(t) d\psi_m(t) = 0 \qquad (k=0,1,\ldots,h-1)$$

equation (126) reduces to

$$(128) \qquad \int_{-\infty}^{+\infty} \left\{ p_s^{(m)}(t) \right\}^2 d\psi_m(t) = \beta_{s-1}^{(m)} \int_{-\infty}^{+\infty} \left\{ p_{s-1}^{(m)}(t) \right\}^2 d\psi_m(t),$$

and by repeated application of this relationship we obtain

P. Wynn

$$(129) \quad c_m \beta_0^{(m)} \beta_1^{(m)} \ldots \beta_{s-1}^{(m)} = \int_{-\infty}^{+\infty} \left\{ p_{s-1}^{(m)}(t) \right\}^2 d\psi_m(t).$$

Now we remark that

$$(130) \quad \left[\bar{p}_s^{(m)}(t) - \left\{ p_s^{(m)}(t) - t^s \right\} \right]^2 = t^{2s}$$

and that

$$(131) \quad \int_{-\infty}^{+\infty} t^{2s} d\psi_m(t) = c_{m+2s} \; ;$$

thus, by expansion of the left hand side of equation (130) we derive

$$(132) \quad \int_{-\infty}^{+\infty} \left[\left\{ p_s^{(m)}(t) \right\}^2 - 2p_s^{(m)}(t) \left\{ p_s^{(m)}(t) - t^s \right\} + \left\{ p_s^{(m)}(t) - t^s \right\}^2 \right] d\psi_m(t)$$
$$= c_{m+2s} \quad .$$

Of the terms under the integration sign on the left hand side of this equation we remark that the second vanishes since $p_s^{(m)}(t) - t^s$ is a polynomial of degree s-1 in t, and that the third is positive since $\left\{ p_s^{(m)}(t) - t^s \right\}^2$ is positive. Thus we have, using equation (129)

$$c_{m+2s} = c_m \beta_0^{(m)} \ldots \beta_{s-1}^{(m)} + \text{something positive}$$

or

$$(133) \quad \frac{c_{m+2s}}{c_m} > \beta_0^{(m)} \cdot \beta_1^{(m)} \ldots \beta_{s-1}^{(m)}$$

P. Wynn

Thus if the series

$$(134) \qquad \sum_{s=1}^{\infty} \left\{ \frac{c_m}{c_{m+2s}} \right\}^{-\frac{1}{2s}}$$

diverges, then so does the series (122), and hence also the series (123).

We may assemble our results and formulate the following general theorem: If we are given a function $F_m(z)$ which is analytic and has a negative imaginary part in the half-plane $\text{Im}(z) > 0$ and is asymptotically represented by the series

$$(135) \qquad \sum_{s=0}^{\infty} c_{m+s} \, z^{-s-1}$$

in the sector $\zeta \le \arg(z) \le \pi - \zeta$, $0 < \zeta < \frac{\pi}{2}$, then $F_m(z)$ may be expressed as a Stieltjes transform

$$(136) \qquad F_m(z) = \int_{-\infty}^{+\infty} \frac{d\,\psi_m(t)}{z-t}$$

in which $\psi_m(t)$ is a bounded non-decreasing function for $-\infty \le t \le \infty$. If the series $\sum_{s=0}^{\infty} \left\{ \frac{c_m}{c_{m+2s}} \right\}^{-\frac{1}{2s}}$ diverges then the continued fraction associated with the series (135) converges for $\text{Im}(z) \ne 0$ to the value of the Stieltjes transform (136).

For an application of this result we may return to the asymptotic series

$$(137) \qquad \sum_{s=0}^{\infty} s! \, z^{-s-1}$$

By use of Stirling's approximation to the factorial function
of large argument we can prove the divergence of the series

$$(138) \qquad \sum_{s=0}^{\infty} \left\{ (2s)! \right\}^{-\frac{1}{2s}}$$

and hence the convergence of the continued fraction (115) for
$\text{Im}(z) \neq 0$

§8. The Corresponding Continued Fraction

So far in this talk we have had only the associated
continued fraction in mind, and we must now inquire as to whether the results which we have derived may be adapted to the
theory of the corresponding continued fraction.

Firstly let us concern ourselves with the formalism
and consider the expansion

$$(139) \qquad \frac{c_m'}{z'-} \quad \frac{\beta_0^{(m)'}}{z'-} \quad \cdots \quad \frac{\beta_{s-2}^{(m)'}}{z'-} \quad \cdots$$

– an associated continued fraction in which

$$(140) \qquad \alpha_{s-1}^{(m)'} = 0 \qquad (s=1,2,\ldots)$$

It may easily be shown from the fundamental recursions

$$(141) \begin{cases} p_s^{(m)'}(z') = z' p_{s-1}^{(m)'}(z') - \beta_{s-2}^{(m)'} p_{s-2}^{(m)'}(z'), \quad p_{-1}^{(m)'}(z')=0, \quad p_0^{(m)'}(z')=1 \\ o_s^{(m)'}(z') = z' o_{s-1}^{(m)'}(z') - \beta_{s-2}^{(m)'} o_{s-2}^{(m)'}(z'), \quad o_{-1}^{(m)'}(z')=1, \quad o_0^{(m)'}(z')=0 \end{cases}$$

P. Wynn

that $p_{2r-1}^{(m)'}(z')$ $(r=1,2,\ldots)$ contains only odd powers of z'
on the other hand $0_{2r-1}^{(m)'}(z')(r=1,2,\ldots)$ contains only even

powers of z' whilst $0_{2r}^{(m)'}(z')$ $(r=0,1,\ldots)$ contains only odd

powers of z. The consequence of this is that the series

expansion of the convergent $\dfrac{0_{s}^{(m)'}(z')}{p_{s}^{(m)'}(z')}$ $(s=1,2,\ldots)$ in inverse

powers of z' contains only odd powers of z'. Conversely the
associated continued fraction derived from the power series

(142) $\qquad \displaystyle\sum_{s=0}^{\infty} c'_{m+s} \; z'^{-s-1}$

in which

(143) $\qquad c'_{m+2s+1} = 0 \qquad (s=0,1,\ldots)$

has the form (139), i.e. $\alpha_{s-1}^{(m)'} = 0$ $(s=1,2,\ldots)$. Combining
these results we have from the definition of the associated
continued fraction

(144) $\qquad \dfrac{0_{r}^{(m)'}(z')}{p_{r}^{(m)'}(z')} = \displaystyle\sum_{s=0}^{\infty} c'_{m+2s} z'^{-2s-1} + \displaystyle\sum_{s=r}^{\infty} d_{2s} z'^{-2s-1}$

for such a series.

Let us now introduce the substitution

(145) $\qquad z'^{2} = z$

and in the series (142) the notation

(146) $\qquad c'_{m+2s} = c_{m+s} \qquad (s=0,1,\ldots)$

and in the continued fraction (139) the notation

(147) $\qquad \beta^{(m)'}_{2r-2} = e^{(m)}_r \qquad \beta^{(m)'}_{2r-1} = q^{(m)}_{r+1} \qquad (r=1,2,\ldots).$

The series (142) then becomes

(148) $\qquad z^{\frac{1}{2}} \sum_{s=0}^{\infty} c_{m+s} \, z^{-s-1}$

and, after an equivalence transformation, the continued fraction becomes

(149) $\qquad F_m(z) = z'^{-1} \, F'_m(z')$

(150) $\qquad = \dfrac{c_m}{z-} \; \dfrac{q^{(m)}_1}{1-} \; \dfrac{e^{(m)}_1}{z-} \; \cdots \; \dfrac{e^{(m)}_{r-1}}{z-} \; \dfrac{q^{(m)}_r}{1-} \; \cdots$

Thus speaking in general terms we can say that a continued fraction which corresponds to the series $\displaystyle\sum_{s=0}^{\infty} c_{m+s} \, z^{-s-1}$ is at the same time also associated with the series

$(z^{-\frac{1}{2}}) \displaystyle\sum_{s=0}^{\sim} c_{m+s} \, (z^{\frac{1}{2}})^{-2s-1}.$

Let us now consider the bounded non-decreasing function $\psi'_m(t') \, (-\infty \leqslant t' \leqslant \infty)$ for which

(151) $\qquad \psi'_m(t') = -\psi'_m(-t')$

Clearly for such a function

(152) $\qquad d\psi'_m(t') = d\psi'_m(-t')$

and in consequence

(153) $\qquad \displaystyle\int_{-\infty}^{+\infty} t'^{2s+1} \, d\psi'_m(t') = 0$

P. Wynn

Thus the series expansion in inverse powers of z' of the
Stieltjes integral

$$(154) \qquad F_m'(z') = \int_{-\infty}^{+\infty} \frac{d\psi'_m(t')}{z'-t'}$$

$$(155) \qquad \sim \sum_{s=0}^{\infty} c'_{m+s} z'^{-s-1}$$

(in which $\psi'_m(t')$ is a bounded non-decreasing function for
$-\infty \leqslant t' \leqslant \infty$ and obeys condition (151))satisfies condition
(143)

Now we may write the integral (154) as

$$(156) \qquad \begin{aligned} F_m'(z') &= \int_{-\infty}^{0} \frac{d\psi'_m(t')}{z'-t'} + \int_{0}^{\infty} \frac{d\psi'_m(t')}{z'-t'} \\ &= \int_{0}^{\infty} \frac{d\psi'_m(-t')}{z'+t'} + \int_{0}^{\infty} \frac{d\psi'_m(t')}{z'-t'} = 2z' \int_{0}^{\infty} \frac{d\psi'_m(t')}{z'^2 - t'^2} \end{aligned}$$

since equation (151) obtains and

$$(157) \qquad \frac{1}{z'-t'} + \frac{1}{z'+t'} = \frac{2z'}{z'^2-t'^2}$$

Thus if we introduce the substitutions

$$(158) \qquad \qquad .t = t'^2$$

and

$$(159) \qquad 2d\psi'_m(t') = d\psi_m(t) \qquad\qquad 0 \leqslant t', t \leqslant \infty$$

then we have

$$(160) \quad F_m'(z') = \int_{-\infty}^{+\infty} \frac{d\psi'_m(t')}{z'-t'} = z^{\frac{1}{2}} \int_0^\infty \frac{d\psi_m(t)}{z-t}$$

using the notation of equation (149)

     I need hardly add that the sector

$$(161) \qquad \varepsilon' \leqslant \arg(z') \leqslant \pi - \varepsilon' \qquad 0 \leqslant \varepsilon' < \frac{\pi}{2}$$

in the z'-plane becomes the sector

$$(162) \qquad \xi \leqslant \arg(z) \leqslant 2\pi - \xi$$

(where $\xi = 2\varepsilon'$) in the z-plane.

     Thus we may propound as a general principle that <u>if
we have at our disposal a general result relating the behaviour
of the Stieltjes transform</u>

$$(163) \quad F_m'(z') = \int_{-\infty}^{+\infty} \frac{d\psi'_m(t')}{z'-t'}$$

<u>of the formal power series</u>

$$(164) \qquad\qquad F_m'(z') \sim \sum_{s=0}^{\infty} c'_{m+s} z'^{-s-1}$$

<u>and of its associated continued fraction</u>

$$(165) \quad \frac{c'_m}{z'-\alpha_0^{(m)'}-} \quad \frac{\beta_0^{(m)'}}{z'-\alpha_1^{(m)'}-} \cdots \frac{\beta_{s-2}^{(m)'}}{z'-\alpha_{s-1}^{(m)'}-} \cdots$$

<u>in the sector</u>

$$(166) \qquad \varepsilon' \leqslant \arg(z') \leqslant \pi - \varepsilon', \qquad 0 < \varepsilon' < \frac{\pi}{2}$$

P. Wynn

then we may immediately derive an equivalent result relating
the behaviour of the function $z^{\frac{1}{2}} F_m(z)$, where

$$(167) \qquad F_m(z) = \int_0^\infty \frac{d\,\psi_m(t)}{z-t} \,,$$

of the formal power series

$$(168) \qquad F_m(z) \sim \sum_{s=0}^\infty c_{m+s} z^{-s-1}$$

and of its corresponding continued fraction

$$(169) \quad F_m(z) = \frac{c_m}{z-} \; \frac{q_1^{(m)}}{1-} \; \frac{e_1^{(m)}}{z-} \; \cdots \; \frac{e_{r-1}^{(m)}}{z-} \; \frac{q_r^{(m)}}{1-} \; \cdots$$

in the domain

$$(170) \qquad \xi \leqslant \arg(z) \leqslant 2\pi - \xi \qquad 0 < \xi < \pi$$

We may verse the results derived earlier in this
lecture as follows: the most general expression for a function
$F_m(z)$ which is analytic and for which $z^{\frac{1}{2}} F_m(z)$ has a negative
imaginary part for all z not lying on the positive real axis
and for which

$$(171) \qquad \lim_{|z| \to \infty} z F_m(z) = c_m$$

where z lies in the sector (170) and c_m is real, positive and
bounded, is given by

$$(172) \qquad F_m(z) = \int_?^\infty \frac{d\,\psi_m(t)}{z-t}$$

P. Wynn

where $\psi_m(t)$ is a bounded non-decreasing function for $0 \leqslant t \leqslant \infty$ and

$$(173) \qquad c_m = \psi_m(\infty) - \psi_m(0)$$

If $\psi_m(t)$ is a bounded non-decreasing function for $0 \leqslant t \leqslant \infty$ then

$$(174) \qquad \lim_{|z| \to \infty} z^{n+\frac{3}{2}} \left\{ F_m(z) - \sum_{s=0}^{n} c_{m+s} z^{-s-1} \right\} = 0 \quad (n=0,1,\ldots)$$

for all z lying in the sector (170).

If the function $F_m(z)$ is such that $z^{\frac{1}{2}} F_m(z)$ is analytic and has a negative real part for z not lying on the positive real axis, and $F_m(z)$ obeys the asymptotic relationship (174) in the sector (170), then the coefficients in the corresponding continued fraction

$$(175) \quad F_m(z) = \frac{c_m}{z-} \quad \frac{q_1(m)}{1-} \quad \frac{e_1^{(m)}}{z-} \cdots \frac{e_{r-1}^{(m)}}{z-} \quad \frac{q_r^{(m)}}{1-} \cdots$$

obey the inequalities

$$(176) \qquad q_r^{(m)} > 0, \qquad e_r^{(m)} > 0 \qquad (r=1,2,\ldots)$$

If, in addition to the condition (176), either of the series

$$(177) \qquad \sum_{r=1}^{\infty} (q_r^{(m)})^{-\frac{1}{2}}, \qquad \sum_{r=1}^{\infty} (e_r^{(m)})^{-\frac{1}{2}}$$

diverges, then the continued fraction (175) converges for z not lying on the positive real axis to a function $F_m(z)$ such that $z^{\frac{1}{2}} F_m(z)$ is analytic and $\mathrm{Im} \left\{ z^{\frac{1}{2}} F_m(z) \right\} < 0$.

P. Wynn

In this last result the divergence of the series (177)
may be replaced by the divergence of the series

$$(178) \qquad \sum_{s=1}^{\infty} (c_{m+s})^{-\frac{1}{2s}}$$

For example, it may easily be shown that the function

$$(179) \qquad e^{-z} Ei(z) = \int_{0}^{\infty} \frac{e^{-t}}{z-t} \, dt$$

is such that $Im \left\{ z^{\frac{1}{2}} e^{-z} Ei(z) \right\} < 0$ for z not lying on the positive
real axis, and it is known (see $[6]$ p.2) that

$$(180) \qquad \lim_{|z| \to \infty} z^{n+\frac{1}{2}} \left\{ e^{-z} Ei(z) - \sum_{s=0}^{n} s! z^{-s-1} \right\} = 0 \quad (n=0,1,\dots)$$

for all z not lying in the positive real axis.

Thus the partial numerators of the corresponding continued fraction

$$(181) \qquad e^{-z} Ei(z) = \frac{1}{z-} \; \frac{1}{1-} \; \frac{1}{z-} \; \frac{2}{z-} \cdots \frac{r-1}{z-} \; \frac{r}{1-} \cdots$$

are all negative (which is indeed the case) and since the
series $\sum_{r=1}^{\infty} r^{-\frac{1}{2}}$ diverges the continued fraction (181) converges for z not lying on the positive real axis.

The convergence of expansion (181) for z not lying on
the positive real axis may also be deduced from the divergence
of the series $\sum_{s=1}^{\infty} (s!)^{-\frac{1}{2s}}$.

P. Wynn

§9. The Moment Problem

In this lecture it was our aim to discuss the convergence behaviour of certain continued fractions and to show how some asymptotic series may be transformed into convergent continued fractions: and by and large our objectives have been achieved. However we have made frequent reference to Stieltjes transforms and asymptotic series and it is perhaps fitting to conclude with a few further remarks concerning these matters.

It will of course be realised that an asymptotic relation such as

$$(182) \qquad \lim_{|z| \to \infty} z^{n+1} \left\{ F_m(z) - \sum_{s=0}^{n} c_{m+s} z^{-s-1} \right\} = 0 \quad (n=0,1,\ldots)$$

$$(183) \qquad \varepsilon \leqslant \arg(z) \leqslant \pi - \varepsilon, \quad 0 < \varepsilon < \frac{\pi}{2}$$

does not define a single function : it defines in general a class of functions. For example the relationships

$$(184) \qquad \lim_{|z| \to \infty} \left\{ F_m(z) - \sum_{s=0}^{n} s! z^{-s-1} \right\} = 0$$

with z in the sector (183) are not only satisfied by the function

$$(185) \qquad F_m(z) = \int_0^\infty \frac{e^{-t} dt}{z-t}$$

but by any function of the form

$$(186) \qquad \int_0^\infty \frac{e^{-t} dt}{z-t} + A e^{iz}$$

where A is real : further functions more general than (186)

can be constructed.

The further condition

(187) $\left[F_m(z) \text{ analytic, } \text{Im}\{F_m(z)\} < 0 \right]$ for $\text{Im}(z) > 0$

annihilates all terms such as Ae^{iz} in (186), i.e. in general the additional condition (187) specifies a subclass of functions satisfying the asymptotic condition (184). But it may well occur that there exists more than one member of this subclass.

Let us now turn to the Stieltjes-transform

(188) $\qquad F_m(z) = \int_{-\infty}^{+\infty} \frac{d\psi_m(t)}{z-t}$

If $F_m(z)$ satisfies conditions (182) and (187) then, as we know, $\psi_m(t)$ is a bounded non-decreasing function for $-\infty \leqslant t \leqslant \infty$. Moreover, from the theory of the Stieltjes inversion theorem, the function $\psi_m(t)$ (apart from an arbitrary additive constant) is determined, and determined uniquely, by the function $F_m(z)$. If there are many functions $F_m(z)$ satisfying conditions (182) and (187) then there are correspondingly many functions $\psi_m(t)$ to be inserted in equation (188).

Now we consider the so-called Hamburger moment problem: that of determining a bounded non-decreasing function $\psi_m(t)$ which satisfies

(189) $\qquad \int_{-\infty}^{+\infty} t^s \, d\psi_m(t) = c_{m+s} \qquad\qquad (s=0,1,\dots)$

where the weights c_{m+s} (s=0,1,...) are prescribed. From the preceding remarks we know that if the function $F_m(z)$ satisfies conditions (182) and (187), then a solution to (189) can be found: if many functions satisfy conditions (182) and (187), then many solutions to (189) can be found.

The details of the matter do not greatly concern us here, but it can be said that a bounded non-decreasing solution to the moment problem (189) can be found if and only if the continued fraction associated with the series $\sum_{s=0}^{\infty} c_{m+s} z^{-s-1}$ is a Grommer fraction: if only one such solution exists then the Grommer-fraction converges for non-real z. A similar result can be formulated concerning the Stieltjes moment problem

$$(190) \qquad \int_0^\infty t^s d\psi_m(t) = c_{m+s} \qquad (s=0,1,...)$$

and the corresponding continued fraction.

It is this connection with the moment problem that has motivated much of the research into the theory of continued fractions. For example Tschebyscheff posed the question as to whether any other function f(t) besides e^{-t^2} satisfies the relationships

$$(191) \qquad \int_{-\infty}^{+\infty} t^s e^{-t^2} dt = \int_{-\infty}^{+\infty} t^s f(t)dt. \quad (s=0,1,...)$$

Work in this direction was continued by Markoff, Stieltjes, Hamburger, Nevanlinna, and many others. A detailed account of this work is to be found in reference [1].

P. Wynn

References

1. Shohat J.A. and Tamarkin J.D., The Problem of Moments, A.M.S. Mathematical Surveys, Amer.Math.Soc.,New York, 1943

2. Perron O., Die Lehre von den Kettenbrüchen,vol 2, Teubner, Stuttgart, 1957

3. Grommer, J., Ganze transzendente Funktionen mit lauter reellen Nulstellen, Jour.für die reine und angew.Math., vol 144

4. Carleman T., Les fonctions quasi-analytiques, Gauthier Villars, Paris 1926

5. Wall H., Analytic Theory of Continued Fractions, van Nostrand, New York, 1948

6. Erdélyi A., Asymptotic Expansions, Dover, 1956

CENTRO INTERNAZIONALE MATEMATICO ESTIVO

(C.I.M.E.)

WALTER GAUTSCHI

STRENGTH AND WEAKNESS OF THREE-TERM RECURRENCE RELATIONS

STRENGTH AND WEAKNESS OF THREE-TERM RECURRENCE RELATIONS[1]

by

Walter Gautschi

Introduction

The expression " three-term recurrence relation," as used
here, is meant to be synonymous with "socond-order linear difference equation." We are thus considering relations of the
form

$$(0.1) \qquad y_{n+1} + a_n y_n + b_n y_{n-1} = 0.$$

We assume that a_n and b_n are given real or complex-valued
functions, defined on the set of positive integers, and regard
y_n as the unknown function, with its domain being the set of
non-negative integers. Relation (0.1) is required, then, to
hold for n = 1,2,3,... .[1']

With the difference equation (0.1) we may associate various problems, depending on the way a particular solution is
specified. By far the most common problem is the "initial-va-
lues y_0, y_1 are prescribed and subsequent values to be found.
On a first sight, the problem appears to be computationally
trivial, as we only have to solve (0.1) for the first term,

---

[1] Preliminary accounts of this work were presented at the In-
ternational Federation of Information Processing(IFIP) Congress
1962 in Munich ([12]) and at the University of Michigan
Engineering Summer Conferences, 1963, in Ann Arbor ([13])

[1'] Occasionally, it is more convenient to consider the set of
integers n=-1,0,1,2,... as the domain of y_n, and to require
(0.1) to hold for all non-negative integers. In the following we shall switch freely from one convention to the
other, as the situation may require.

W. Gautschi

y_{n+1}, and apply the resulting equation successively with
$n=1,2,3,\ldots$. Quite often however, the accumulation of rounding
errors is so severe that this straightforward method of using
the recurrence relation must be discarded.

To illustrate, consider the problem of generating Bessel
functions of the first kind , $J_n(x)$, for fixed x, and $n=0,1,2,\ldots$
As is well known, these functions (of n) obey the three-term
recurrence relation

(0.2)
$$y_{n+1} - \frac{2u}{x}y_n + y_{n-1} = 0 .$$

From tables of Bessel functions we find, e.g., that for $x=1$,
$J_0(1)= .7651976866$, $J_1(1) = .4400505857$, accurately to 10
significant digits. Generating the next 99 values of $J_n(1)$ on
a digital computer[2] by straightforward recursion, we were
printed out the results shown in the schedule below. (The
numbers in parentheses denote powers of 10 by which the preceding numbers have to be multiplied.)

---

2)

  Computation was performed on the CDC 3600 computer in
  floating point arithmetic, which permits accuracy of about
  12 decimal digits.

W. Gautschi

n	"$J_n(1)$"	n	"$J_n(1)$"
0	7.651976866(-1)	9	-4.645246881(-4)
1	4.400505857(-1)	10	-8.332374506(-3)
2	1.149034848(-1)	11	-1.661829654(-1)
3	1.956335358(-2)	12	-3.647692865(0)
4	2.476636684(-3)	13	-8.737844579(1)
5	2.497398891(-4)	. . . .	
6	2.076220699(-5)	20	-2.818590869(12)
7	-5.934052751(-7)	. . . .	
8	-2.906988084(-5)	100	-2.586550446(175)

Observe that the computed values of J_n initially decrease with n, but suddenly, near n = 7, start off on swift course to infinity. Confronting this with the known fact that $J_n(x) \sim (x/2)^n/n!$ as $n \to \infty$, one realizes the seriousness of the problem at hand!

The "error explosion" just demonstrated is not difficult to explain. We must recall that every linear second-order difference equation possesses two linearly independent solutions. In the example considered, one solution is $J_n(x)$, another is $Y_n(x)$, the Bessel function of the second kind. The behavior of this second solution, for large n, is totally different from that of the first, since $Y_n(x) \sim -2n!/(x/2)^n$ as $n \to \infty$. Suppose, then, that we start the recursion in (0.2) with slightly perturbed initial values

$$y_0 = (1 + \varepsilon_0)J_0 \ , \quad y_1 = (1 + \varepsilon_1)J_1 \quad (\varepsilon_0, \varepsilon_1 \text{ small}).$$

as in fact we did above, when we had to round the initial
values to 10 digits. Suppose further that the generation of
subsequent values is done with infinite precision. Then, as
one easily verifies, we shall have

$$(0.3) \qquad \frac{y_n - J_n}{J_n} = e_0 + e_1 \frac{Y_n}{J_n} \qquad (n = 0,1,2,\ldots) ,$$

where e_0, e_1 are certain linear combinations of ε_0, ε_1, and
thus of the same order of magnitude as the ε's. Moreover, e_1
will generally be different from zero. Even though e_0 and e_1
may be very small, relation (0.3) shows that the relative error
of y_n as an approximation to J_n tends to infinity with n, and
very rapidly so, as $Y_n/J_n \sim - 2(n!)^2/(x/2)^{2n}$. Hence the enormous
growth of errors.

Let us extract the essential points from this example.
We set out to generate a solution f_n of the difference equation
(0.1), admitting (wittingly, or unwittingly) that there exists
another solution g_n for which $\lim_{n \to \infty} f_n/g_n = 0$. Now every
solution f_n, with this property, has the further property that

$$(0.4) \qquad \lim_{n \to \infty} \frac{f_n}{y_n} = 0$$

for any other (i.e., linearly independent) solution y_n of (0.1).
Indeed, since f_n and g_n are obviously two independent solutions,
we have $y_n = af_n + bg_n$ for some constants a, b, and $b \neq 0$.

W. Gautschi

Therefore

$$\frac{f_n}{y_n} = \frac{f_n}{af_n + bg_n} = \frac{f_n/g_n}{b + a(f_n/g_n)} \to 0 \, (n \to \infty) \; .$$

A solution f_n which has the property (0.4) is called a <u>distin</u>
<u>guished solution</u>, a concept which appears to have been first
introduced by Pincherle in connection with his generalization
([31])[3].

We remark that the concept of distinguished solution
(and the ensuing numerical problems) applies equally well to
higher order difference equations, and linear differential
equations. It should be noted also that a difference equation
may, or may not have a distinguished solution. If it has one,
it is determined up to a constant factor, as follows directly
from the definition. This implies, in particular, that only
<u>one</u> condition is required to specify the distinguished solu-
tion uniquely.

We are now in a position to formulate the main topic of
this paper. We shall assume that (0.1) possesses a distinguished solution f_n satisfying $f_n \neq 0$ for all n.[4] We wish to
describe a stable numerical scheme, by means of which we can
calculate f_n for $n = 0,1,2,\ldots,N$, where N is a preassigned
(usually large) integer. To specify f_n uniquely, we could impose

---

3) Numbers in brackets refer to the bibliography at the end of
the paper.

4) The assumption of f_n to be nonvanishing is no serious restriction from the practical point of view. See sec. 12,
where this is further discussed.

W. Gautschi

the condition that f_0 be given . We deliberately choose a more general condition, namely, the condition that

$$(0.5) \qquad \sum_{m=0}^{\infty} \lambda_m f_m = s ,$$

where λ_m and s are given numbers, with $\lambda_0 = 1$, $s \neq 0$, and the series is known to converge. This includes the preassignment of f_0 as a special case. As will be shown in applications, the consideration of conditions such as (0.5) will be handsomely rewarded.

In principle, we could arrive at a stable procedure by reformulating our problem as a boundary value problem,[5] namely, to find the solution of (0.1) which satisfies

$$(0.6) \qquad y_0 = f_0 , \quad y_N = f_N.$$

Clearly, this amounts to solving the linear system of equations

$$
\begin{pmatrix}
a_1 & 1 & & & & \\
b_2 & a_2 & 1 & & \mathbf{0} & \\
 & b_3 & a_3 & 1 & & \\
 & & & \cdot & & \\
 & \mathbf{0} & & & \cdot & \\
 & & & & \cdot & \\
 & & & b_{N-1} & a_{N-1}
\end{pmatrix}
\begin{pmatrix}
y_1 \\ y_2 \\ y_3 \\ \circ \\ \cdot \\ \cdot \\ y_{N-1}
\end{pmatrix}
=
\begin{pmatrix}
-b_1 f_0 \\ 0 \\ 0 \\ \cdot \\ \cdot \\ \cdot \\ -f_N
\end{pmatrix}
$$

---

[5] The author is indebted to Dr. M.E. Rose for pointing this out.

W. Gautschi

the matrix of which is tridiagonal. Hence any of the standard methods, such as triangular factorization, may be employed. We indeed applied this method, with excellent results, to obtain Bessel functions of orders up to 50. Unfortunately, the procedure requires that two values, f_0 and f_N, of the desired solution be known in advance. Either one, but the second in particular, may be difficult to obtain in practice. The methods to be described, in contrast, quite often do not require the knowledge of <u>any</u> value of f_n at all, or at most the knowledge of one such value.

Our procedure is essentially based on a result due to Pincherle, which expresses ratios of the distinguished solution in terms of continued fractions. From these ratios, and the relation (0.5), we may recover the solution itself by a simple recursive algorithm. The procedure is mathematically equivalent to the backward recurrence algorithm of J.C.P. Miller. While this algorithm is widely regarded as no more than a special "trick," our presentation will reveal that it has its roots in rather elegant (but largely forgotten) results of classical analysis.

We wish to emphasize that the numerical stability of our algorithms will not be proved in this paper. Our belief that these methods are stable is partly based on intuitive arguments, but mostly on extensive numerical experience. The rigorous analysis of error propagation we consider to be one of the challenging research problems in this area. A significant step in this direction was done by Olver, who recently analyzed the error accumulation in Miller's algorithm ([26]). The writer feels that there is room for further valuable contributions.

Another area of study, which is wide open, is the problem
of extending these algorithms to higher order difference equations, and systems of difference equations. As far as the author
is aware, no simple and efficient algorithm is known, e.g.,
which would produce the distinguished solution of a third-order
linear difference equation, let alone that of a difference equation of arbitrary order.

1. Three-term recursion and continued fractions

1. It is well known that the concepts of three-term
recursion, and continued fraction, are closely related. To every continued fraction we may in fact associate a three-term
recurrence relation, namely the fundamental recurrence formula
for the numerators and denominators. Vice versa, every three-
term recurrence relation may be interpreted as the fundamental
recurrence formula for some continued fraction. The first point
of view is useful for computing continued fractions, the
second for computing the distinguished solution . We begin by
considering several methods of calculating a continued fraction.

2. Suppose we are given the continued fraction

$$(1.1) \qquad \frac{a_1}{b_1+} \frac{a_2}{b_2+} \frac{a_3}{b_3+} \cdots .$$

Denote its nth numerator and n^{th} denominator by A_n and B_n,
respectively, so that

$$(1.2) \qquad \frac{a_1}{b_1+} \frac{a_2}{b_2+} \cdots \frac{a_n}{b_n} = \frac{A_n}{B_n} .$$

W. Gautschi

The value of the continued fraction (1.1), if it exists, is de-
fined as the limit $\lim_{n \to \infty} A_n/B_n$. The quantities A_n, B_n satisfy
the fundamental recurrence formulas (see, e.g., [40], p. 15)

(1.3)
$$A_{n+1} = b_{n+1}A_n + a_{n+1}A_{n-1}$$
$$(n=0,1,2,\ldots)$$
$$B_{n+1} = b_{n+1}B_n + a_{n+1}B_{n-1}$$

where

(1.4)
$$A_{-1} = 1, A_0 = 0; \quad B_{-1} = 0, B_0 = 1 .$$

This shows that A_n and B_n constitute a pair of linearly
independent solutions of the three-term recurrence relation

(1.5)
$$y_{n+1} - b_{n+1}y_n - a_{n+1}y_{n-1} = 0 \qquad (n=0,1,2,\ldots)$$

A first method of computation flows directly from these
fundamental recurrence relations. Thus, one generates the A's
and B's recursively, by means of (1.3) and (1.4), and concur-
rently the ratios A_n/B_n, until the latter settle within the
required tolerance. As A_n and B_n are likely to grow rapidly
with n, some care must be exercised if this method is used on
a digital computer. Initial scaling, and possibly repeated subsequent scaling, may be necessary to avoid overflow.

A second method, which avoids the necessity of scaling,
consists in evaluating the finite continued fraction in (1.2)
"from tail to head." Thus, formally, we set

$$(1.6) \qquad f_k^{(n)} = \frac{a_k}{b_k} + \frac{a_{k+1}}{b_{k+1}} + \cdots \frac{a_n}{b_n} \qquad (1 \leq k \leq n),$$

and generate these quantities recursively by

$$(1.7) \qquad f_k^{(n)} = \frac{a_k}{b_k + f_{k+1}^{(n)}} \qquad (k=n, n-1, \ldots, 1),$$

using as initial value

$$(1.8) \qquad f_{n+1}^{(n)} = 0 .$$

Then, $f_1^{(n)} = A_n/B_n$. To obtain the value of the continued fraction, the backward recursion (1.7) will have to be carried out repeatedly, with increasing values of n, until successive values of $f_1^{(n)}$ agree within the accuracy desired. While certainly an incovenience, the repetitive nature of this process nevertheless provides some self-checking features not possessed by the previous method.

A third method, finally, exploits the connection between continued fractions and infinite series, expressed by the relation

$$\frac{A_n}{B_n} = \sum_{k=1}^{n} \rho_1 \rho_2 \cdots \rho_k ,$$

where

$$1 + \rho_{k+1} = \frac{1}{1 + (a_{k+1}/b_k b_{k+1})(1 + \rho_k)} \qquad (k=2, 3, \ldots, n-1),$$

W. Gautschi

$$\rho_1 = a_1/b_1 \quad , \quad 1 + \rho_2 = \frac{1}{1+(a_2/b_1 b_2)} \quad .$$

(This result may be obtained from Theorem 2.1 and formula
(2.6) in [40] , by an appropriate equivalence transformation.
See also [39] ; the formula defining ρ_k in this reference
contains a typographical error.) Clearly, these relations can
be modelled into a recursive algorithm to generate successive
approximants of a continued fraction . Let, indeed,

$$u_1 = 1, \quad u_k = 1 + \rho_k \qquad (k \geq 2),$$

$$v_k = \rho_1 \rho_2 \cdots \rho_k \qquad (k \geq 1),$$

$$w_k = \sum_{i=1}^{k} v_i \qquad (k \geq 1),$$

so that $w_k = A_k/B_k$. Then

$$
\left.
\begin{aligned}
u_{k+1} &= \frac{1}{1 + \dfrac{a_{k+1}}{1 + b_k b_{k+1}} u_k} \\[1em]
v_{k+1} &= v_k(u_{k+1} - 1) \\[1em]
w_{k+1} &= w_k + v_{k+1}
\end{aligned}
\right\} \qquad k = 1,2,3,\ldots,
$$

(1.9)

the initial values being

(1.10) $\qquad u_1 = 1, \quad v_1 = w_1 = \dfrac{a_1}{b_1} \quad .$

None of the disadvantages noted in the previous two methods
are present here.

3. We have seen that the continued fraction (1.1) leads
naturally to the three-term recursion (1.5). Suppose now,
conversely, that we are given a three-term recurrence relation

(1.11) $\qquad y_{n+1} + a_{n+1} y_n + b_{n+1} y_{n-1} = 0 \qquad (n=0,1,2,\ldots).$

Define A_n, B_n to be the special solutions of (1.11) with
initial values

(1.12) $\qquad A_{-1} = 1, \quad A_0 = 0; \qquad B_{-1} = 0, \quad B_0 = 1.$

Then, evidently, the A_n and B_n are the numerators and
denominators, respectively, of the continued fraction

(1.13) $\qquad \dfrac{-b_1}{-a_1-} \quad \dfrac{b_2}{-a_2-} \quad \dfrac{b_3}{-a_3-} \quad \cdots,$

which is equivalent to the continued fraction

(1.14) $\qquad \dfrac{b_1}{a_1-} \quad \dfrac{b_2}{a_2-} \quad \dfrac{b_3}{a_3-} \quad \cdots \quad .$

We may formally arrive at this continued fraction also
in the following way. Let us introduce the ratios

$$r_n = \frac{y_{n+1}}{y_n} \qquad (n=-1,0,1,2,\ldots)$$

W. Gautschi

Dividing (1.11) by y_n then gives

$$r_n + a_{n+1} + \frac{b_{n+1}}{r_{n-1}} = 0 \; ,$$

from which

$$r_{n-1} = \frac{-b_{n+1}}{a_{n+1} + r_n} \quad .$$

Applying this formula repeatedly, with n successively increasing, we get

$$(1.15) \qquad r_{n-1} = \frac{y_n}{y_{n-1}} = \frac{-b_{n+1}}{a_{n+1}-} \; \frac{b_{n+2}}{a_{n+2}-} \; \frac{b_{n+3}}{a_{n+3}-} \cdots \qquad \qquad .$$

In particular, when $n = 0$,

$$\frac{y_0}{y_{-1}} = \frac{-b_1}{a_1-} \; \frac{b_2}{a_2-} \; \frac{b_3}{a_3-} \cdots \qquad \qquad .$$

This derivation indicates that the continued fraction (1.14), and similarly the continued fraction in (1.15), are related to ratios of consecutive values for some solution y_n. The argument, however, neither insures us of the convergence of these continued fractions, nor does it tell us for what particular solution the ratios are to be formed. These matters are clarified by the following

W. Gautschi

Theorem 1.1 (Pincherle [32]). The continued fraction
(1.14) converges if and only if the recurrence relation
(1.11) possesses a distinguished solution f_n, with $f_{-1} \neq 0$.
In case of convergence, moreover, one has

$$(1.16) \qquad \frac{f_n}{f_{n-1}} = \frac{-b_{n+1}}{a_{n+1}} - \frac{b_{n+3}}{a_{n+2}} - \cdots \qquad (n=0,1,2,\ldots) ,$$

provided $f_n \neq 0$ for $n = -1,0,1,2,\ldots$.

Proof. (a) Assume the continued fraction in (1.14)
converges. Then so does the equivalent continued fraction
(1.13). Therefore

$$\lim_{n \to \infty} \frac{A_n}{B_n} = c$$

where A_n, B_n are the solutions of (1.11) defined by the
initial values (1.12), and c is some constant. Let

$$(1.17) \qquad f_n = A_n - cB_n .$$

Take any other solution of (1.11), say $y_n = aA_n + bB_n$. Then
$ac + b \neq 0$, and

$$\lim_{n \to \infty} \frac{f_n}{y_n} = \lim_{n \to \infty} \frac{A_n - cB_n}{aA_n + bB_n} = \lim_{n \to \infty} \frac{(A_n/B_n) - c}{a(A_n/B_n) + b} = 0$$

This shows that the solution f_n defined in (1.17) is a
distinguished solution of (1.11). Moreover, $f_{-1} = A_{n-1} \neq 0$.

W. Gautschi

(b)   Assume now that (1.11) possesses a distinguished solution, f_n, say, for which $f_{-1} \neq 0$. Then this solution must be representable in the form

$$f_n = f_{-1} A_n + f_0 B_n \qquad (n \geq -1) \ .$$

We note that B_n is not a constant multiple of f_n, since $f_{-1} \neq 0$. Therefore, f_n being a distinguished solution,

$$\lim_{n \to \infty} \frac{f_n}{B_n} = f_{-1} \lim_{n \to \infty} \frac{A_n}{B_n} + f_0 = 0 \ ,$$

and so

$$\lim_{n \to \infty} \frac{A_n}{B_n} = - \frac{f_0}{f_{-1}} \ .$$

This establishes convergence of the continued fraction (1.13), and thus of that in (1.14), and also proves (1.16) for n=0.

To prove (1.16) for general n, we need only observe that $z_m = f_{n+m}$, considered as a function of m, is a distinguished solution of

$$z_{m+1} + a_{n+m+1} z_m + b_{n+m+1} z_{m-1} = 0 \qquad (m=0,1,2,\dots) .$$

Since by assumption, $z_{-1} = f_{n-1} \neq 0$, the portion of Theorem 1.1 already proved yields

$$\frac{z_0}{z_{-1}} = \frac{f_n}{f_{n-1}} = \frac{-b_{n+1}}{a_{n+1}-} \frac{b_{n+2}}{a_{n+2}-} \frac{b_{n+3}}{a_{n+3}} \cdots$$

as asserted.

W. Gautschi

2. <u>Some results from the asymptotic theory of linear</u>
   <u>second order difference equations.</u>

4. In applications of Theorem 1.1, it is in general
easier to recognize a given solution of a three-term recurrence relation as a distinguished solution, than to establish
convergence of the corresponding continued fraction. One is
aided, in this, by classical results from the asymptotic theory of difference equations, notably by a famous theorem of
Poincaré, and by refinements and extensions thereof, due to
Perron and Kreuser. For convenience of the reader, we are
recording here some of these theorems for the special case of
a second-order difference equation

(2.1) $$y_{n+1} + a_n y_n + b_n y_{n-1} = 0 \qquad (n=1,2,3,\ldots)$$

In slight contrast to the usage in §1, the domain of the
function y_n is here considered to be the set of all non-negative integers $n=0,1,2,\ldots$. We shall assume, moreover, that

(2.2) $$b_n \neq 0 \qquad (n=1,2,3,\ldots).$$

5. We begin with the case where the coefficients a_n
and b_n in (2.1) have finite limits, as $n \to \infty$,

(2.3) $$a_n \to a, \qquad b_n \to b \qquad (n \to \infty).$$

W. Gautschi

One then calls (2.1) a <u>Poincaré difference equation</u>,and calls

(2.4) $$\Phi(t) = t^2 + at + b$$

the <u>characteristic polynomial</u> of (2.1). As may be expected,
the solutions of (2.1) behave similarly, for large n, to the
solutions of the difference equation (2.1) with <u>constant</u>
coefficients $a_n = a$, $b_n = b$. This is borne out by the following
two theorems.

  Theorem 2.1 (Poincaré ([33]) . <u>If the characteristic</u>
<u>polynomial</u> (2.4) <u>of</u> (2.1) <u>has two zeros</u> t_1, t_2 <u>of distinct</u>
<u>moduli</u>,

(2.5) $$|t_1| > |t_2| \quad ,$$

<u>then for every nontrivial solution</u> y_n <u>of</u> (2.1) <u>we have</u>

(2.6) $$\lim_{n\to\infty} \frac{y_{n+1}}{y_n} = t_r \qquad (r=1, \text{ or } r=2).$$

  Theorem 2.2.(Perron [29]) . <u>Under the assumption</u>
<u>of Theorem 2.1 there exist two linearly independent solutions</u>
$y_{n,1}$ <u>and of</u> (2.1) <u>such that</u>

(2.7) $$\lim_{n\to\infty} \frac{y_{n+1,r}}{y_{n,r}} = t_r \qquad (r=1,2).$$

  Proofs of these theorems are quite delicate. We refer
to [16] , [24] , [25] for Theorem 2.1, and to [9] for an
elegant proof of Theorem 2.2. (This proof is also reproduced

in [23] .)

We note that the conclusion of Theorem 2.2 implies that

$$f_n = y_{n,2}$$

is a distinguished solution of (2.1). To see this, choose τ_1 and τ_2 such that

$$|t_2| < \tau_2 < \tau_1 < |t_1| \quad ,$$

which under the assumption (2.5) is certainly possible. By (2.7) we then have, for n sufficiently large,

$$\left| \frac{y_{n+1,1}}{y_{n,1}} \right| \geq \tau_1 \quad , \quad \left| \frac{y_{n+1,2}}{y_{n,2}} \right| \leq \tau_2 \quad (n \geqslant n_0) .$$

Hence $\quad \left| y_{n,1} \right| \geq \tau_1^{n-n_0} \left| y_{n_0,1} \right| \quad , \quad \left| y_{n,2} \right| \leq \tau_2^{n-n_0} \left| y_{n_0,2} \right| \quad ,$

and

$$\left| \frac{y_{n,2}}{y_{n,1}} \right| \leq \left(\frac{\tau_2}{\tau_1} \right)^{n-n_0} \left| \frac{y_{n_0,2}}{y_{n_0,1}} \right| \qquad (n \geqslant n_0).$$

This shows that

$$\lim_{n \to \infty} \frac{y_{n,2}}{y_{n,1}} = 0 .$$

Now, every solution y_n of (2.1), other than $y_{n,2}$, has the form

W. Gautschi

$$y_n = c_1 y_{n,1} + c_2 y_{n,2} \quad , \quad c_1 \neq 0.$$

From this, and the limit relation just established, we get as asserted,

$$\frac{y_{n,2}}{y_n} = \frac{y_{n,2}/y_{n,1}}{c_1 + c_2(y_{n,2}/y_{n,1})} \to 0 \quad (n \to \infty).$$

We also note that in (2.6) one has r=2 for the distinguished solution, and r=1 for any other solution.

6. We shall require a generalization of Theorem 2.2 relating to a difference equation (2.1) whose coefficients satisfy

(2.8) $\qquad a_n \backsim an^{\alpha} \quad , \quad b_n \sim bn^{\beta} \qquad (ab \neq 0, \alpha, \beta \text{ real}; n \to \infty).$

The asymptotic structure of the general solution now depends on the **Newton-Puiseux** diagram formed with the points $P_0(0,0)$, $P_1(1,\alpha)$, $P_2(2,\beta)$. This is the broken line $\overline{P_0 P_1 P_2}$, if P_1 is above or on the straight line joining P_0 with P_2; otherwise it is the line segment $\overline{P_0 P_2}$. We denote by σ the slope of $\overline{P_0 P_1}$, and by τ the slope of $\overline{P_1 P_2}$ (Fig. 1), so that $\sigma = \alpha$, $\tau = \beta - \alpha$.

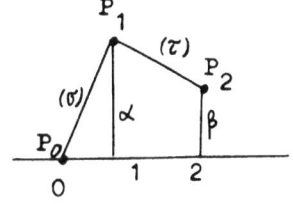

Fig. 1   Newton-Puiseux diagram fo difference equation(2.1),(2.8)

Theorem 2.3. (Perron [30] , Kreuser [22]). (a) If the
point P_1 is above the line segment $\overline{P_0 P_2}$ (i.e., $\sigma > \tau$), the
difference equation (2.1) has two linearly independent
solutions, $y_{n,1}$ and $y_{n,2}$, for which

$$(2.9) \qquad \frac{y_{n+1,1}}{y_{n,1}} \sim - an^\sigma \quad , \quad \frac{y_{n+1,2}}{y_{n,2}} \sim - \frac{b}{a} n^\tau \qquad (n \to \infty) \ .$$

(b) If the points P_0, P_1, P_2 are collinear (i.e., $\sigma = \tau = \alpha$),
let t_1, t_2 be the roots of $t^2 + at + b = 0$, and $|t_1| \geq |t_2|$.
Then (2.1) has two linearly independent solutions, $y_{n,1}$ and
$y_{n,2}$, such that

$$(2.10) \qquad \frac{y_{n+1,1}}{y_{n,1}} \sim t_1 n^\alpha \quad , \quad \frac{y_{n+1,2}}{y_{n,2}} \sim t_2 n^\alpha \qquad (n \to \infty) \ ,$$

provided $|t_1| > |t_2|$. If $|t_1| = |t_2|$ (in particular, if t_1, t_2
are complex conjugates) then

$$(2.11) \qquad \limsup_{n \to \infty} \left[\frac{|y_n|}{(n!)^\alpha} \right]^{1/n} = |t_1|$$

for all solutions of (2.1).

(c) If the point P_1 lies below the line segment $\overline{P_0 P_2}$
then

$$(2.12) \qquad \limsup_{n \to \infty} \left[\frac{|y_n|}{(n!)^{\beta/2}} \right]^{1/n} = \sqrt{|b|}$$

for all solutions of (2.1) .

W. Gautschi

An argument similar to the one at the end of Sec. 5 will show that in both case (a), and the first part of case (b), the solution $f_n = y_{n,2}$ is a distinguished solution of (2.1). Furthermore , in the first part of case (b),

$$(2.13) \qquad \lim_{n \to \infty} \frac{y_{n+1}}{n^\alpha y_n} = t_r \qquad (r=1, \text{ or } r=2),$$

where r=2 for the distinguished solution , and r=1 for any other solution.

Unfortunately, the second part of (b), and part (c) of this theorem are somewhat inconclusive for our purpose, as they do not permit distinguishing two solutions with distinct asymptotic properties. It would be very desirable to have theorems   with   more   resolving power in these cases. In this connection, the example given later in §9   is of interest.

W. Gautschi

3. First algorithm for computing the distinguished solution.

7. Let us write the recurrence relation, as in § 2, in the form

$$(3.1) \qquad y_{n+1} + a_n y_n + b_n y_{n-1} = 0 \qquad\qquad (n=1,2,3,\ldots) \ .$$

We assume that (3.1) has a nonvanishing distinguished solution, f_n. We wish to calculate f_n for $n=0,1,2,\ldots,N$. In order to specify f_n uniquely, we can impose __one__ condition, for example prescribe the value of f_0. Fo later applications, we consider the more general condition

$$(3.2) \qquad \sum_{m=0}^{\infty} \lambda_m f_m = s \qquad\qquad (\lambda_0 \neq 0,\ s \neq 0),$$

where s, and λ_0, $\lambda_1,\ldots$, are given quantities, and the series is known to converge. We do not exclude that $\lambda_m = 0$ for all $m > 0$, in which case (3.2) amounts to prescribing f_0. We shall assume that (3.2) is so normalized that

$$(3.3) \qquad\qquad \lambda_0 = 1 \ .$$

In a sense, (3.2) represents the most general linear condition that may be imposed. Conceivably , more general non-linear conditions could be used in place of (3.2), but we do not investigate this possibility here.

8. The algorithms to be described for computing f_n are based on Theorem 1.1, especially formula (1.16), which in our current notation assumes the form

W. Gautschi

$$(3.4) \qquad r_{n-1} = \frac{f_n}{f_{n-1}} = \frac{-b_n}{a_n-} \frac{b_{n+1}}{a_{n+1}-} \frac{b_{n+2}}{a_{n+2}-} \cdots \qquad (n=1,2,3,\ldots).$$

Let us define

$$(3.5) \qquad r_{n-1}^{(\nu)} = \frac{-b_n}{a_n-} \frac{b_{n+1}}{a_{n+1}-} \cdots \frac{b_\nu}{a_\nu} \qquad (1 \le n \le \nu), \quad r_\nu^{(\nu)} = 0.$$

Then, as in (1.6)–(1.8), we have

$$(3.6) \qquad r_{n-1}^{(\nu)} = \frac{-b_n}{a_n + r_n^{(\nu)}} \qquad (n=\nu, \nu-1, \ldots, 1).$$

Moreover, since the continued fraction in (3.4) converges, we know that

$$(3.7) \qquad \lim_{n \to \infty} r_{n-1}^{(\nu)} = \frac{f_n}{f_{n-1}} \qquad (n=1,2,3,\ldots).$$

We are thus able to calculate consecutive ratios of the desired solution as accurately as we please. From these ratios, and with the help of our relation (3.2), it remains to recover the solution itself.

This can be accomplished, somewhat heuristically, as follows. Define

$$(3.8) \qquad s_n^{(\nu)} = \sum_{m=n+1}^{\nu} \lambda_m r_n^{(\nu)} r_{n+1}^{(\nu)} \cdots r_{m-1}^{(\nu)} \qquad (0 \le n < \nu), \quad s_\nu^{(\nu)} = 0.$$

Clearly,

$$s_{n+1}^{(\nu)} = r_{n-1}^{(\nu)} (\lambda_n + s_n^{(\nu)}) \qquad (n=\nu, \nu-1, \ldots, 1),$$

which permits us to obtain $s_0^{(\nu)}$ recursively. We now observe from (3.7) and (3.8), that for large ν approximately

$$(3.9) \qquad s_0^{(\nu)} \doteq \sum_{m=1}^{\infty} \lambda_m \frac{f_m}{f_0} \bullet \frac{s}{f_0} - 1 \ , \ f_0 \doteq \frac{s}{1 + s_0^{(\nu)}} \ .$$

Hence we define

$$f_0^{(\nu)} = \frac{s}{1 + s_0^{(\nu)}} \ ,$$

and set $f_{n+1}^{(\nu)} = r_n^{(\nu)} f_n^{(\nu)}$, as suggested by (3.7). We so arrive at the following subalgorithm,

$$(3.10) \qquad \left\{ \begin{array}{l} r_\nu^{(\nu)} = 0 \ , \quad r_{n-1}^{(\nu)} = \dfrac{-b_n}{a_n + r_n^{(\nu)}} \\[3mm] s_\nu^{(\nu)} = 0 \ , \quad s_{n-1}^{(\nu)} = r_{n-1}^{(\nu)} (\lambda_n + s_n^{(\nu)}) \\[3mm] f_0^{(\nu)} = \dfrac{s}{1 + s_0^{(\nu)}} \ , \quad f_{n+1}^{(\nu)} = r_n^{(\nu)} f_n^{(\nu)} \end{array} \right. \begin{array}{l} n = \nu, \nu-1, \ldots, 1, \\[8mm] \\ (n=0,1,\ldots,N-1). \end{array}$$

The complete algorithm for computing the distinguished solution may now be defined as follows:

Step 1 : Select an integer $\nu > N$, and let $\phi_n^{(\nu)} = 0$ $(n=0,1,\ldots,N)$.

Step 2 : Calculate $f_n^{(\nu)}$ $(n=0,1,\ldots,N)$ according to the formulas in (3.10).

Step 3 : If the N+1 values of $f_n^{(\nu)}$ obtained in Step 2 do not agree with the current values of $\phi_n^{(\nu)}$ to within the the desired accuracy, then redefine $\phi_n^{(\nu)}$ by $\phi_n^{(\nu)}$.

W. Gautschi

$= f_n^{(\nu)}$ $(n=0,1,\ldots,N)$, increase ν by some fixed integer, say 5, and repeat Step 2; otherwise accept $f_n^{(\nu)}$ as the final approximations to $f_n(n=0,\ldots,N)$.

We note that in the special case $\lambda_1 = \lambda_2 =\ldots=0$, all $s_n^{(\nu)}$ vanish, so that the recursion for $s_{n-1}^{(\nu)}$ in (3.10) may be omitted. Moreover, $s= f_0$, and therefore $f_0^{(\nu)} = f_0$. In this case, the value of f_0 must be known before the algorithm (3.10) can be applied. The use of an infinite series (3.2), instead, has the remarkable advantage of not requiring any value of f_n to be known in advance.

9.   We may give (3.10) a somewhat different interpretation as follows. Consider the solution $\eta_n^{(\nu)}$ of the difference equation (3.1), defined by "initial" values

(3.11) $\eta_\nu^{(\nu)} = 1$, $\eta_{\nu+1}^{(\nu)} = 0$

at $n=\nu$ and $n= \nu+ 1$, respectively. The values of $\eta_n^{(\nu)}$ for $0\le n\le\nu$ may be obtained by applying (3.1) in the backward direction, starting at $n =\nu$. Then we assert that

(3.12) $f_n^{(\nu)} = \dfrac{s}{\displaystyle\sum_{m=0}^{s} \lambda_m \eta_m^{(\nu)}} \ \eta_n^{(\nu)}$ $(0 \le n \le N)$.

To verify this, we observe, first of all, that the quantities $r_{n-1}^{(\nu)}$ defined in (3.5) are consecutive ratios of the solution $\eta_n^{(\nu)}$,

$$(3.13) \qquad r_{n-1}^{(\nu)} = \frac{\eta_n^{(\nu)}}{\eta_{n-1}^{(\nu)}} \qquad (1 \leqslant n \leqslant \nu + 1).$$

Indeed, this is trivial for $n = \nu+1$, and for $n \leqslant \nu$ follows from the fact that the ratio $\eta_n^{(\nu)}/\eta_{n-1}^{(\nu)}$ satisfies the same nonlinear recursion (3.6) satisfied by $r_{n-1}^{(\nu)}$. Inserting (3.13) into (3.8), we find

$$s_n^{(\nu)} = \frac{1}{\eta_n^{(\nu)}} \sum_{m=n+1}^{\nu} \lambda_m \eta_m^{(\nu)} \quad ,$$

and using this for n=0, we obtain

$$f_0^{(\nu)} = \frac{s}{1 + s_0^{(\nu)}} = \frac{s \eta_0^{(\nu)}}{\eta_0^{(\nu)} + \eta_0^{(\nu)} s_0^{(\nu)}} = \frac{s}{\eta_0^{(\nu)} + \sum_{m=1}^{\nu} \lambda_m \eta_m^{(\nu)}} \eta_0^{(\nu)}.$$

This proves our assertion (3.12) for n=0. To prove it for $n > 0$, we need only observe that in view of (3.13), the quantities $f_n^{(\nu)}$ in (3.12) satisfy $f_{n+1}^{(\nu)} / f_n^{(\nu)}$, as required by (3.10).

Note that $\eta_n^{(\nu)}$ and $\eta_{n-1}^{(\nu)}$, as functions of ν, are proportional to the successive numerators and denominators, respectively, of the continued fraction in (3.4). This follows by comparing (3.13) with (3.5). Therefore, as ν increases, the quantities $\eta_n^{(\nu)}$ are likely to grow rapidly. In contrast to this, the quantity $r_n^{(\nu)}$ in (3.10) converges to a finite limit, as $\nu \to \infty$, and so does $s_n^{(\nu)}$, if the algorithm converges at all.

W. Gautschi

The algorithm of generating the $\eta_n^{(\nu)}$ and using (3.12)
is often referred to as <u>Miller's backward recurrence algorithm</u>.
It was first proposed, as a computational scheme, by J. C. P.
Miller in connection with the tabulation of Bessel function
(see [3] , p. XVII). An error analysis of this algorithm has
recently been given by Olver [26] .

10. We may use (3.12) also to discuss convergence, as
$\nu \to \infty$, of the algorithm (3.10). To this end, let g_n denote
any solution of the difference equation (3.1), other than
f_n , so that

(3.14)
$$\lim_{n \to \infty} \frac{f_n}{g_n} = 0.$$

Clearly,

$$\eta_n^{(\nu)} = a^{(\nu)} f_n + b^{(\nu)} g_n \quad \text{(all n)}$$

for some constants $a^{(\nu)}$, $b^{(\nu)}$. By (3.11), we must have

$$a^{(\nu)} f_{\nu+1} + b^{(\nu)} g_{\nu+1} = 0 ,$$
$$a^{(\nu)} f_{\nu} + b^{(\nu)} g_{\nu} = 1.$$

The first of these relations gives $b^{(\nu)} = - (f_{\nu+1}/g_{\nu+1}) a^{(\nu)}$,
so that

$$\eta_n^{(\nu)} = a^{(\nu)} (f_n - \frac{f_{\nu+1}}{g_{\nu+1}} g_n) \quad .$$

W. Gautschi

Substituting in (3.12), and simplifying, we obtain

$$(3.15) \qquad f_n^{(\nu)} = \frac{f_n\left(1 - \dfrac{f_{\nu+1}}{g_{\nu+1}} \dfrac{g_n}{f_n}\right)}{1 - \dfrac{1}{s}\sum\limits_{m=\nu+1}^{\infty}\lambda_m f_m - \dfrac{f_{\nu+1}}{sg_{\nu+1}}\sum\limits_{m=0}^{\nu}\lambda_m g_m}$$

In view of (3.14) and the convergence of the infinite series in (3.2), it is clear that $\lim\limits_{\nu\to\infty} f_n^{(\nu)} = f_n$ if and only if

$$(3.16) \qquad \lim_{\nu\to\infty} \frac{f_{\nu+1}}{g_{\nu+1}}\sum_{m=0}^{\nu}\lambda_m g_m = 0.$$

We have proved

Theorem 3.1. Suppose the recurrence relation (3.1) has a nonvanishing distinguished solution, f_n, for which (3.2) holds. Let g_n be any other solution of (3.1). Then the algorithm (3.10) converges in the sense

$$(3.17) \qquad \lim_{\nu\to\infty} f_n^{(\nu)} = f_n$$

if and only if (3.16) is satisfied.

Condition (3.16) holds, e.g., if the λ's are uniformly bounded, and

$$\frac{g_{\nu+1}}{g_\nu} = t_1 + \varepsilon_\nu \quad , \qquad \frac{f_{\nu+1}}{f_\nu} = t_2 + \eta_\nu \qquad (\nu\to\infty) \quad ,$$

where $\varepsilon_\nu\to 0$, $\eta_\nu\to 0$ as $\nu\to\infty$, and

$$|t_1| > |t_2| \quad , \quad |t_2| < 1.$$

If all but a finite number of the λ's are zero, then (3.16) is a consequence of (3.14). Theorem 3.1, in this case, has been noted previously in [11] .

In case of convergence of the algorithm (3.10), we may obtain from (3.15) the following approximate expression for the relative error, valid for ν sufficiently large,

$$(3.18) \qquad \frac{f_n^{(\nu)} - f_n}{f_n} \approx \frac{1}{s} \sum_{m=\nu+1}^{\infty} \lambda_m f_m + \frac{f_{\nu+1}}{s g_{\nu+1}} \sum_{m=0}^{\nu} \lambda_m g_m - \frac{f_{\nu+1}}{g_{\nu+1}} \frac{g_n}{f_n}$$

11. It is tempting to try a substitution of the type

$$(3.19) \qquad F_n = c_n f_n \qquad (c_n \neq 0)$$

to exert influence upon the convergence criteria (3.14) and (3.16). We note, however, that these criteria are invariant with respect to any linear substitution of the form (3.19) . In fact, in place of (3.1) we will have to use the new recurrence relation

$$(3.20) \qquad Y_{n+1} + \frac{c_{n+1}}{c_n} a_n Y_n + \frac{c_{n+1}}{c_{n-1}} b_n Y_{n-1} = 0,$$

which has the two solutions

$$F_n = c_n f_n \quad , \quad G_n = c_n g_n \quad .$$

W. Gautschi

Hence, $F_n/G_n = f_n/g_n$, and F_n is a distinguished solution of (3.20). Our condition (3.2) carries over into

$$\sum_{m=0}^{\infty} \Lambda_m F_m = s \;, \qquad \Lambda_m = \frac{\lambda_m}{c_m} \;,$$

and so

$$\frac{F_{\nu+1}}{G_{\nu+1}} \sum_{m=0}^{\nu} \Lambda_m G_m = \frac{f_{\nu+1}}{g_{\nu+1}} \sum_{m=0}^{\nu} \lambda_m g_m \;.$$

12. We conclude this paragraph with some practical remarks concerning the algorithm (3.10).

The effectiveness of the algorithm is clearly enhanced if good estimates of the initial value of ν are available. Such estimates can sometimes be obtained from (3.18), and from known asymptotic properties of the solutions f_n and g_n. (See $\S 5$ for an example.)

It should be noted that the storage requirements on a digital computer do not depend on ν. It suffices to store permanently only those N quantities $r_n^{(\nu)}$ which are needed to build up the final results $f_{n+1}^{(\nu)}$. All the other $r_n^{(\nu)}$, as well as the $s_n^{(\nu)}$, can be generated in temporary storage cells.

The assumption

$$f_{n-1} \neq 0 \qquad (n=1,2,3,\ldots)$$

in Theorem 3.1 is ordinarily fulfilled in practice, if only due to invevitable rounding errors. Nevertheless, one might

think, especially in view of (3.7), that the case of f_{n-1}
nearly equal to zero for some $n \geqslant 1$ might cause numerical
difficulties. By the following, admittedly superficial, con-
siderations we wish to show that the presence, or proximity,
of such zeros need be of no great concern.

Suppose, indeed, that f_{n-1} is very small in modulus,
compared to f_n. For definiteness, let $n > 1$. Then, by (3.4),
$|r_{n,1}|$ is very large, and so is $|r_{n-1}^{(\nu)}|$, when ν is sufficiently
large, in view of (3.7). From the first line in (3.10) it
follows that $|a_n + r_n^{(\nu)}|$ must be very small compared to $|b_n|$.
Since neither a_n nor $r_n^{(\nu)}$ will normally be small, this means
that many digits will cancel when the sum $a_n + r_{n-1}^{(\nu)}$ is not
only very large, but also very inaccurate in terms of significant digits. Consequently, $r_{n-2}^{(\nu)}$ will be very small, and also
inaccurate. However, $r_{n-3}^{(\nu)} = -b_{n-2}/(a_{n-2} + r_{n-2}^{(\nu)})$ (if $n > 2$)
will again be accurate, since a_{n-2} in the denominator picks
up lost accuracy, $r_{n-2}^{(\nu)}$ being normally much smaller than
a_{n-2}. Later on, in the formation of the final results, $f_{n-1}^{(\nu)} =$
$= r_{n-2}^{(\nu)} f_{n-2}^{(\nu)}$ will come out very small and inaccurate, as one
must expect. The really questionable point is the computation
of $f_n^{(\nu)} = r_{n-1}^{(\nu)} f_{n-1}^{(\nu)}$, since $r_{n-1}^{(\nu)}$ is large and $f_{n-1}^{(\nu)}$ is small,
and both are inaccurate. We note, however, that

$$f_n^{(\nu)} = r_{n-1}^{(\nu)} r_{n-2}^{(\nu)} f_{n-2}^{(\nu)} = r_{n-1}^{(\nu)} = \frac{-b_{n-1} f_{n-2}^{(\nu)}}{a_{n-1} + r_{n-1}^{(\nu)}} = \frac{-b_{n-1} f_{n-2}^{(\nu)}}{1 + (a_{n-1}/r_{n-1}^{(\nu)})},$$

which shows that the largeness of $r_{n-1}^{(\nu)}$ saves $f_n^{(\nu)}$ from
becoming inaccurate, even though $r_{n-1}^{(\nu)}$ is.

W. Gautschi

More serious is a possible loss of accuracy in the calculation of $f_0^{(\gamma)}$, which will affect all subsequent $f_n^{(\nu)}$. It could indeed happen that $s_0^{(\nu)}$ is very close to -1, so that many digits cancel when $1 + s_0^{(\nu)}$ is formed. In view of (3.9), such dangerous cancellation occurs when $|s|$ is very small compared to $|f_0|$, i.e., when cancellation occurs in the series (3.2) itself. For this reason, some care must be exercised in the selection of the identity (3.2).

W. Gautschi

§4. Second algorithm for computing the distinguished solution

13. The effectiveness of our first algorithm (3.10) is somewhat limited if no reasonable estimate of the starting value ν of n is known a priori. The recursions in (3.10) must then in fact be repeated with increasing values of ν, until sufficient agreement is obtained between successive results $f_n^{(\nu)}$, for all $n = 0,1,\ldots,N$. This disadvantage can be removed, at the expense of a more complex algorithm, essentially by evaluating the continued fraction (3.4) by the third, or firs⁻ method described in §1, section 2.

14. To develop the algorithm, let

$$(4.1) \qquad \sigma_n = \frac{1}{f_0} \sum_{m=0}^{n} \lambda_m f_m = \sum_{m=0}^{n} \lambda_m r_0 r_1 \cdots r_{m-1} ,$$

where as before $r_{n-1} = f_n / f_{n-1}$. Denoting the product of the first n of the r's by p_n, we obtain

$$(4.2) \qquad \left. \begin{array}{ll} p_0 = 1 \;, & p_n = r_{n-1} p_{n-1} \\[2mm] \sigma_0 = 1 \;, & \sigma_n = \sigma_{n-1} + \lambda_n p_n \end{array} \right\} \quad n=1,2,3,\ldots$$

Each r_{n-1} in (4.2) will be computed from the continued fraction

$$r_{n-1} = \frac{-b_n}{a_n -} \frac{b_{n+1}}{a_{n+1} -} \frac{b_{n+2}}{a_{n+2} -} \cdots$$

by either applying the formulas (1.19), (1.10) of §1, or the formulas (1.2)-(1.4). In the first case we have

(4.3)
$$r_{n-1} = \lim_{k \to \infty} w_k \quad ,$$

where the w's are generated as follows,

(4.4)
$$\begin{cases}
u_1 = 1 \; , \; v_1 = w_1 = -\dfrac{b_n}{a_n} \quad , \\[2em]
u_{k+1} = \dfrac{1}{1 - (b_{n+k}/a_{n+k-1}a_{n+k})u_k} \\[2em]
v_{k+1} = v_k(u_{k+1}-1) \\[2em]
w_{k+1} = w_k + v_{k+1}
\end{cases} \qquad k = 1,2,3,\ldots \; .$$

In the second case we have

(4.5)
$$r_{n-1} = \lim_{k \to \infty} \frac{A_k}{B_k} \quad ,$$

where

(4.6)
$$\begin{cases}
A_{-1} = 1 \; , \; A_0 = 0 \; ; \; B_{-1} = 0 \; , \; B_0 = 1 \; ; \\[1.5em]
\left. \begin{aligned}
A_{k+1} &= a_{n+k} A_k - b_{n+k} A_{k-1} \\[1.2em]
B_{k+1} &= a_{n+k} B_k - b_{n+k} B_{k-1}
\end{aligned} \right\} \quad k = 0,1,2,\ldots \; .
\end{cases}$$

From (4.1), in view of (3.2), it follows that

$$\sigma = \lim_{n \to \infty} \sigma_n = \frac{s}{f_0} \, .$$

Hence, we continue generating the σ_n in (4.2) until they meet some specific criterion of convergence. Thereafter, we may obtain as many of the final answers as desired by means of

$$(4.7) \qquad f_0 = s/\sigma \, , \quad f_n = p_n f_0 \qquad (n = 1,2,3,\ldots) \, .$$

If the σ_n "converge" too rapidly, it may occur, of course, that some of the later p_n required in (4.7) are not yet available, and must be generated by continuing the first recursion (4.2) . It should also be noted that the σ-recursion in (4.2) can be omitted if f_0 is known in advance .

15. An obvious disadvantage of the second algorithm is the fact that a rather large number of continued fractions have to be evaluated, in contrast to just one continued fraction in the first algorithm. Even though some of these continued fractions (especially the later ones) may converge quite rapidly, the expenditure of computation in the second algorithm is in general considerably higher than in the first. An empirical comparison of the computational work involved, in a specific application, is given below in sec.21.

In spite of these shortcomings, the second algorithm has a certain amount of flexibility not possessed by the first algorithm. In particular, we may stop the generation of the

W. Gautschi

f_n at any time, according to some specified criterion. This may be useful, e.g., in the summation of infinite series, $\sum_{m=0}^{\infty} \alpha_m f_m$, if it is not known in advance kow many terms will be required. Thus, we may want 'to stop the summation the first time the condition

$$\left| \alpha_n f_n \right| \leq \varepsilon \left| \sum_{m=0}^{n-1} \alpha_m f_m \right|$$

is satisfied, where ε is a preassigned small quantity. Clearly, this condition is equivalent to

$$\left| \alpha_n p_n \right| \leq \varepsilon \left| \sum_{m=0}^{n-1} \alpha_m p_m \right| ,$$

which can be used to stop our second algorithm at the proper time.

We finally observe, that the second algorithm converges under the sole condition that f_n be distinguished and nonvanishing ; no additional condition, such as (3.16), is required. It must be said, though that the writer does not know of any practical example, in which the second algorithm converges, while the first one does not.

§ 5. Bessel functions of the first kind.

16. In this and the remaining paragraphs we wish to describe some applications of the algorithms developed in §§ 3 and 4. For the most part, these applications concern the generation of special functions known to satisfy three-term recurrence relations.

We begin with the example of Bessel functions $J_\alpha(z)$ of the first kind, which, like the Bessel Functions $Y_\alpha(z)$ of the second kind obey the recurrence relation

$$(5.1) \qquad J_{\alpha+1}(z) - \frac{2\alpha}{z} J_\alpha(z) + J_{\alpha-1}(z) = 0$$

It was to compute modified Bessel functions $I_n(x)$ that J.C.P. Miller invented his backward recurrence algorithm ([3],p. XVII). Various authors, since then, have noticed that this algorithm can be used effectively to generate other Bessel functions as well, including Bessel functions of the second kind ([10], [38], [34], [17], [20], [27] sec 9.12, Exps. 1 and 7). To our knowledge the use of ratios of Bessel functions, and thus of a procedure resembling closely our algorithm (3.10), was first suggested by C.W. Jones ([21]), and is further described in [4] , [28] , [5] . The ideas involved are extended here in a natural way to Bessel functions of a complex argument. Some new technical details are also included, such as the estimation of the initial value of ν in our first algorithm.

17. Consider

$$(5.2) \qquad f_n = J_{a+n}(z), \quad g_n = Y_{a+n}(z) \qquad (n=0,1,2,\ldots) ,$$

where $0 \leq a < 1$, and $z = x + iy$ is a complex number not on the negative real axis . Since $J_{a+n}(\bar{z}) = \overline{J_{a+n}(z)}$, we may assume $y \geq 0$. As follows directly from (5.1), both functions in (5.2) satisfy the three-term recurrence relation

(5.3)
$$y_{n+1} - \frac{2(a+n)}{z} y_n + y_{n-1} = 0 \qquad (n=1,2,3,\ldots).$$

However, their asymptotic behavior for large n is quite different . We have, in fact

(5.4)
$$J_{a+n}(z) \sim \frac{e^{-a}}{\sqrt{2\pi n}} \frac{ez^{a+n}}{2n} \quad , \quad Y_{a+n}(z) \sim -e^{a}\sqrt{\frac{2}{\pi n}} \left(\frac{2n}{ez}\right)^{a+n} (n \to \infty).$$

Therefore, f_n is not only the distinguished solution of (5.3), but the dominance of every other solution over f_n is extremely pronounced. Indeed, f_n/g_n tends to zero about as rapidly as $\left|z\right|^{2n} / (2n)!$, when $n \to \infty$.

It may be noted that this behavior also follows from the general asymptotic results of §2. In fact, the Newton-Puiseux diagram for equation (5.3)

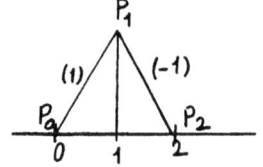

Fig. 2. Newton-Puiseux diagram for (5.3)

W. Gautschi

has two sides with slopes $+1$ and -1, respectively. Hence, by Theorem 2.3(a), there are two solutions, $y_{n,1}$ and $y_{n,2}$, of (5.3) with different asymptotic behavior, viz.,

$$\frac{y_{n+1,1}}{y_{n,1}} \sim \frac{2n}{z} , \qquad \frac{y_{n+1,2}}{y_{n,2}} \sim \frac{z}{2n} \cdot \qquad (n \to \infty) .$$

Since $\lim\limits_{n \to \infty} J_{a+n}(z) = 0$ for every fixed z, we may readily identify $y_{n,2} = J_{a+n}(z)$, and $y_{n,1} = Y_{a+n}(z)$.

In view of the marked predominance of Y_{a+n} over J_{a+n}, it is virtually impossible to generate many J_{a+n} directly by means of (5.3). Algorithm (3.10), however appears to be well suited. In fact, various infinite series of the form (3.2) are available for bypassing the calculation of initial values. Moreover, rather close estimates can be derived for the initial value ν of the recursion index n, thus eliminating the need for many repetitions of the backward recurrence process, as well as the risk of doing too much unnecessary computing.

18. We first discuss the selection of a suitable infinite series (3.2). We may choose from a family of candidates furnished by Sonine's formula ([8] , p. 64), which in our normalization (3.3) takes the form

(5.5) $$\sum_{m=0}^{\infty} i^m \frac{a+m}{a} C_m^a(\gamma) J_{a+m}(z) = \frac{(z/2)^a e^{i\gamma z}}{\Gamma(1 + a)} .$$

The parameter γ will presently be specified to suit our purpose ; $C_m^a(\gamma)$ are the Gegenbauer polynomials, i.e., the coefficients in the expansion

W. Gautschi

$$(1-2\gamma t + t^2)^{-a} = \sum_{m=0}^{\infty} c_m^a(\gamma) \, t^m.$$

It is readily seen that

$$(5.6) \quad \begin{cases} c_m^a(-\gamma) = (-1)^m \, c_m^a(\gamma), \\[2mm] c_m^a(1) = \dfrac{\Gamma(2a+m)}{m! \, \Gamma(2a)} \\[2mm] c_{2m-1}^a(0) = 0, \quad c_{2m}^a(0) = (-1)^m \, \dfrac{\Gamma(a+m)}{m! \, \Gamma(a)} \end{cases} \quad (m > 0),$$

while of course $c_0^a(\gamma) = 1$.

In accordance with our remark at the end of § 3 we should try to select γ in such a way that

$$\frac{s}{f_0} = \frac{(z/2)^a \, e^{i z}}{\Gamma(1+a) J_a(z)}$$

cannot become very small in absolute value. Now, if $|z|$ is small, then $J_a(z) \sim (z/2)^a/\Gamma(1+a)$, so that $|s/f_0| \sim 1$. For large $|z|$, we have $J_a(z) \sim (\pi z/2)^{-1/2} \cos(z-a\pi/2-\pi/2)$, and again, $|s/f_0|$ cannot be small if z is real . However, if $z = x+iy$, and $y > 0$ is large, then $|\cos(z-a\pi/2-\pi/2)| \sim e^y/2$, and so

$$\left| \frac{s}{f_0} \right| \sim \frac{2\sqrt{\pi}}{\Gamma(1+a)} \left(\frac{|z|}{2}\right)^{a+1/2} e^{-(1+\gamma)y} .$$

To prevent this from becoming exponentially small, we must require $\gamma \leq -1$. For convenience, we choose $\gamma = -1$. In view of

the first two relations in (5.6), identity (5.5) then becomes

$$\sum_{m=0}^{\infty} (-i)^m \frac{a+m}{a} \frac{\Gamma(2a+m)}{m!\Gamma(2a)} J_{a+m}(z) = \frac{(z/2)^a e^{-iz}}{\Gamma(1+a)} ,$$

or finally, noting that $a\Gamma(2a) = \Gamma(1+2a)/2$,

$$(5.7) \qquad J_a(z) + 2 \sum_{m=1}^{\infty} (-i)^m \frac{(a+m)\Gamma(2a+m)}{m!\Gamma(1+2a)} J_{a+m}(z) = \frac{(z/2)^a e^{-iz}}{\Gamma(1+a)}$$

The coefficients

$$(5.8) \qquad \lambda_m = 2(-i)^m \frac{(a+m)\Gamma(2a+m)}{m!\Gamma(1+2a)} \qquad (m=1,2,3,\ldots)$$

are best obtained recursively as follows,

$$\begin{cases} \ell_1 = 1 , \\[2mm] \ell_{m+1} = \frac{m+2a}{m+1} \ell_m \quad (m=1,2,3,\ldots), \\[2mm] \lambda_m = 2(-i)^m (a+m)\ell_m . \end{cases}$$

If $z=x$ is real and positive we could choose the real or imaginary part of (5.7) as our normalization identity. We find it more convenient, however, to use (5.5) with $\gamma = 0$. By virtue of the last relations in (5.6), this identity can be written in the form

$$(5.9) \qquad J_a(x) + \sum_{m=1}^{\infty} \frac{(a+2m)\Gamma(a+m)}{m!\Gamma(1+a)} J_{a+2m}(x) = \frac{(x/2)^a}{\Gamma(1+a)}$$

W. Gautschi

The coefficients

$$(5.10) \qquad \lambda_{2m} = (a+2m) \frac{\Gamma(a+m)}{m!\,\Gamma(1+a)} \qquad\qquad (m=1,2,3,\ldots)$$

are again obtained recursively by means of

$$\begin{cases} \ell_1 & = 1, \\[2ex] \ell_{m+1} = \dfrac{m+a}{m+1}\,\ell_m & (m=1,2,3,\ldots), \\[2ex] \lambda_{2m} = (a+2m)\,\ell_m\,. \end{cases}$$

We also note that in the special case of modified Bessel functions

$$I_{a+n}(x) = e^{-i(a+n)\pi/2}\, J_{a+n}(ix) \qquad\qquad (x>0),$$

The recurrence relation (5.3) assumes the form

$$y_{n+1} + \frac{2(a+n)}{x}\,y_n - y_{n-1} = 0 \qquad\qquad (n=1,2,3,\ldots),$$

and relation (5.7) the form

$$I_a(x) + 2 \sum_{m=1}^{\infty} \frac{(a+m)\Gamma(2a+m)}{m!\,\Gamma(1+2a)}\, I_{a+m}(x) = \frac{(x/2)^a\, e^x}{\Gamma(1+a)}$$

It is now an easy matter to verify that algorithm (3.10), whether the λ_m defined by (5.8), or by (5.10), converges as $\nu \to \infty$, provided $J_{a+n}(z) \neq 0$ for $n=0,1,2,\ldots$.

W. Gautschi

By Theorem 3.1 we need only show that

$$h_\nu = \frac{f_{\nu+1}}{g_{\nu+1}} \sum_{m=0}^{\nu} \lambda_m g_m$$

has the limit zero. Now in the case of (5.8), since $0 \leq a < 1$, $\Gamma(1+2a) > .8856$, we clearly have

$$|\lambda_m| = \frac{2}{\Gamma(1+2a)} \frac{a+m}{m} \frac{\Gamma(2a+m)}{\Gamma(m)} < \frac{2}{\Gamma(1+2a)} \frac{m+1}{m} \frac{\Gamma(m+2)}{\Gamma(m)} < 2.3 \, (m+1)^2.$$

Therefore, if ν is already so large $|g_\nu| \geq |g_m|$ for $0 \leq m < \nu$, we shall have

$$|h_\nu| \leq \left| \frac{f_{\nu+1}}{g_{\nu+1}} g_\nu \right| \cdot 2.3(\nu+1)^3 = O(\nu^2 f_{\nu+1}),$$

hence $\lim\limits_{\nu \to \infty} h_\nu = 0$, by virtue of (5.4). A similar argument applies to (5.10).

19. We proceed now to estimate the initial value of ν to be used in algorithm (3.10), given the number of significant digits desired. Such an estimate may be found from the estimate (3.18) for the relative errors. For definiteness, we assume z complex, and assume identity (5.7) in the role of (3.2).

If ν is large, the infinite series $\sum\limits_{m=\nu+1} \lambda_m f_m$ appearing in (3.18) is well approximated by its first term, $\lambda_{\nu+1} f_{\nu+1}$, whereas $\sum\limits_{m=0}^{\nu} \lambda_m g_m$ may be approximated by the last term $\lambda_\nu g_\nu$.

W. Gautschi

Then

$$(5.11) \quad \frac{f_n^{(\nu)} - f_n}{f_n} \doteq \frac{1}{s} \lambda_{\nu+1} \, f_{\nu+1} \left(1 + \frac{\lambda_\nu}{\lambda_{\nu+1}} \frac{g_\nu}{g_{\nu+1}} \right) - \frac{f_{\nu+1}}{g_{\nu+1}} \frac{g_n}{f_n}$$

$$\doteq \frac{1}{s} \lambda_{\nu+1} f_{\nu+1} - \frac{f_{\nu+1}}{g_{\nu+1}} \frac{g_n}{f_n} \, .$$

Our object is to find an upper bound for the moduli of these expressions, valid for $n=0,1,2,\ldots,N$. Since g_n/f_n ultimately grows rapidly with n, it is plausible to expect that a bound which holds for n=N will also be a valid bound when $n < N$, particularly if N is large. We therefore consider the simplified problem of bounding the modulus of the last member in (5.11) where n=N. As a further simplification we assume N, and thus ν, so large that the asymptotic expressions in (5.4) are reasonably accurate. Under these assumptions a short calculation gives

$$\left| \frac{f_n^{(\nu)} - f_n}{f_n} \right| \underset{\approx}{\leq} e^{-y} \left(\frac{e \, |z|}{2\nu} \right)^\nu + \left(\frac{e \, |z|}{2} \right)^{2(\nu-N)} N^{2N} \nu^{-2\nu} \quad (y = \text{Im } z),$$

where a few unimportant coefficients have been omitted. For $f_n^{(\nu)}$ to be an approximation to f_n to d significant digits, we are led to require, simultaneously,

$$(5.12) \quad e^{-y} \left(\frac{e \, |z|}{2\nu} \right)^\nu \leq \frac{1}{4} \, 10^{-d}, \quad \left(\frac{e \, |z|}{2} \right)^{2(\nu-N)} N^{2N} \nu^{-2\nu} \leq \frac{1}{4} \, 10^{-d}.$$

In the case of real arguments $z = x > 0$, and using relation (5.9) in place of (5.7), our reasoning must be slightly modified, but the conclusion is the same as in (5.12), with $y = 0$.

Now the first inequality in (5.12), after taking logarithms and multiplying by $-2/(e|z|)$, gives

(5.13) $$\frac{2\nu}{e|z|} \ln \frac{2\nu}{e|z|} \geq \frac{2(D-y)}{e|z|} \quad ,$$

where

$$D = d \ln 10 + \ln 4 \ .$$

Similarly, the second inequality gives

$$\nu \ln \frac{2\nu}{e|z|} \geq N \ln \left(\frac{2N}{e|z|}\right) + \frac{1}{2} D \ ,$$

which may be rewritten in the form

$$\left(\frac{\nu}{N} - 1\right) \ln \left(\frac{2N}{e|z|}\right) + \frac{\nu}{N} \ln \frac{\nu}{N} \geq \frac{D}{2N} \ .$$

Since $\nu > N$, this is certainly satisfied if we require

(5.14) $$\frac{\nu}{N} \ln \frac{\nu}{N} \geq \frac{D}{2N} \ .$$

W. Gautschi

Both conditions (5.13) and (5.14) have now the form $t \ln t \geq c$.

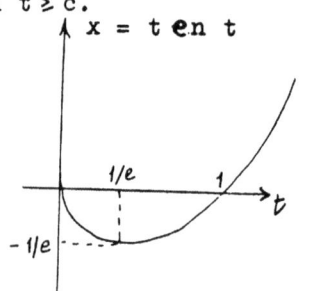

Fig. 3. Graph of x=t $\ln$ t

Since this equivalent to $t \geq t(c)$ with $t(x)$ the inverse function of $x = t \ln t$ in the region $t \geq 1/e$ (see Fig.3), our conditions may be given the final form

$$(5.15) \quad y \geq \frac{e\,|z|}{2} \ t \left[\frac{2(D-y)}{e\,|z|}\right] \text{if } 0 \leq y < D + \frac{|z|}{2} \text{,no restriction}$$

otherwise,

$$(5.16) \qquad y \geq N \ t \ \left(\frac{D}{2N}\right) \qquad .$$

Low-accuracy approximations to the function $t(x)$ are not too difficult to obtain. In the interval $1/e \leq t \leq 1$ we may first approximate the graph of $t \ln t$ by a quadratic curve passing through the points $(\frac{1}{e}, -\frac{1}{e})$, (1.0), and having zero slope at the first of these points:

$$t \ln t \doteq -\frac{1}{e} + \frac{e}{(e-1)^2} (t - \frac{1}{e})^2 .$$

Taking then the inverse function of the right-hand member to approximate $t(x)$, we obtain

$$t(x) = \frac{1}{e} + \frac{e-1}{\sqrt{e}}(x+\frac{1}{e})^{1/2} \doteq .36788 + 1.0422(x+.36788)^{1/2}(-1/e \leq x \leq 0).$$

W. Gautschi

The accuracy of this approximation is about 4%, or better.

In the region $0 \leq x \leq 10$, we truncate the expansion of $t(x)$ in Chebyshev polynomials, having determined the first few expansion coefficients by numerical integration. We obtained

$$t(x) \doteq 1.0125 + .8577x - .129013\ x^2 + .0208645\ x^3$$
$$- .00176148\ x^4 + .000057941\ x^5,$$

with a maximum percentage error of about 1% .

For larger values of x, we may first observe that

$$t(x) \sim x/\ell n\ x \qquad (x \to \infty) .$$

In fact, $[t(x)\ell n\ x]/x = (\ell n\ x)/\ell n\ t(x)$, and using the rule of Bernoulli-L'Hospital, we find

$$\lim_{x \to \infty} \frac{\ell n\ x}{\ell n\ t(x)} = \lim_{x \to \infty} \frac{\frac{1}{x}}{\frac{1}{t(x)} \cdot \frac{1}{1 + \ell n\ t(x)}} = \lim_{x \to \infty} \frac{x + t(x)}{x} = 1 .$$

Unfortunately, the asymptotic expression so obtained does not give sufficient accuracy, unless x is very large. On the other hand, applying one step of Newton's method to the equation $t \cdot n\ t = x$, with $x/\ell n\ x$ as initial approximation, we get

$$t(x) \doteq \frac{x}{\ell n\ x} \quad \frac{1}{1 - \dfrac{\ell n\ \ell n\ x}{1 + \ell n\ x}} .$$

This approximation now appears to be in error by less than 1%

for $x \geq 2$. As $x \to \infty$, the relative error clearly tends to zero.

20. We have seen that Bessel functions $J_{a+n}(z)$ of positive ordes can be computed entirely from their recurrence relation. This remains true, to a certain extent, for Bessel functions

$$(5.17) \qquad y_n = J_{a-n}(z) \qquad (n=1,2,3,\ldots; \; 0 < a < 1)$$

of negative order which satisfy the recurrence relation

$$(5.18) \qquad y_{n+1} + \frac{2(n-a)}{z} y_n + y_{n-1} = 0 \qquad (n=2,3,4,\ldots),$$

with the same Newton-Puiseux diagram as (5.3). It is not difficult to see that the solution (5.17) is among the dominant solutions, and that the distinguished solution is $f_n = (-1)^n J_{n-a}(z)$. It appears therefore safe to generate $J_{a-n}(z)$ by means of (5.18) in the ordinary fashion. Moreover, the recursion may be started with $n = 0$, and the initial values $y_{-1} = J_{a+1}(z)$, $y_0 = J_a(z)$ obtained by the methods previously discussed.

The assumption $a > 0$ is of course essential. If $a = 0$, the two solutions y_n and f_n above are the same (distinguished) solution of (5.18), and forward recursion by (5.18) is doomed to fail. The same must be expected if a is close to zero, and indeed if a is close to one.

W. Gautschi

21. We present now a few numerical results concerning our algorithms for computing $J_{a+n}(z)$. The performance of these algorithms was found to be quite insensitive to changes of a in the interval $0 \leq a < 1$, so that the results given below for a = 0 may be considered as representative.

In regard to our first algorithm, we were interested in determining the quality of the estimate of ν given in sec. 19. We compared the estimate of ν, derived from the right-hand expressions in (5.15), (5.16), with the smallest value of ν empirically observed to yield $J_n(z)$, n = 0(1)N, to six significant digits[6]. For real z = x, the results are shown in Fig. 4, while for complex $z = re^{i\phi}$ they are depicted in Fig. 5. Both figures show that agreement between estimated and actual ν is rather satisfactory on the whole, even though for larger values of $|z|$ it is worsening. Remarkable is also the relative smallness of ν/N over an extended region of the z-plane.

For real x, and N=10, 50, 100, we next determined the computational work involved in the first algorithm of §3, and the two variants of the second algorihm of §4. As a measure of the work we took the total number M of multiplications and divisions required to obtain results to six significant digits. Denoting by M_1, M_2, M_3, respectively, the work involved in these three algorithms, we found that the ratios $\mu_2 = M_2/M_1$, $\mu_3 = M_3/M_1$.

[6] More precisely, algorithm (3.10) was run with ν = N+2, N+4, N+6,... until for the first time the N+1 values $f_n^{(\nu)}$ (n=0,1,...N) agreed to six significant digits with the respective values $f_n^{(\nu-2)}$

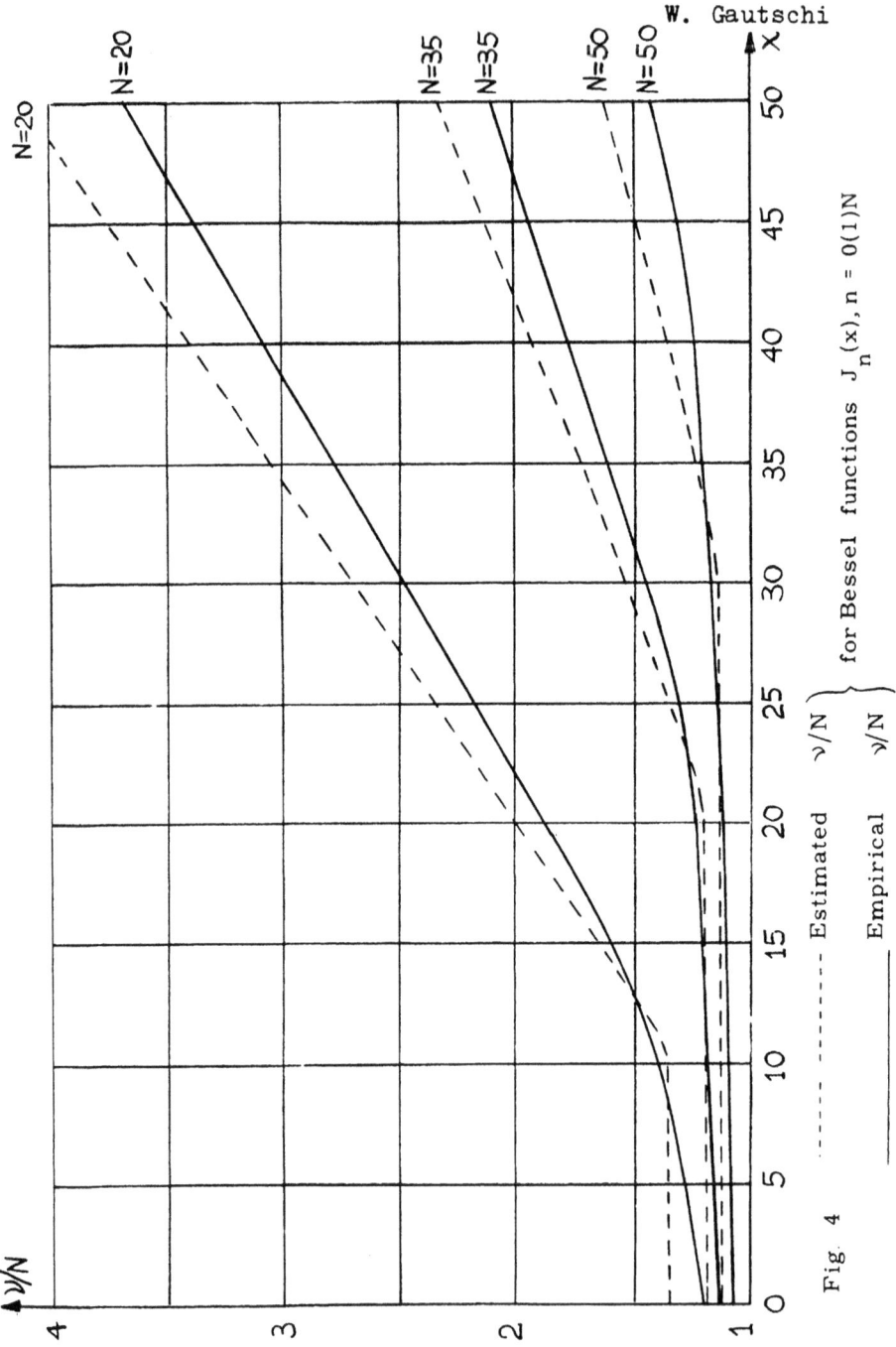

W. Gautschi

Fig. 4 ·········· ---- Estimated ν/N ⎱
⎰ for Bessel functions $J_n(x), n = 0(1)N$
———— Empirical ν/N

N=20

N=20

N=35

N=35

N=50

N=50

ν/N

X

W. Gaurschi

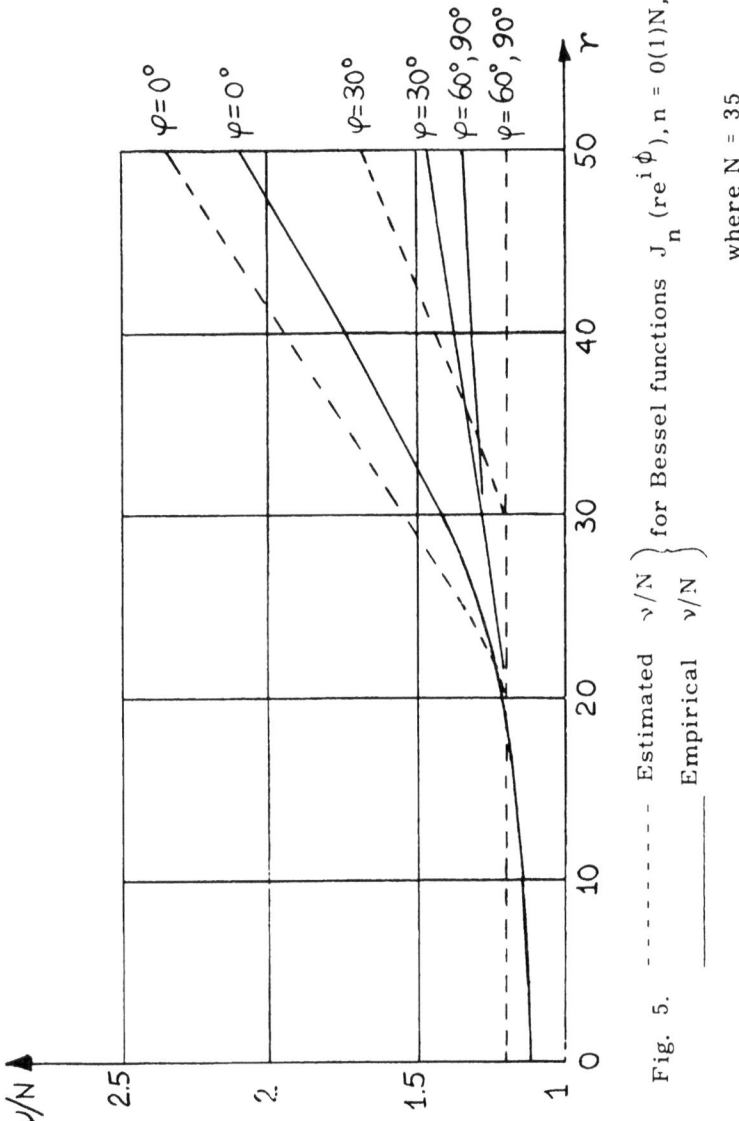

Fig. 5. ------- Estimated ν/N $\Big\}$ for Bessel functions J_n $(re^{i\phi})$, $n = 0(1)N$,
           ———— Empirical ν/N $\Big\}$

where $N = 35$

W. Gautschi

are approximately 1 when x is near 1, and almost linearly increasing with x when x > 1. A few sample values of μ_2, μ_3 are given in the schedule below.

x	N	μ_2	μ_3	N	μ_2	μ_3	N	μ_2	μ_3
10	10	3.4	3.0	50	2.3	2.1	100	1.8	1.7
30	10	7.4	6.0	50	6.3	5.3	100	4.3	3.7
70	10	14.2	11.7	50	13.5	11.0	100	12.8	10.5

This clearly demonstrates the superiority of the first algorithm, at least when N is fixed and known in advance.

For ALGOL procedures based on the methods of this paragraph, and employing the first algorihm, see [15] .

W. Gautschi

§6. Legendre functions.

22. A further class of special functions amenable to the methods of §§ 3 and 4 are the associated Legendre functions of the first and second kinds, $P_\alpha^m(z)$ and $Q_\alpha^m(z)$. If we assume, as we shall do, that m is a non-negative[7] integer, z a complex number outside the interval (0.1), with Re z > 0, and α is arbitrary real or complex, but $\alpha \neq -1, -2, -3, \ldots$, then the Legendre functions of the first kind are representable by a definite integral ,

$$P_\alpha^m(z) = \frac{\Gamma(\ +m+1)}{\pi \Gamma(\alpha+1)} \int_0^\pi \left[z + (z^2-1)^{1/2} \cos t\right]^\alpha \cos mt \, dt.$$

A similar representation holds for Legendre functions of the second kind,

$$Q_\alpha^m(z) = (-1)^m \frac{\Gamma(\alpha+1)}{\Gamma(\alpha-m+1)} \int_0^\infty \frac{\cosh mt}{\left[z+(z^2-1)^{1/2} \cosh t\right]^{\alpha+1}} \, dt,$$

provided Re $(\alpha-m) > -1$. In both these formulas the meaning of the expressions $(z-1)^{1/2}$, $(z+1)^{1/2}$ is as usual obtained by continuity in the complex plane, cut along the interval $(-\infty, 1)$, assuming them real for z > 1. A similar remark applies to fractional powers.

---

[7] If α is an integer $\geq m$, or no integer at all, then clearly $P_\alpha^{-m}(z) = \left[\Gamma(\alpha-m+1)/\Gamma(\alpha+m+1)\right] P_\alpha^m(z)$, and the restriction to non-negative integers m is not essential . Similarly, $Q_\alpha^{-m}(z) = \left[\Gamma(\alpha-m+1)/\Gamma(\alpha+m+1)\right] Q_\alpha^m(z)$.

W. Gautschi

It is well-known that P_α^m and Q_α^m satisfy identical three-term recurrence relations, both with respect to order m and degree α. (See, e.g., [7], p. 160.) The fact that backward recursion techniques are applicable to obtain Legendre functions of integral order and argument greater than unity was already mentioned in [5]. The use of Miller's algorithm (cf. §3, sec. 9) for calculating toroidal functions of the second kind is described in [36]. No mention is made, in this reference, of the usefulness of infinite series for normalization purposes, which makes this algorithm even more attractive (cf. secs. 27,28 below).

23. Let us begin with considering the recurrence with respect to order m. Both $P_\alpha^m(z)$ and $Q_\alpha^m(z)$, as functions of m, are solutions of

$$(6.1) \qquad y_{m+1} + \frac{2\,mz}{(z^2-1)^{1/2}}\,y_m + (m+\alpha)\,(m-\alpha-1)y_{m-1}=0\,(m=1,2,3,\ldots)$$

We first assume that α is not an integer. The case of integral α will be dealt with in sec. 26.

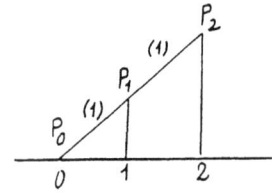

Fig. 6. Newton-Puiseux
diagram for (6.1)

The Newton Puiseux diagram of the difference equation (6.1) is a straight line segment with slope 1, and thus case (b) of Theorem 2.3 applies. The characteristic equation is

W. Gautschi

$$t^2 + \frac{2z}{(z^2-1)^{1/2}} t + 1 = 0,$$

which has the two roots

$$t_1 = -(\frac{z+1}{z-1})^{1/2}, \quad t_2 = t_1^{-1} .$$

Since $\text{Re} z > 0$, it is readily seen that

$$|t_1| > 1 > |t_2| .$$

Ey Theorem 2.3, and the remarks following it, the difference equation (6.1) thus possesses a distinguished solution f_m for which

$$\lim_{m \to \infty} \frac{f_{m+1}}{m f_m} = t_2 ;$$

For any other solution the corresponding limit is t_1. Let

$$(6.2) \quad F_m = \frac{P_\alpha^m(z)}{\Gamma(\alpha+m+1)} = \frac{1}{\pi \Gamma(\alpha+1)} \int_0^\pi [z + (z^2-1)^{1/2} \cos t]^\alpha \cos mt \, dt$$

so that

$$\frac{F_{m+1}}{F_m} \sim \frac{P_\alpha^{m+1}(z)}{m P_\alpha^m(z)} \quad (m \to \infty) .$$

The second member of this relation, by what just said, has a finite limit as $m \to \infty$, which is either t_1 or t_2. Where it t_1, then $|F_m|$ would tend to ∞, since $|t_1| > 1$. This, however, is impossible, since F_m by (6.2) are essentially the Fourier coefficients of a smooth function, and thus $\lim_{m \to \infty} F_m = 0$. There-fore, the limit is t_2, and $f_m = P_\alpha^m(z)$ is indeed the distinghi-shed solution of (6.1), while $g_m = Q_\alpha^m(z)$ belongs among the dominant solutions .

It follows that $P_\alpha^m(z)$ $(m=0,1,2,\ldots)$ can be obtained by the algorithms of §§ 3 and 4. As will be seen in the following section, an infinite series can be used for normalization, so that no values of $P_\alpha^m(z)$ need to be known in advance. The functions $Q_\alpha^m(z)$ $(m=0,1,2,\ldots)$, on the other hand, can safely be generated by forward use of (6.1) ; this requires two initial values for $m = 0$ and $m = 1$ to be available. In the important special case $\alpha = -\frac{1}{2} + n$, where n is an integer, these ini-tial values may also be obtained by the aforementioned algorithms, applied to the recurrence with respect to degree (cf. secs. 27 and 28 below).

24. We choose the following identity (see [7] ,p.166),

$$(6.3) \qquad P_\alpha(z) + 2 \sum_{M=1}^{\infty} \frac{\Gamma(\alpha+1)}{\Gamma(\alpha+m+1)} P_\alpha^m(z) = \left[z + (z^2-1)^{1/2}\right]^\alpha, \quad (8)$$

valid for $\mathrm{Re}\, z > 0$ and arbitrary α, to serve in the capacity of condition (3.2).

---

[8] As is customary, we write $P_\alpha(z)$ for $P_\alpha^0(z)$.

W. Gautschi

Thus

$$s = \left[z + (z^2-1)^{1/2}\right]^{\alpha} , \quad \lambda_m = 2\Gamma(\alpha+1) \; / \; \Gamma(\alpha+m+1)$$

in our formulas for the first and second algorithm. The convergence of the first algorithm then follows most rapidly by
considering instead of (6.1) the recurrence for the renormali-
zed functions F_m in (6.2). The resulting difference equation
will have two solutions F_m, G_m for which

$$\frac{G_{m+1}}{G_m} \to t_1 \quad , \quad \frac{F_{m+1}}{F_m} \to t_2 \qquad (m \to \infty) \; .$$

Moreover, the coefficients in the transformed identity (6.3)
are all equal to 2, except for the first, which is 1. Hence
the remark following Theorem 3.1 applies.

As will be remembered from §3, in the interest of
numerical stability, the quantity

$$\frac{s}{f_0} = \frac{\left[z + (z^2-1)^{1/2}\right]^{\alpha}}{P_{\alpha}(z)}$$

should not be permitted to become excessively small. While it
is difficult to check the magnitude of this quantity for the
full range of z and α, we shall at least look into the
behavior of this quantity near the singular points z=-1,
z=+1, z= ∞ .

As z tends to +1, or -1 in the plane cut from $-\infty$ to 1,
we have $P_{\alpha}(z) \to 1$, and so $|s/f_0| \to 1$.

W. Gautschi

To study the limiting case $z \to \infty$, we make use of the following facts (see $[35]$, §54): If $\alpha \neq -\frac{1}{2} + n$, where n is an integer, we have as $z \to \infty$

$$(6.4) \qquad P_\alpha(z) \sim A_\alpha(2z)^{-(\alpha+1)} + B_\alpha(2z)^\alpha ,$$

where

$$A_\alpha = \frac{\Gamma(-\alpha-\frac{1}{2})}{\sqrt{\pi}\,\Gamma(-\alpha)} , \qquad B_\alpha = \frac{\Gamma(\alpha+\frac{1}{2})}{\sqrt{\pi}\,\Gamma(\alpha+1)} ,$$

Otherwise, when $\alpha = -\frac{1}{2} + n$, then

$$P_{\frac{1}{2}+n}(z) \sim \begin{cases} \dfrac{\sqrt{2}}{\pi} z^{-1/2}\ln z & \text{if } n = 0 \\[3mm] \dfrac{1}{\sqrt{\pi}}\dfrac{\Gamma(|n|)}{\Gamma(|n|+\frac{1}{2})}(2z)^{|n|-\frac{1}{2}} & \text{if } n \neq 0. \end{cases}$$

Hence, in the case of (6.4),

$$\frac{s}{f_0} \sim \frac{(2z)^\alpha}{A_\alpha(2z)^{-(\alpha+1)} + B_\alpha(2z)^\alpha} = \frac{1}{A_\alpha(2z)^{-(2\alpha+1)} + B_\alpha} ,$$

which becomes small in modulus only if $\text{Re}(2\alpha+1) < 0$, i.e., $\text{Re}\,\alpha < -\frac{1}{2}$. Then, in fact

$$\frac{s}{f_0} = 0 \quad (2|z|)^{\text{Re}(2\alpha+1)} \quad .$$

W. Gautschi

In the case $\alpha = -\dfrac{1}{2} + n$, we have

$$\frac{s}{f_0} \sim \begin{cases} \dfrac{\pi}{2\,\ell n\,z} & \text{if } n = 0 \\[2em] \sqrt{\pi}\ \dfrac{\Gamma(n + \frac{1}{2})}{\Gamma(n)} & \text{if } n > 0 \\[2em] \sqrt{\pi}\ \dfrac{\Gamma(|n| + \frac{1}{2})}{\Gamma(|n|)}\,(2z)^{-2|n|} & \text{if } n < 0 \end{cases}$$

Here, the third case $(n < 0)$ is critical, and also the first, but to a much lesser degree.

It is useful to check also the case of small $|z|$. Since

$$P_\alpha(0) = \frac{\cos{(\alpha\pi/2)}}{\sqrt{\pi}}\ \frac{\Gamma((\alpha+1)/2)}{\Gamma((\alpha/2)+1)}\ ,$$

we obtain immediately

(6.5) $\qquad \dfrac{s}{f_0} \longrightarrow \dfrac{\sqrt{\pi}\,(\pm i)^\alpha \Gamma((\alpha/2) + 1)}{\cos{(\alpha\pi/2)}\ \Gamma((\alpha+1)/2)} \qquad (z \to 0)\ .$

If α is real, the limit in (6.5) has small absolute value only if α is negative, large in modulus, and $(\alpha/2) + 1$ is near one of the minima of the gamma function. In practice, this situation is not likely to occur. For complex α, the additional possibility of $|\mathrm{Im}\,\alpha|$ being large should be observed, in which case

$$\left|\cos\,(\alpha\pi/2)\right| \approx \frac{1}{2}\,e^{(\pi/2)\left|\mathrm{Im}\,\alpha\right|},$$

i.e., $\left|s/f_0\right|$ is exponentially small.

For all practical purposes, then, we have found two cases, in which $\left|s/f_0\right|$ may become small, and thus numerical instability is a possibility, and these are (i) $|z|$ small and $\left|\mathrm{Im}\,\alpha\right|$ large, (ii) $|z|$ large and $\mathrm{Re}\,\alpha < -\frac{1}{2}$. The second case is easily avoided by employing the relation

$$(6.6) \qquad P_\alpha^m(z) = P_{-\alpha-1}^m(z),$$

if necessary. If $\mathrm{Re}\,\alpha < -\frac{1}{2}$, then indeed $\mathrm{Re}(-\alpha-1) > -\frac{1}{2}$.

25. Restricting α to have real part $-\frac{1}{2}$ one obtains Mehler's conical functions $P_{-\frac{1}{2}+i\tau}^m(z)$, where τ is real. Since $P_{-\frac{1}{2}-i\tau}^m(z)$, by (6.6), these functions are real when z is real. It suffices, moreover, to consider non-negative values of τ. We shall assume z=x > 1, which is a case of practical interest. From (6.1) one then obtains the following recurrence relation for $y_m = P_{-\frac{1}{2}+i\tau}^m(x)$,

$$(6.7) \quad y_{m+1} + \frac{2mx}{(x^2-1)^{1/2}}\,y_m + \left[(m-\tfrac{1}{2})^2 + \tau^2\right]y_{m-1} = 0 \quad (m=1,2,3,\dots).$$

The discussion above for general Legendre functions applies immediately, with obvious substitutions, to conical functions. However, the expansion (6.3) is not convenient, since both its coefficients and the right-hand member will be complex.

W. Gautschi

To arrive at a relation in the real domain, we write down
(6.3) (with z=x) once for $\alpha = -\frac{1}{2} + i\tau$, and once for
$\alpha = -\frac{1}{2} - i\tau$, and then form the arithmetic mean of the two
identities. We obtain

$$P_{-\frac{1}{2}+i\tau}(x) + \sum_{m=1}^{\infty} \lambda_m P^m_{-\frac{1}{2}+i\tau}(x) = \left[x+(x^2-1)^{1/2}\right]^{-1/2}$$
$$\cos(\tau \ln\left[x+(x^2-1)^{1/2}\right]),$$

where now

$$\lambda_m = u_m + \bar{u}_m , \qquad u_m = \frac{\Gamma(\frac{1}{2} + i\tau)}{\Gamma(\frac{1}{2} + i\tau + m)} .$$

The λ's are best obtained from a three-term recurrence
relation. We clearly have

$$u_{m+1} = \frac{u_m}{m + \frac{1}{2} + \tau} = \frac{m + \frac{1}{2} - i\tau}{(m + \frac{1}{2})^2 + \tau^2} u_m.$$

For notational simplicity, let

(6.8) $\qquad \alpha_m = m + \frac{1}{2} , \qquad \beta_m = (m + \frac{1}{2})^2 + \tau^2.$

Then

$$\beta_m u_{m+1} = (\alpha_m - i\tau) u_m ,$$

$$\beta_m \bar{u}_{m+1} = (\alpha_m + i\tau) \bar{u}_m .$$

Adding, and subtracting, we get

$$\beta_m \lambda_{m+1} = \alpha_m \lambda_m - \tau \mu_m,$$

(6.9)

$$\beta_m \mu_{m+1} = \alpha_m \mu_m + \tau \lambda_m,$$

where $\mu_m = i(u_1 - \bar{u}_m)$. Eliminating the μ's, we find

$$\lambda_{m+1} - \frac{\alpha_{m-1} + \alpha_m}{\beta_m} \lambda_m + \frac{\alpha_{m-1}^2 + \tau^2}{\beta_{m-1} \beta_m} \lambda_{m-1} = 0 \quad ,$$

or, with the values (6.8) inserted,

(6.10) $\lambda_{m+1} - \dfrac{2m}{(m+\frac{1}{2})^2 + \tau^2} \lambda_m + \dfrac{1}{(m+\frac{1}{2})^2 + \tau^2} \lambda_{m-1} = 0$ (m=2,3,...).

The initial values are [9]

(6.11) $\qquad \lambda_1 = \dfrac{1}{\frac{1}{4} + \tau^2}$, $\qquad \lambda_2 = \dfrac{\frac{3}{2} - 2\tau^2}{(\frac{1}{4} + \tau^2)(\frac{9}{4} + \tau^2)}$.

We observe that the recursion (6.10) belongs to case (b) of Theorem 2.3 , the characteristic equation being $(t-1)^2 = 0$. Because of the double root $t_1 = t_2 = 1$, Theorem 2.3 is somewhat inconclusive, as it does not permit to decide whether the

---

[9] It may be noted that (6.10) holds also for m=0 and m=1, if we define $\lambda_{-1} = -1$ $\lambda_0 = (\frac{1}{2} + 2\tau^2)/(\frac{1}{4} + \tau^2)$.

W. Gautschi

recursion in (6.10), (6.11) is numerically stable. We observe, however, that another solution of (6.10) is μ_m, as follows by eliminating the λ's in (6.9). Therefore, Re u_m and Im u_m are a pair of linearly independent solutions of (6.10). Since by Stirling's formula,

$$u_m \sim (\frac{e}{m})^m \; e^{\, i \, [\tau - m\frac{\pi}{2} - \frac{\pi}{2} \ell n((m + \frac{1}{2})^2 + \tau^2)]} \qquad (m \to \infty) \; ,$$

up to a constant factor, we see that both solutions decay rapidly in an oscillatory manner, the speed of decay being t. same for both. Hence no danger of numerical instability exists.

26. A further interesting special case is obtained by assuming α a non-negative integer, $\alpha = p$. Then, in fact

$$P_p^m(z) \; = \; \frac{(z^2 - 1)^{m/2}}{2^p \, p!} \; \frac{d^{p+m}}{dz^{p+m}} \; (z^2 - 1)^p \; .$$

This shows that

$$P_p^m(z) \equiv 0 \text{ if } m > p.$$

Theorem 1.1 with $f_m = P_p^m(z)$, therefore, is no longer applicable, since the assumption $f_m \neq 0$ (all m) does not hold. Neither apply the asymptotic results of §2, the assumption (2.2) now being violated.

Nevertheless, f_m still satisfies the recurrence relation (6.1) (with $\alpha = p$) for <u>all</u> values of m, thus in particular for

$m=p$, $p-1,\ldots,1$, whereby $f_{p+1}=0$. The formal argument used on page 268 to derive the continued fraction (1.16) is now perfectly legitimate, if we set $r_p = f_{p+1}/f_p = 0$. It follows that the representation (1.16) for f_m/f_{m-1} remains valid, the continued fraction now being finite. As a consequence of this, the r-recursion in our algorithm (3.10), if started with $\nu=p$, furnishes the __exact__ ratios $r_{m-1} = f_m/f_{m-1}$, apart from rounding errors. The same is true for the s-recursion, which yields exact values of $s_{m-1} = \sum_{r=m}^{p} \lambda_r f_r/f_{m-1}$, the infinite series in (6.3) reducing to a finite sum, when $\alpha = p$. In short, (3.10) __with__ $\nu =p$ now represents the complete algorithm for computing $f_m = P_p^m(z)$ $(m=0,1,2,\ldots,p)$, __and no iteration on__ ν __is required__ .

27.   We now proceed to the recurrence relation with respect to degree. Let a, m, and z be fixed, and consider $P_{a+n}^m(z)$ as functions of n. They both obey the relation

(6.12) $(n+a-m+1)y_{n+1}-(2n+2a+1)zy_n + (n+a+m)y_{n-1}=0$ $(n=0,1,2,\ldots)$.

This is a Poincaré difference equation whose characteristic equation is

$$t^2 - 2zt + 1 = 0.$$

The two roots are

$$t_1 = z + (z^2-1)^{1/2}, \quad t_2 = t_1^{-1} = z-(z^2-1)^{1/2},$$

and it is readily verified that for Re z > 0

$$|t_1| > 1 > |t_2| \quad .$$

From Theorem 2.3(b), and the remarks following this theorem, we conclude that (6.12) has a distinguished solution f_n for which $\lim_{n \to \infty} f_{n+1}/f_n = t_2$, while the limit is t_1 for every other solution. Now it is known (see, e.g., [7] , p. 162), that

$$Q^m_{a+n}(z) \sim (-1)^m \sqrt{\frac{\pi}{2}} \frac{\Gamma(a+n+m+1)}{\Gamma(a+n+\frac{3}{2})} (z^2-1)^{-1/4} t_2^{a+n+\frac{1}{2}} \quad (n \to \infty),$$

for z ouside the cut from $-\infty$ to 1, thus in particular for those z which we are considering here. It follows immediately, therefore, that the distinguished solution is $f_n = Q^m_{a+n}(z)$, and that $g_n = P^m_{a+n}(z)$ is now a dominant solution.

The computation of $P^m_{a+n}(z)$ for n = 0,1,2,..., can proceed using (6.12) in the normal fashion. The required initial values $P^m_a(z)$, $P^m_{a+1}(z)$ may be obtained by the methods discussed above in sections 23 and 24. These functions are thus again computable entirely from their recurrence relations. On the other hand, $Q^m_{a+n}(z)$, as the distinguished solution of (6.12), is amenable to the algorithms of sections 3 and 4.

28. Unfortunately, no simple infinite series relation involving the $f_n = Q^m_{a+n}(z)$ for arbitrary a appears to be known, which could be used in connection with our first or second algorithm. Computation of one initial value, $Q^m_a(z)$,

seems therefore unavoidable. In the special case of <u>toroidal</u>
<u>functions</u> $Q^m_{-\frac{1}{2}+n}(z)$, however, we have the following relation
([7] , p. 166),

$$Q^m_{-\frac{1}{2}}(z) + 2 \sum_{n=1}^{\infty} Q^m_{-\frac{1}{2}+n}(z) = (-1)^m \sqrt{\frac{\pi}{2}} \ \Gamma(m+\frac{1}{2})(z-1)^{1/2}(\frac{z+1}{z-1})^{m/2}$$

which lends itself well for normalization, unless z is complex
and near the singular point -1.

29. We wish now to give some additional numerical information concerning the algorithms described in this paragraph.

Of foremost interest is again the determination of ν/N in
our first algorithm. A derivation of an estimate by analytical
means appears to be out of question. We tried, therefore, to
determine the behavior of ν/N empirically, as a function of the
various parameters involved. To simplify the task, we assumed
a fixed accuracy requirement of six significant digits.
Moreover, we decided to consider a fixed value of N. Since ν/N
was found to decrease with N, we deemed it desirable to select
a relatively large value of N as representative, namely, N = 50.
If we would not do so, we would considerably overestimate ν/N,
and pay heavily for this in cases where N is actually large.
To compensate for a possible underestimation in cases where
N is small, we suggest that a relatively large increment of
γ , say 10, or even 20, be used in the iteration process of the
first algorithm. Having thus disposed of two parameters, we

are still left with two in each algorithm.

In the case of Legendre functions $f_n = P_\alpha^n(x)$, where $x > 1$, $\alpha \geq -\frac{1}{2}$, the value of ν/N found empirically for $N=50$ is depicted in Fig. 7, as a function of x and α. A reasonably good approximation to these curves was obtained in the form

$$\frac{\nu}{N} = \frac{37.26 + .1283(\alpha + 38.26)x}{37.26 + .1283(\alpha + 1)x} .$$

We recommend, incidentally, to generate $F_n = f_n/\Gamma(\alpha+n+1)$, rather than f_n, which simplifies somewhat our algorithms (cf. sec. 24).

For the conical functions $P_{-\frac{1}{2}+i\tau}^n(x)$, where $x > 1, \tau \geq 0$, the empirical value of ν/N as a function of x and τ is shown in Fig. 8. The curves were fitted by a function which is linear in both x and τ, viz.

$$\frac{\nu}{N} = 1 + (1.140 + .0246\,\tau)(x-1).$$

As the graphs in Fig. 8 show, the conical functions are by far the hardest to compute. In addition of ν/N being large, the generation of the λ_m by (6.10) may also cause underflow, especially if ν is very large. This in turn may affect adversely the quantities $s_n^{(\nu)}$ in (3.10).

Finally, in the case of torroidal functions $Q_{-\frac{1}{2}+n}^m(x)$, where $x > 1$, $m \geq 0$, the behavior of ν/N as a function of x and m is shown in Fig. 9, and roughly approximated by

W. Gautschi

$$\frac{\nu}{N} \doteq 1.15 + \frac{.0146 + .00122m}{x - 1}$$

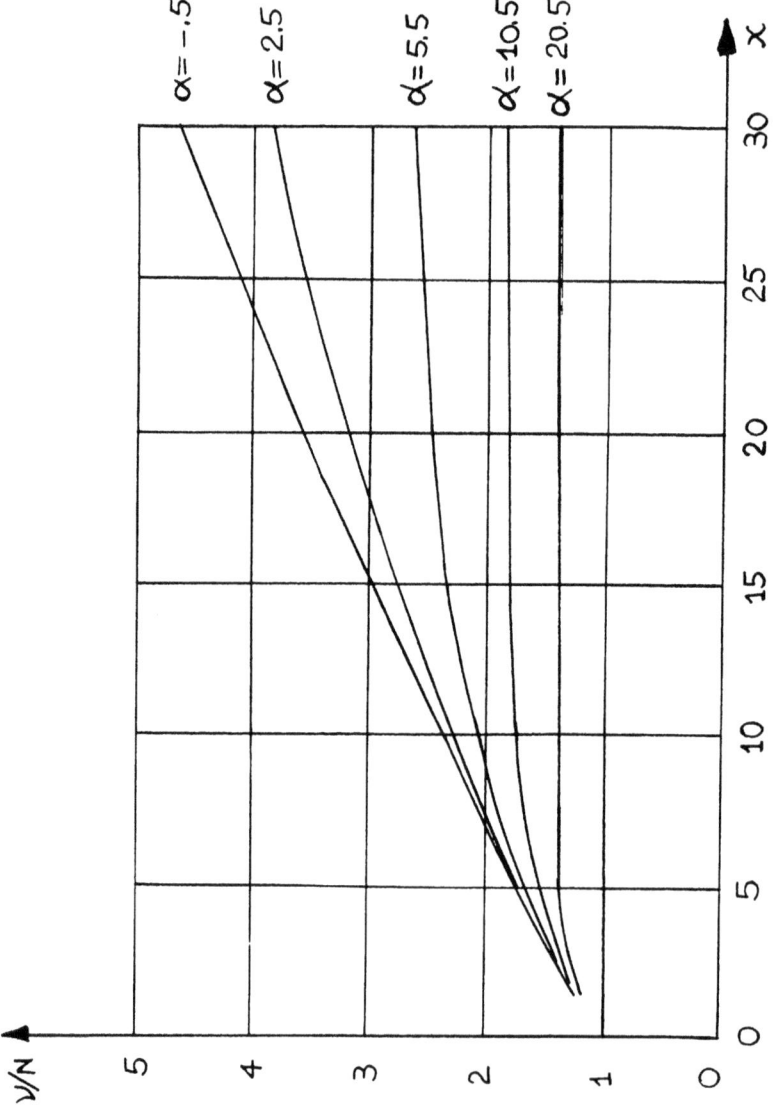

Fig. 7. Empirical ν/N for Legendre functions $P_\alpha^n(x)$, $n = 0(1)N$, where $N = 50$

W. Gautschi

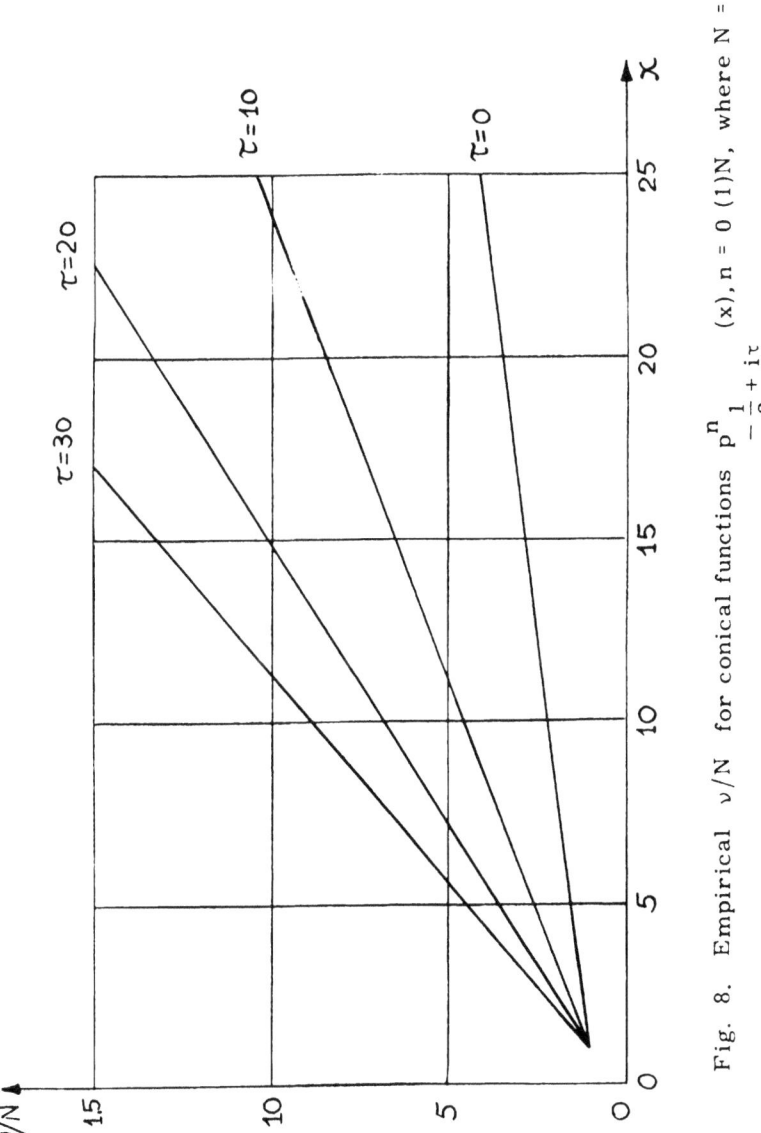

Fig. 8. Empirical ν/N for conical functions $P^n_{-\frac{1}{2}+i\tau}(x)$, $n = 0\,(1)N$, where $N = 50$

W. Gautschi

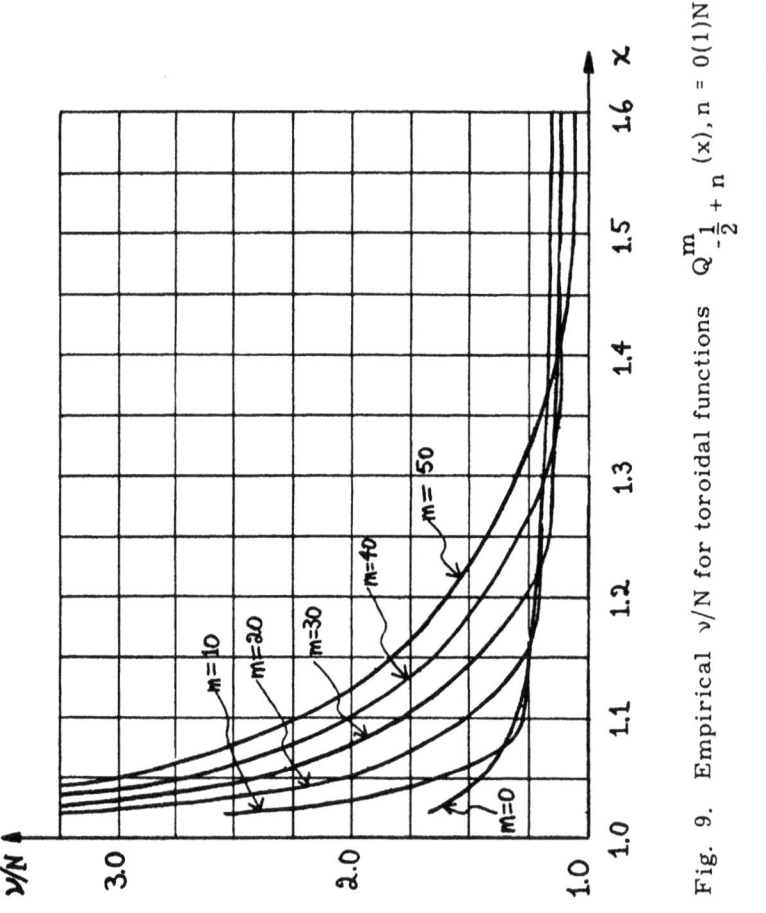

Fig. 9. Empirical ν/N for toroidal functions $Q^m_{-\frac{1}{2}+n}(x)$, $n = 0(1)N$, where $N = 50$

§8. Incomplete beta function.

33.   The incomplete beta function is defined as the integral

$$(8.1) \qquad B_x(p,q) = \int_0^x t^{p-1}(1-t)^{q-1} \, dt \quad (p > 0, \quad q > 0, \quad 0 < x \le 1).$$

The complete beta function is obtained when $x=1$, and can be expressed in terms of gamma functions,

$$(8.2) \qquad B_1(p,q) = \int_0^1 t^{p-1}(1-t)^{q-1} \, dt = \frac{\Gamma(p)\Gamma(q)}{\Gamma(p+q)} \quad .$$

For large p, or large q, Laplace's method (see [6], p. 37) yields the asymptotic formulas,

$$(8.3) \qquad B_x(p,q) \sim (1-x)^{q-1} \frac{x^p}{p} \qquad (p \to \infty, \; q \text{ fixed}),$$

$$(8.4) \qquad B_x(p,q) \sim \Gamma(p) q^{-p} \qquad (p \to \infty, \; p \text{ fixed}).$$

In probability distribution theory the following ratio of beta functions is important,

$$(8.5) \qquad I_x(p,q) = \frac{B_x(p,q)}{B_1(p,q)} \quad .$$

Recurrence relations hold in both variables p and q (see [2]):

$$(8.6) \qquad pI_x(p+1,q) - \left[(p+q-1)x + p\right] I_x(p,q) + (p+q-1)xI_x(p-1,q)=0,$$

W. Gautschi

(8.7) $qI_x(p,q+1)- [(p+q-1)(1-x)+q] I_x(p,q)+(p+q-1)(1-x) I_x(p,q-1)=0$ (10)

It also follows easily from (8.5) that

(8.8) $$I_x(q,p) = 1 - I_{1-x}(p,q).$$

34. The calculation of $I_x(p,q)$ presents no difficulty when both p and q are small or moderately large. Expansion of $(1-t)^{q-1}$ into the binomial series then leads to a rapidly convergent series for $B_x(p,q)$, especially since by (8.8) we can always arrange to have x in the interval $0 \leqslant x \leqslant \frac{1}{2}$. Moreover, the gamma functions in (8.2) are rapidly calculated by reducing the arguments to some standard interval for which rational approximations are available ([41]). When p or q is large, however, it may be more efficient to make use of the recursions (8.6) qr (8.7)

35. Consider then, first,

$$f_n = I_x(p+n,q) \quad (n=0,1,2,\ldots; \quad 0<p\leqslant 1, \quad q>0).$$

By (8.6) this is a solution of

(8.9) $$y_{n+1} - (1 + \frac{n+p+q-1}{n+p} x) y_n + \frac{n+p+q-1}{n+p} xy_{n-1} = 0,$$
again a Poincaré difference equation. The characteristic equation $t^2-(1+x)t + x = 0$ has the roots

---

10) Formula (14) in reference [2] contains a misprint: the last term on the left should have the factor q, not p.

$$t_1 = 1 , \quad t_2 = x .$$

By inspection (8.9) has the solution $y_n \equiv 1$, which clearly corresponds to the root t_1. On the other hand, from (8.3) and (8.5), we find

$$f_{n+1}/f_n \sim x \quad (n \to \infty),$$

so that f_n corresponds to the root t_2. Therefore, f_n is the distinguished solution of (8.9).

While our methods of §§3 and 4 again apply, it must be noted that in contrast to the previous examples the dominant solution is now bounded. Forwad recursion by means of (8.9) should therefore cause no difficulties if the f_n are to be obtained to a fixed number of decimals after the decimal point. If a given number of significant digits is required, however, it is more appropriate to employ the algorithms in §§3 and 4. The initial value $f_0 = I_x(p,q)$ needed in these algorithms may be obtained by first reducing q modulo 1 to q_0, where $0 < q_0 \leqslant 1$, then calculating $I_x(p,q_0)$, $I_x(p,q_0+1)$ by series expansion, and finally applying the second recursion (8.7) to connect with $I_x(p,q)$.

36. Consider next

$$g_n = I_x(p,q+n) \qquad (n=0,1,2,\ldots; \; p > 0, \; 0 < q \leqslant 1).$$

From (8.7) we now get the difference equation

$$(8.10) \quad y_{n+1} - \left[1 + \frac{n+p+q-1}{n+q}(1-x)\right] y_n + \frac{n+p+q-1}{n+q}(1-x)y_{n-1}=0,$$

which may also be obtained from (8.9) by interchanging p with
q and, simultaneously, x with 1-x. Therefore (8.10) has the
two solutions g_n and $I_{1-x}(q+n,p)$, of which the latter is again
the distinguished solution. We see that g_n is among the
dominant solutions, and no problem of numerical instability
arises.

An ALGOL procedure based on the methods described in
this paragraph may be found in [14] .

§9. Repeated integrals of the error function.

37. In problems of heat conduction the complementary error function

$$\text{erfc } z = \frac{2}{\sqrt{\pi}} \int_z^\infty e^{-t^2} \, dt$$

and its repeated integrals frequently occur. Following Hartree ([19]) we denote

$$i^0 \text{ erfc } z = \text{erfc } z,$$

$$i^n \text{ erfc } z = \int_z^\infty i^{n-1} \text{ erfc } t \, dt \quad (n=1,2,3,\ldots).$$

It is also convenient to define

$$i^{-1} \text{ erfc } z = \frac{2}{\sqrt{\pi}} e^{-z^2} .$$

Expressed as a single integral, we have

$$i^n \text{ erfc } z = \frac{2}{\sqrt{\pi}} \int_z^\infty \frac{(t-z)^n}{n!} e^{-t^2} dt.$$

Writing

$$i^{n+1} \text{erf } z = \frac{2}{\sqrt{\pi}} \left(\frac{1}{n+1}\right) \int_z^\infty \frac{(t-z)^n}{n!} t e^{-t^2} dt - \frac{z}{n+1} \int_z^\infty \frac{(t-z)^n}{n!} e^{-t^2} dt),$$

and evaluating the first integral by parts, one finds

W. Gautschi

$$i^{n+1} \text{ erfc } z + \frac{z}{n+1} i^n \text{ erfc } z - \frac{1}{2(n+1)} i^{n-1} \text{erfc } z = 0 \quad (n=0,1,2,\ldots)$$

38. Consider now

$$f_n = e^{z^2} i^n \text{ erfc } z \quad (n=-1,0,1,2,\ldots),$$

which clearly is a solution of

(9.1) $\quad y_{n+1} + \frac{z}{n+1} y_n - \frac{1}{2(n+1)} y_{n-1} = 0 \quad (n=0,1,2,\ldots).$

To this difference equation case (c) of Theorem 2.3 could be applied with the result that all solutions behave "similarly" as $n \to \infty$, viz.

$$\lim_{n \to \infty} \sup \left(|y_n| \sqrt{n!} \right)^{1/n} = \frac{1}{\sqrt{2}} .$$

This conclusion is somewhat deceiving, as in fact f_n is the distinguished solution of (9.1).

To see this, we make use of the result that for any fixed z, as $n \to \infty$,

(9.2) $\quad i^n \text{ erfc } z \sim \frac{e^{-\frac{1}{2}z^2}}{2^n \Gamma(\frac{n}{2} + 1)} e^{-\sqrt{2n}\, z} .$

(See [8], p. 123, and also recall that the repeated integrals of the error function are related to parabolic cylinder functions $D_\nu(z)$ by $i^n \text{ erfc } z = (e^{-z^2}/2^{n-1} \pi)^{1/2} D_{-n-1}(z \sqrt{2})$. By inspection, moreover, one sees that

$$g_n = (-1)^n e^{z^2} i^n \operatorname{erfc}(-z)$$

also satisfies the recurrence relation (9.1). Applying (9.2) to both f_n and g_n, we find

(9.3) $\qquad (-1)^n \dfrac{f_n}{g_n} \sim e^{-2\sqrt{2n}\, z} \quad (n \to \infty)$.

This shows that f_n is indeed the distinguished solution of (9.1) whenever $\operatorname{Re} z > 0$. Otherwise, when $\operatorname{Re} z < 0$, g_n is the distinguished solution.

39. Our algorithms of §§3 and 4 for computing f_n are particularly simple, in this case, since the initial value is known to be

$$f_{-1} = 2/\sqrt{\pi} \ .$$

Therefore, the s-recursion in (3.10) and the σ-recursion in (4.2) are both not needed. From (9.3) it is evident that convergence of the first algorithm is the better the further away z is from the imaginary axis.

The application of Miller's backward recurrence algorithm in this connection was first suggested by M. Abramowitz ([1]), and is further analyzed in [11] .
We note, incidentally, that Theorem 1.1 gives us the identity

$$\frac{f_n}{f_{n-1}} = \frac{\dfrac{1}{2(n+1)}}{\dfrac{z}{n+1}+} \frac{\dfrac{1}{2(n+2)}}{\dfrac{z}{n+2}+} \frac{\dfrac{1}{2(n+3)}}{\dfrac{z}{n+3}+} \cdots \; ,$$

which by a similarity transformation can be brought into the form

$$\frac{i^n \, \mathrm{erfc} \, z}{i^{n-1} \mathrm{erfc} \, z} = \frac{1/2}{z+} \frac{(n+1)/2}{z+} \frac{(n+2)/2}{z+} \cdots \qquad (\mathrm{Re}\, z > 0).$$

For n = 0, this reduces to the well-known result

$$2e^{z^2} \int_z^\infty e^{-t^2} \, dt = \frac{1}{z+} \frac{1/2}{z+} \frac{1}{z+} \frac{3/2}{z+} \cdots \; .$$

W. Gautschi

§10. An example arising in the numerical computation of Fourier
coefficients.

40. Let $f(t)$ be a function defined and continuous on the
closed interval $[0,2\pi]$, and let

$$(10.1) \quad a_p = \int_0^{2\pi} f(t) \cos pt \, dt, \quad b_p = \int_0^{2\pi} f(t) \sin pt \, dt \quad (p=0,1,2,\ldots)$$

denote its Fourier coefficients. The determination of these
quantities is a subject of harmonic analysis, and also an
important topic of numerical analysis. From the latter point
of view, two main difficulties stand out, when p is large.
Firstly, if one attempts to apply standard integration
techniques, such as the trapezoidal rule, one is forced into
a rather fine subdivision of the interval $[0,2\pi]$ in order to
cover adequately the many oscillations of the trigonometric
factors in (10.1). Secondly, even if one adopts a sufficiently
fine subdivision, substantial cancellation of digits will occur
in the summation associated with the integration formula.
Indeed, by Riemann's lemma, both a_p and b_p tend to zero when
$p \to \infty$, whereas the individual terms of the integration formula
need not be small at all. In matter of fact, cancellation will
be the heavier the smoother the function f is!

To meet this difficulty, it has been suggested to use
Gauss type integration methods, treating the troublesome
trigonometric factors as weight functions ([42] , [43]). As
the general theory of Gaussian integration requires non-negative weight functions, one first writes

$$(10.2) \quad a_p = \int_0^{2\pi} f(t) \cos pt \, dt = \int_0^{2\pi} f(t)dt - \int_0^{2\pi} f(t)(1-\cos pt) \, dt.$$

and similarly for b_p. Then Gaussian integration is applied to
the second integral, while the first integral is evaluated by
some standard technique. Both integrals may have to be evaluated to high accuracy, since for large p, they are nearly equal.
Thus, our original difficulty is not entirely eliminated, but
appears to be under better control.

Naturally, Gaussian integration formulas of possibly
various orders, have to be obtained for each value of p. While
this is a formidable task in itself, it appears quite feasible
on current high-speed computers. The writer, in fact, is
presently studying this problem for arbitrary weight-functions
whose moments can be calculated. In the case at hand, the
moments are

$$(10.3) \quad c_k = \int_0^{2\pi} t^k(1-\cos pt)dt, \quad s_k = \int_0^{2\pi} t^k(1-\sin pt)dt \quad (k=0,1,2,\ldots$$

Our concern here will be the generation of these quantities.

41. We assume p a positive integer. Integrating by parts,
we have [11]

---

[11] In principal, c_k and s_k could be evaluated in closed form.
However, recursive generation of these quantities is more
effective. Alternatively, we could integrate the additive
term t^k in closed form, and compute $\int_0^{2\pi} t^k \cos pt \, dt$
and $\int_0^{2\pi} t^k \sin pt \, dt$ recursively. No substantial simplification would result, however.

W. Gautschi

$$c_{k+1} = \int_0^{2\pi} t^{k+1}(1-\cos pt)dt = \left[t^{k+1}(t-\frac{\sin pt}{p}) \right]_0^{2\pi} - \int_0^{2\pi} (k+1)t^k(t-$$
$$- \frac{\sin pt}{p}) \, dt$$

$$= (2\pi)^{k+2}-(k+1)\int_0^{2\pi} t^{k+1}dt + \frac{k+1}{p}\int_0^{2\pi} t^k \sin pt \, dt$$

$$= (2\pi)^{k+2}-\frac{k+1}{k+2}(2\pi)^{k+2} - \frac{k+1}{p}\int_0^{2\pi} t^k(1-\sin pt)dt+\frac{k+1}{p}\int_0^{2\pi} t^k \, dt$$

$$= (2\pi)^{k+2}-\frac{k+1}{k+2}(2\pi)^{k+2} + \frac{1}{p}(2\pi)^{k+1} - \frac{k+1}{p} s_k \, ,$$

hence

(10.4) $c_{k+1} = - \dfrac{k+1}{p} s_k + (2\pi)^{k+1} (\dfrac{1}{p} + \dfrac{2\pi}{k+2}$ $(k=0,1,2,\ldots)$.

Similarly, one obtains

(10.5) $s_{k+1} = \dfrac{k+1}{p} c_k + \dfrac{(2\pi)^{k+2}}{k+2}$ $(k=0,1,2,\ldots)$.

Replacing k by k-1 in (10.5), and inserting the result in (10.4), one gets

(10.6) $c_{k+1} = -\dfrac{k(k+1)}{p^2} c_{k-1} + \dfrac{(2\pi)^{k+2}}{k+2}$ $(k=1,2,3,\ldots)$.

Eliminating similarly the c's from (10.4) and (10.5), one gets

(10.7) $s_{k+1} = -\dfrac{k(k+1)}{p^2} s_{k-1} + (2\pi)^k (\dfrac{k+1}{p^2} + \dfrac{2\pi}{p} + \dfrac{4\pi^2}{k+2})$.

Writing down (10.6) once with k increased by unity, and once with k decreased by unity, and eliminating the inhomogeneous terms from the resulting relations, one finally obtains

$$(10.8) \quad c_{k+2} + \left[\frac{(k+1)(k+2)}{p^2} - \frac{4\pi^2(k+1)}{k+3} \right] c_k - 4\pi^2 \frac{(k-1)k(k+1)}{p^2(k+3)} c_{k-2} = 0.$$

Similarly,

$$(10.9) \quad s_{k+2} + \left[\frac{(k+1)(k+2)}{p^2} - \widetilde{\sigma}_k \right] s_k - \widetilde{\sigma}_k \frac{(k-1)k}{p^2} s_{k-2} = 0,$$

where

$$\widetilde{\sigma}_k = 4\pi^2 \frac{k+2 + 2\pi p + \frac{4\pi^2 p^2}{k+3}}{k+2\pi p + \frac{4\pi^2 p^2}{k+1}} \quad .$$

The recurrence relations (10.8), (10.9) are valid for $k \geq 2$.

42. Consider now

$$f_n = c_{2n+2} \qquad (n=0,1,2,\dots).$$

Letting $k = 2n+2$ in (10.8) we see that f_n is a solution of

$$(10.10) \quad y_{n+1} + (2n+3) \left[\frac{2n+4}{p^2} - \frac{4\pi^2}{2n+5} \right] y_n - 4\pi^2 \frac{(2n+1)(2n+2)(2n+3)}{p^2(2n+5)} y_{n-1} = 0$$

$$(n=1,2,3,\dots) \quad .$$

Similarly,

$$f_n^* = c_{2n+1}, \quad v_n = s_{2n+2}, \quad v_n^* = s_{2n+1}$$

W. Gautschi

are solutions, respectively, of

$$(10.11) \quad y_{n+1} + (2n+2)\left[\frac{2n+3}{p^2} - \frac{2\pi^2}{n+2}\right] y_n - 8\pi^2 \frac{n(n+1)(2n+1)}{p^2(n+2)} y_{n-1} = 0,$$

$$(10.12) \quad y_{n+1} + \left[\frac{(2n+3)(2n+4)}{p^2} - \sigma_{2n-2}\right] y_n - \sigma_{2n+2} \frac{(2n+1)(2n+2)}{p^2} y_{n-1} = 0,$$

$$(10.13) \quad y_{n+1} + \left[\frac{(2n+2)(2n+3)}{p^2} - \sigma_{2n+1}\right] y_n - \sigma_{2n+1} \frac{2n(2n+1)}{p^2} y_{n-1} = 0.$$

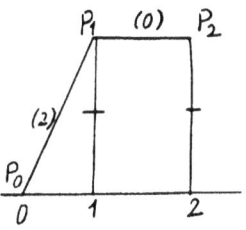

Fig. 10. Newton-Puiseux
diagram for (10.10)-
(10.13)

All these difference equations have the same Newton-Puiseux diagram consisting of two line segments with slopes 2 and 0 (see Fig. 10). Moreover, their coefficients a_n, b_n have the same asymptotic behavior described by

$$a_n \sim \frac{4}{p^2} n^2 \quad , \qquad b_n \sim -\frac{16\pi^2}{p^2} n^2 \qquad (n \to \infty) \; .$$

It follows from part (a) of Theorem 2.3, that each one of the equations (10.10)-(10.13) has a pair of fundamental solutions, $y_{n,1}$ and $y_{n,2}$, for which

$$(10.14) \quad \frac{y_{n+1,1}}{y_{n,1}} \sim -\frac{4}{p^2} n \quad , \qquad \frac{y_{n+1,2}}{y_{n,2}} \sim 4\pi^2 \qquad (n \to \infty) \; .$$

Both solutions thus tend with n to infinity, but the first
one much more rapidily than the second.

Applying Laplace's method ($[6]$,p. 37) to the integrals
in (10.3), one finds readily that for $n \to \infty$,

$$c_{2n+h} \sim p^2 (\pi/n)^3 (2\pi)^{2n+h} \quad , \quad s_{2n+h} \sim \frac{\pi}{n}(2\pi)^{2n+h} \quad (h=1,2).$$

The c's and s's, therefore, exhibit the same asymptotic
behavior as $y_{n,2}$ in (10.14). Consequently, all four solutions
considered above are indeed distinguished solutions of the
respective equations in (10.10)-(10.13).

Our algorithms of §§3 and 4 again apply in their simplified versions (without normalizing series), as we have

$$f_o = 2\pi(\frac{4\pi^2}{3} - \frac{2}{p^2}) \quad , \quad f_o^* = 2\pi^2 \quad ,$$

$$v_o = 4\pi^2 (\frac{2\pi}{3} + \frac{1}{p}) \quad , \quad v_o^* = 2\pi (\pi + \frac{1}{p}) .$$

W. Gautschi

§11.A boundary value problem.

43. Consider the boundary value problem

(11.1) $y'' + p(t)y' - q(t)y = 0$,

(11.2) $y(0) = 1$, $y(\infty) = 0$,

where p(t) and q(t) are continuous functions defined on
$[0,\infty)$. It is not uncommon in applications that, while the
problem admits a unique solution, every other solution of the
differential equation satisfying the first boundary condition
tends to infinity in modulus, as $t \to \infty$. In such a case, then,
the solution of the boundary value problem has again the
property of being distinguished (in the continuous sense).When
solving (11.1), (11.2) numerically, by a method of finite
differences, we expect the approximate solution to be also
distinguished (in the discrete sense). We wish to illustrate
this in the case of a simple finite difference scheme.

44. Consider mesh points $t_n = nh (n = 0,1,2,\ldots)$, where h
is a small, but fixed, positive number, and let y_n designate
approximations at t_n to the solution y(t) of (11.1), (11.2),
assumed to exist,

$$y_n \doteq y(t_n) \quad (n=0,1,2,\ldots) .$$

Such approximations may be obtained by replacing derivatives
in (11.1) by difference quotients. Using, e.g.,

W. Gautschi

$$\frac{y(t_{n+1}) - 2y(t_n) + y(t_{n-1})}{h^2} = y''(t_n) + O(h^2) \ ,$$

$$\frac{y(t_{n+1}) - y(t_{n-1})}{2h} = y'(t_n) + O(h^2) \ ,$$

we replace the second and first derivative in (11.1) by the respective difference quotient on the left in (11.3), thus committing errors of $O(h^2)$. The differential boundary value problem (11.1), (11.2) then transforms into the following discrete boundary value problem,

$$(11.4) \quad y_{n+1} - 2\,\frac{1 + \frac{1}{2}h^2 q_n}{1 + \frac{1}{2}hp_n}\, y_n + \frac{1 - \frac{1}{2}hp_n}{1 + \frac{1}{2}hp_n}\, y_{n-1} = 0 \ (n=1,2,3,\dots),$$

$$(11.5) \quad y_0 = 1 \ , \qquad \lim_{n\to\infty} y_n = 0 \ ,$$

where $p_n = p(t_n)$, $q_n = q(t_n)$. Depending on the asymptotic properties of $p(t)$ and $q(t)$, we may be able to show that the difference equation (11.4) has a distinguished solution satisfying (11.5). If it does, it is natural to regard this solution of the original boundary value problem, certainly so, if all the other solutions of (11.4) become unbounded. Our algorithms of §§3 and 4 then readily apply, since we know the initial value y_0.

W. Gautschi

45. To be specific, let us assume, e.g., that $p(t)$ and $q(t)$ have finite limits as $t \to \infty$, the limit for $q(t)$ being positive,

$$(11.6) \qquad \lim_{t \to \infty} p(t) = p \quad , \quad \lim_{t \to \infty} q(t) = q \quad , \quad q > 0.$$

In addition, let h be so small that

$$(11.7) \qquad 1 + \frac{1}{2} ph > 0.$$

Under these assumptions we show that (11.4) indeed possesses a distinguished solution vanishing at infinity.

In fact, (11.6) implies that $p_n \to p, q_n \to q$ as $n \to \infty$, so that (11.4) is a Poincaré difference equation. The characteristic equation is

$$t^2 - 2 \frac{1 + \frac{1}{2} h^2 q}{1 + \frac{1}{2} hp} t + \frac{1 - \frac{1}{2} hp}{1 + \frac{1}{2} hp} = 0 \, ,$$

with the roots

$$t_1 = u + v \quad , \quad t_2 = u - v \, ,$$

where

$$u = \frac{1 + \frac{1}{2} h^2 q}{1 + \frac{1}{2} hp} \quad , \quad v = h \frac{\sqrt{q + \frac{1}{4}(p^2 + h^2 q^2)}}{1 + \frac{1}{2} hp} \, .$$

We first observe that

(11.8) $$t_1 > |t_2| \quad ,$$

since u and v are both positive. In view of Poincaré's theorem, (11.8) already proves the existence of a distinguished solution.

We next establish that this solution tends to zero at infinity. To do this, we need only show that

$$|t_2| < 1 \quad .$$

We consider two cases, depending on whether $u > v$, or $u \leqslant v$. In the first case, we must show that

(11.9) $$u > v \quad \text{implies} \quad u - v < 1.$$

Now the assumption $u > v$ is equivalent to

$$1 + \frac{1}{2} h^2 q > h \sqrt{q + \frac{1}{4} p^2 + \frac{1}{4} h^2 q^2} \quad ,$$

which, by squaring, is in turn seen to be equivalent to

(11.10) $$h^2 p^2 \quad 4.$$

On the other hand, the implied inequality in (11.9) is

W. Gautschi

$$1 + \frac{1}{2} h^2 q - h \sqrt{q + \frac{1}{4} p^2 + \frac{1}{4} h^2 q^2} < 1 + \frac{1}{2} hp,$$

that is, to

(11.11) $\qquad h \sqrt{q + \frac{1}{4} p^2 + \frac{1}{4} h^2 q^2} \quad 1 + \frac{1}{2} h(hq-p) .$

If $hq-p \leq 0$, there is nothing to prove, as (11.11) is evidently true. If $hq-p > 0$, we may square, and find that (11.11) is
equivalent to

$$hp < 2 ,$$

which is true by assumption (11.10). Hence (11.9) is established.

In the second case, we must show that

(11.12) $\qquad u \leq v \quad \text{implies} \quad v - u < 1.$

The assumption is now equivalent to

$$h^2 p^2 \geq 4.$$

We note, that by (11.7) this can only hold if $p > 0$. What is
implied in (11.12) is

$$h \sqrt{q + \frac{1}{4} p^2 + \frac{1}{4} h^2 q^2} - 1 - \frac{1}{2} h^2 q < 1 + \frac{1}{2} hp ,$$

or, what is the same,

$$h \sqrt{q + \frac{1}{4} p^2 + \frac{1}{4} h^2 q^2} < 2 + \frac{1}{2} hp + \frac{1}{2} h^2 q.$$

After squaring, this reduces to

$$0 < 4 + 2hp + \frac{1}{2} h^3 pq,$$

which is obviously true. This establishes (11.12), and thus (11.8).

Finally, we observe that

$$t_1 > 1.$$

Indeed, this means that

$$h \sqrt{q + \frac{1}{4} p^2 + \frac{1}{4} h^2 q^2} > \frac{1}{2} h(p-hq),$$

which is trivial, if $p-hq \leq 0$, and otherwise equivalent to the inequality

$$q(1 + \frac{1}{2} hp) > 0,$$

valid by assumption (11.6), (11.7).

In conclusion, then, under the assumptions made in (11.6), (11.7), every nontrivial solution of (11.4), except the distinguished solution, for which (11.5) is true, tends to

W. Gautschi

infinity in modulus, when $n \to \infty$. This suggests to us to
accept the distinguished solution of (11.4) as a valid
approximation to the solution of the original boundary value
problem (11.1), (11.2).

W. Gautschi

Acknowledgement

Part of this paper was written while the author was
associated with the Applied Mathematics Division of the Argonne
National Laboratory as a resident research associate during the
summer of 1964. The author wishes to express his gratitude to
Dr. W. F. Miller, Director of the Division, for giving the
writer this opportunity of participating in the Division's
research activity, and for making the Division's excellent
computing facilities available to him. The author is also
indebted to Dr. H. C. Thacher, Jr., for reading the entire
manuscript, and for suggesting many improvements, both in form
and substance.

References

[1] M. Abramowitz, Review 58, Math. Tables Aids Comput. 10
(1956), 176.

[2] T. A. Bancroft, Some recurrence formulae in the incomplete beta function ratio, Ann. Math. Statistics 20 (1949),
451-455.

[3] British Association for the Advancement of Science,
Mathematical Tables, vol. X, Bessel functions, Part II,
Functions of positive integer order, Cambridge University
Press, 1952.

[4] F. J. Corbatò, On the computation of auxiliary functions
for two-center integrals by means of a high-speed computer,
J. Chem. Phys. 24 (1956), 452-453.

[5] F. J. Corbatò and J. L. Uretsky, Generation of spherical
Bessel functions in digital computers, J. Assoc. Comput.
Mach. 6 (1959), 366-375.

[6] A. Erdélyi, Asymptotic expansions, Dover Publ., 1956.

[7] A. Erdélyi, et al., Higher transcendental functions, vol.
I, McGraw-Hill, New York, 1953.

[8] _____, Higher transcendental functions, vol. II,
McGraw-Hill, New York, 1953.

[9] M. A. Evgrafov, A new proof of a theorem of Perron
Russian , Izv. Akad. Nauk SSSR Ser. Mat. 17 (1953),
77-82.

[10] L. Fox, A short table for Bessel functions of integer orders and large arguments, Royal Society Shorter Mathematical Tables, No. 3, Cambridge University Press, 1954.

[11] W. Gautschi, Recursive computation of the repeated integrals of the error function, Math. Comput. 15(1961), 227-232.

[12] _____, Instability of linear second-order difference equations (abstract), Proc. Intern. Conf. on Information Processing (1962), 207.

[13] _____, Recursive computation of special functions, The University of Michigan Engineering Summer Conferences, Numerical Analysis , Summer 1963.

[14] _____, Algorithm 22 - Incomplete beta function ratios, Comm. Assoc. Comput. Mach. 7 (1964), 143-144; Certification of Algorithm 222, ibid., 244.

[15] _____, Algorithm 236 - Bessel functions of the first kind, Comm. Assoc. Comput. Mach. 7 (1964), 479-480.

[16] A. O. Gel'fond, Calculus of finite differences [Russian] , Gosud. Izdat. Fiz.-Mat. Lit., 2nd ed., Moscow, 1959. German and French translations of the first edition are available.

[17] M. Goldstein and R. M. Thaler, Recurrence techniques for the calculation of Bessel functions, Math. Tables Aids Comput. 13 (1959), 102-108.

[18] M. C. Gray, Bessel Functions of integral order and complex argument, Comm. Assoc. Comput, Mach. 4 (1961), 169.

[19] D. R. Hartree, Some properties and applications of the repeated integrals of the error function, Mem. Proc. Manchester Lit. PhilosL Soc. 80 (1936), 85-102.

[20] S. Hitotumatu, Note on the computation of Bessel functions through recurrence formula, J. Math. Soc. Japan 15 (1963), 353-359.

[21] C. W. Jones, A short table for the Bessel functions $I_{n+1/2}(x)$, $(2/)K_{n+1/2}$, Royal Society Shorter Mathematical Tables, No. 1, Cambridge University Press, 1952.

[22] P. Kreuser, Uber das Verhalten der Integrale homogener linearer Differenzengleichungen in Unendlichen, Dissertation University of Tubingen, Leipzig, 1914.

[23] H Meschkowski, Differenzengleichungen, Vandenhoeck and Ruprecht, Göttingen, 1959

[24] L.M.Milne-Thomson, The calculus of finite differences, McMillan, London, 1933.

[25] N.E.Norlund, Vorlesungen uber Differenzenrechnung, Springer Verlag, Berlin, 1924.

[26] F.W.J. Olver, Error analysis of Miller's recurrence algorithm, Math. Comput. 18 (1964), 65-74.

W. Gautschi

[27] _____, Bessel functions of integer order, ch. 9 in Handbook of Mathematical Functions, NBS Appl. Math. Ser. 55, 1964.

[28] M. Onoe, Tables of modified quotients of Bessel functions of the first kind for real and imaginary arguments, Columbia University Press, New York, 1958.

[29] O. Perron, Uber einen Satz des Herrn Poincaré, J. Reine Angew. Math 136 (1909), 17-37.

[30] _____, Uber lineare Differenzengleichungen, Acta Math. 34 (1911) 109-137.

[31] S. Pincherle, Sur la génération de systèmes récurrents au moyen d'une équation linéaire différentielle, Acta Math. 16 (1892), 341-363.

[32] _____, Delle funzioni ipergeometriche e di varie questioni ad esse attinenti, Giornale di Mat. Battaglini 32 (1894), 209-291, esp. Ch. III, sec. 15. Also in: Opere Scelte, vol. 1, p. 273-357.

[33] H. Poincaré, Sul les équations lineaires aux différentielles ordinaires et aux différences finies, Amer.J. Math. 7 (1885), 203-258. Also in: Oevres Henri Poincaré, vol. 1, 226-289.

[34] J. B. Randels and R. F. Reeves, Note on empirical bounds for generating Bessel functions, Comm. Assoc. comput. Mach. 1 (May 1958), 3-5.

[35] L. Robin, Fonctions sphériques de Legendre et fonctions sphéroidales, vol. II, Gauthier-Villars, Paris, 1958.

[36] A. Rotenberg, The calculation of toroidal harmonics, Math. Comput. 14 (1960), 274-276.

[37] I. A. Stegun and M. Abramowitz, Generation of Coulomb wave functions by means of recurrence relations, Phys. Rev. 98 (1955), 1851-1852.

[38] _____ and _____, Generation of Bessel functions on high speed computers, Math. Tables Aids Comput. 11 (1957), 255-257.

[39] D. Teichroew, Use of continued fractions in high speed computing, Math. Tables Aids Comput. 6 (1952), 127-133.

[40] H. S. Wall, Analytic theory of continued fractions, D. van Nostrand, New York, 1948.

[41] H. Werner and R. Collinge, Chebyshev approximations for the gamma function, Math. Comput. 15 (1961), 195-197.

[42] D. J. Wheeler, Personal communication, 1960

[43] I. Zamfirescu, An extension of integrating improper integrals [Romanian] , Acad. R.P. Romine Studii Cercetari Matem. 4 (1963, 615-631.

CENTRO INTERNAZIONALE MATEMATICO ESTIVO

(C.I.M.E.)

F. L. BAUER

USE OF CONTINUED FRACTIONS AND ALGORITHMS

RELATED TO THEM .

USE OF CONTINUED FRACTIONS AND ALGORITHMS
RELATED TO THEM.
by
F. L. Bauer

Use of continued fractions and algorithms related to them

Part one.

Basic concepts and notations

A.   In these lectures, we are dealing with the explicite or
implicite use of continued fractions for the numerical
solution of a number of problems. This means, that we are dealing with algorithms related to continued fractions. Since
continued fractions have a profound connection with a certain
class of (infinite) matrices, and since in our algorithms necessarily the approximants of continued fractions, which
correspond to finite segments of these matrices play a role,
there is good reason to base our lectures on the matrix theo -
ry of continued fractions. In Part I, we give an introduction
to concepts and notations, and derive the principal algorithms,
which we subsume under the name rhombus algorithms.

1.   Tridiagonal matrices, continued fractions, recurren-
     ce relations

     A tridiagonal matrix is a matrix of the form

F.L. Bauer

$$A = \begin{pmatrix} \alpha_1 & \alpha_1 & & & & \\ \beta_1 & \alpha_2 & \alpha_2 & & 0 & \\ & \beta_2 & \alpha_3 & \cdot & & \\ & & \cdot & \cdot & \cdot & \\ & & \cdot & \cdot & \cdot & \cdot \\ & 0 & & & \alpha_{n-1} & \gamma_{n-1} \\ & & & & \beta_{n-1} & \alpha_n \end{pmatrix}$$

(1)

Let $d_{i,k}$ denote its minor formed by the i-th through k-th row and column, that is for $i \le k$,

$$d_{i,k} = \det \begin{pmatrix} \alpha_i & \gamma_i & & & \\ \beta_i & \alpha_{i+1} & \cdot & 0 & \\ & \cdot & \cdot & \cdot & \\ & & \cdot & \alpha_{k-1} & \gamma_{k-1} \\ 0 & & & \beta_{k-1} & \alpha_k \end{pmatrix}$$

(2)

Then

(3) $\quad d_{i,k} = \alpha_i \, d_{i+1,k} - \beta_i \, \gamma_i d_{i+2,k} \qquad (k-i \geq 2)$

$\quad d_{k-1,k} = \alpha_{k-1} \alpha_k - \beta_{k-1} \gamma_{k-1}$

F.L. Bauer

From (3) we obtain, provided the denominators in question are non-zero,

$$\frac{d_{i,k}}{d_{i+1,k}} = \alpha_i - \beta_i \gamma_i \frac{d_{i+2,k}}{d_{i+1,k}} \quad \text{and} \quad \frac{d_{k-1,k}}{d_{k,k}} = \alpha_{k-1} - \frac{\beta_{k-1}\gamma_{k-1}}{\alpha_k}$$

$$(4) \quad \text{or} \quad \frac{d_{i+1,k}}{d_{i,k}} = \frac{1}{|\alpha_i} - \beta_i \gamma_i \frac{d_{i+2,k}}{d_{i+1,k}}$$

$$(5) \quad \text{and} \quad \frac{d_{k,k}}{d_{k-1,k}} = \frac{1}{|\alpha_{k-1}} - \frac{\beta_{k-1}\gamma_{k-1}}{\alpha_k}$$

By repetition we obtain

$$(6) \qquad \frac{d_{i+1,k}}{d_{i,k}} = \frac{1}{|\alpha_i} - \frac{\beta_i\gamma_i}{|\alpha_{i+1}} - \frac{\beta_{i+1}\gamma_{i+1}}{|\alpha_{i+2}} - \cdots$$

$$\cdots - \frac{\beta_{k-2}\gamma_{k-2}}{|\alpha_{k-1}} - \frac{\beta_{k-1}\gamma_{k-1}}{\alpha_k}$$

We call this the continued fraction related to the segment $[i,k]$ of A; it equals obviously the upper left element of the inverse of this matrix segment. In particular

$$(7) \quad \frac{d_{2,n}}{d_{1,n}} = \frac{1}{|\alpha_1} - \frac{\beta_1\gamma_1}{|\alpha_2} - \frac{\beta_2\gamma_2}{|\alpha_3} - \cdots - \frac{\beta_{n-2}\gamma_{n-2}}{|\alpha_{n-1}} - \frac{\beta_{n-1}\gamma_{n-1}}{\alpha_n}$$

is called the (terminating) continued fraction related to the matrix A. For notational convenience, we have put $d_{2,1} = 1$.

F.L. Bauer

A non-terminating continued fraction

$$(8) \qquad \cfrac{1}{|\alpha_1} - \cfrac{\beta_1 \delta_1}{|\alpha_2} - \cfrac{\beta_2 \delta_2}{|\alpha_3} - \ldots$$

means the sequence of its approximants, that is of the
continued fractions

$$(9) \qquad \frac{1}{\alpha_1} \;,\; \cfrac{1}{|\alpha_1} - \cfrac{\beta_1 \delta_1}{\alpha_2} \;,\; \cfrac{1}{|\alpha_1} - \cfrac{\beta_1 \delta_1}{|\alpha_2} - \cfrac{\beta_2 \delta_2}{\alpha_3} \;,\; \ldots$$

The numerators $d_{2,k}$ and the denominators $d_{1,k}$ of the aproxi-
mants obey the same three-term recurrence relation (i=1 or 2,
$k \geq i-1$)

$$(10) \qquad d_{i,k} = \alpha_k \, d_{i,k-1} - \beta_{k-1} \, \delta_{k-1} d_{i,k-2}$$

where, for notational convenience, $d_{2,1}=1$ and $d_{1,0}=1$, as well
as $d_{2,0}=0$. Therefore, with the initial conditions

$$(11) \qquad d_{1,0} = 1 \qquad , \qquad d_{1,1} = \alpha_1$$

$$(12) \text{ and } \qquad d_{2,0} = 0 \qquad , \qquad d_{2,1} = 1$$

the partial numerators $d_{2,k}$ and denominators $d_{1,k}$ are determined recursively.

From the knowledge of the principal minors $d_{1,i}$ and of the
diagonal elements α_i, the products of symmetric off-diagonal
elements $\beta_i \delta_i$ may be calculated . From (10) we obtain

F.L. Bauer

$$(13) \qquad \beta_k \gamma_k = \frac{d_{1,k}}{d_{1,k-1}} \left(\alpha_{k+1} - \frac{d_{1,k+1}}{d_{1,k}} \right)$$

2. Jacobi and Stieltjes matrices

Jacobi and Stieltjes matrices are special tridiagonal matrices, their non-zero elements are denoted as follows:

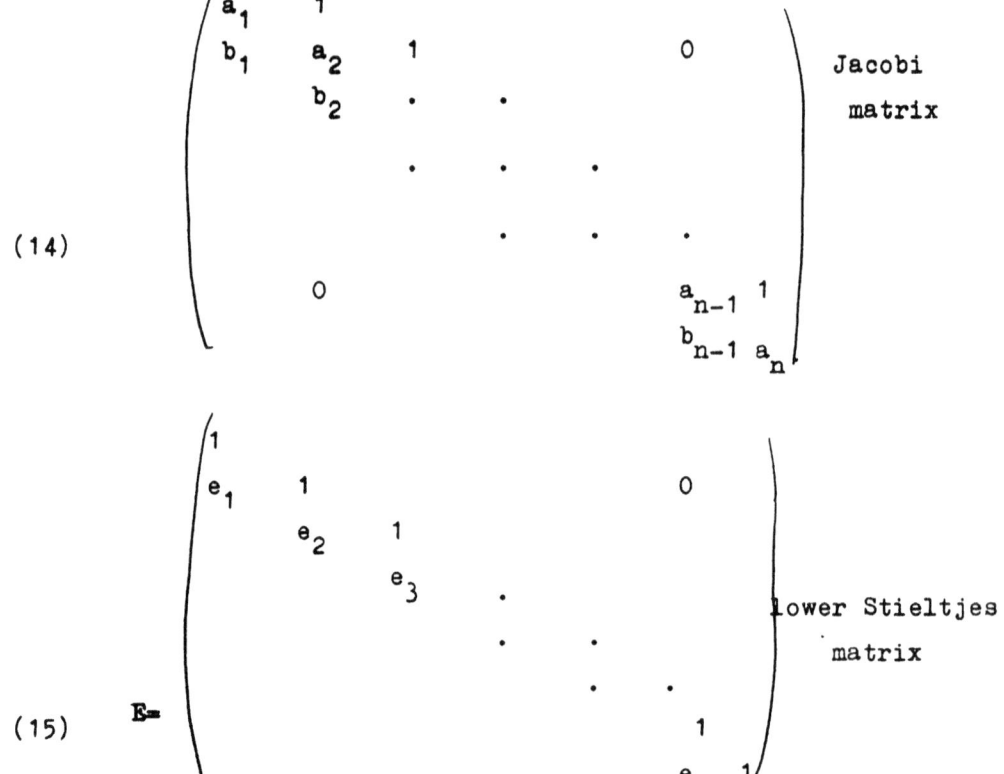

$$(14)$$

$$(15) \quad E =$$

F.L. Bauer

$$(16) \quad Q = \begin{pmatrix} q_1 & 1 & & & & & \\ & q_2 & 1 & & & & \\ & & q_3 & 1 & & & \\ & & & \cdot & \cdot & & \\ & & & & \cdot & \cdot & \\ & & & & & q_{n-1} & 1 \\ & & & & & & q_n \end{pmatrix} \quad \begin{matrix} \text{upper Stieltjes} \\ \text{matrix} \end{matrix}$$

Lemma I. The products EQ and QE of a lower and an upper Stielt-jes matrix are Jacobi matrices.

We consider now Jacobi matrices $(zI-A)$, where z is a variable. The characteristic polynomial of A, $\det(zI-A)$, equals $d_{1,n}(zI-A)$, and the continued fraction for $zI-A$, called the J-fraction ([7],p.164) of the matrix A,

$$(17) \quad \frac{d_{2,n}(zI-A)}{d_{1,n}(zI-A)} = \left| (zI-A)^{-1} \right|_{1,1} = \frac{1}{\left| z-a_1 \right.} - \frac{b_1}{\left| z-a_2 \right.} - \frac{b_2}{\left| z-a_3 \right.} - \cdots - \frac{b_{n-1}}{\left| z-a_n \right.}$$

is a rational expression of the variable z, the denominator of which is the characteristic polynomial of A. This rational expression becomes an undefined value if and only if z has the value of a zero of $\det(zI-A)$, that is of a characteristic root of A. This shows that the characteristic value problem of a Jacobi matrix is closely related with the continued fraction belonging to this Jacobi matrix.

There is also a continued fraction connected with a pair of

F.L. Bauer

Stieltjes matrices E, Q. We start from the 2n by 2n matrix

(18)

$$\left(\begin{array}{c|c} I & -Q \\ \hline -E & zI \end{array} \right)$$

Multiplying this matrix from the left by $\left(\begin{smallmatrix} I & 0 \\ E & I \end{smallmatrix} \right)$ and from the right by $\left(\begin{smallmatrix} I & Q \\ 0 & I \end{smallmatrix} \right)$ does not change its determinant and gives

(19) $\det\left(\begin{smallmatrix} I & -Q \\ -E & zI \end{smallmatrix} \right) = \det\left(\begin{smallmatrix} I & 0 \\ E & I \end{smallmatrix} \right)\left(\begin{smallmatrix} I & -Q \\ -E & zI \end{smallmatrix} \right)\left(\begin{smallmatrix} I & Q \\ 0 & I \end{smallmatrix} \right) = \det\left(\begin{smallmatrix} I & 0 \\ 0 & zI-EQ \end{smallmatrix} \right) = \det(zI-EQ)$

Thus, $\det\left(\begin{smallmatrix} I & -Q \\ -E & zI \end{smallmatrix} \right)$ is the characteristic polynomial of the Jacobi matrix EQ. Now, the matrix $\left(\begin{smallmatrix} I & -Q \\ -E & zI \end{smallmatrix} \right)$ can be reordered by

F.L. Bauer

simultaneous permutations[1] of rows and columns to the form
of a Jacobi matrix

$$(20)\quad\begin{pmatrix} z & -1 & & & & & & & & \\ -q_1 & 1 & -1 & & & & & & & \\ & -e_1 & z & -1 & & & & & \text{0} & \\ & & -q_2 & 1 & -1 & & & & & \\ & & & -e_2 & z & -1 & & & & \\ & & & & -q_3 & 1 & -1 & & & \\ & & & & & -e_3 & z & \cdot & & \\ & & & & & & \cdot & \cdot & \cdot & \\ & \text{0} & & & & & & \cdot & \cdot & \cdot \\ & & & & & & & -e_{n-1} & z & -1 \\ & & & & & & & & -q_n & 1 \end{pmatrix}$$

and connected with this is the continued fraction

$$(21)\ \frac{1}{\lfloor z} - \frac{q_1}{\lfloor z} - \frac{e_1}{\lfloor 1} - \frac{q_2}{\lfloor 1} - \frac{e_2}{\lfloor z} - \frac{q_3}{\lfloor 1} - \frac{e_3}{\lfloor z} - \ldots -$$

$$- \frac{q_{n-1}}{\lfloor 1} - \frac{e_{n-1}}{\lfloor z} - \frac{q_n}{1}$$

the S-fraction ([7],p.192) of a pair of Stieltjes matrices E, Q.

---

[1]
The permutation $\begin{pmatrix} n+1 & 1 & n+2 & 2 & \ldots & 2n & n \\ 1 & 2 & 3 & 4 & \ldots & 2n-1 & 2n \end{pmatrix}$

F.L. Bauer

On the other hand, the matrix EQ has the form

$$(22) \quad \begin{pmatrix} q_1 & 1 & & & & & \\ e_1 q_1 & q_2 + e_1 & 1 & & & & \\ & e_2 q_2 & q_3 + e_2 & 1 & & & \\ & & e_3 q_3 & q_4 + e_3 & \cdot & & \\ & & & \cdot & \cdot & \cdot & \\ & & & & \cdot & \cdot & \cdot \\ & & & & & \cdot & \cdot & 1 \\ & & & & & e_{n-1} q_{n-1} & q_n + e_{n-1} \end{pmatrix}$$

and connected with the matrix $zI - EQ$ is the continued fraction

$$(23) \quad \left.\frac{1}{z-q_1}\right| - \left.\frac{e_1 q_1}{z - q_2 - e_1}\right| - \left.\frac{e_2 q_2}{z - q_3 - e_2}\right| - \cdots - \frac{e_{n-1} q_{n-1}}{z - q_n - e_{n-1}}$$

the J-fraction of the Jacobi matrix EQ.

From the previous discussion we know that the continued fractions (21) and (23) have the same denominator, the characteristic polynomial of EQ. We shall show that they are the same rational function, more precisely that even the 2k-term approximants of (21) coincide with the k-term approximants of (23).

In fact, any minor $d_{2i-1,2k}$ of even order of the Jacobi matrix (20) connected with (21) is identical with the minor $d_{i,k}$ of the Jacobi matrix $zI-Eq$ connected with (23) as is seen readily from the transformation

F.L. Bauer

$$\begin{pmatrix} I & 0 \\ E & I \end{pmatrix} \begin{pmatrix} I & -Q \\ -E & zI \end{pmatrix} \begin{pmatrix} I & Q \\ 0 & I \end{pmatrix} = \begin{pmatrix} I & 0 \\ 0 & zI-EQ \end{pmatrix} \, .$$

More directly, the recurrence relations for the numerators ($i=2$) and denominators ($i=1$) of (21),

$$(24) \qquad d_{i,2k} = d_{i,2k-1} - q_k d_{i,2k-2}$$

$$(25) \qquad d_{i,2k+1} = z d_{i,2k} - e_k d_{i,2k-1}$$

($k \geq 1$) allow the elimination of the odd subscripted minors; first we obtain

$$d_{i,2k+1} + e_k d_{i,2k} = z d_{i,2k} - e_k q_k d_{i,2k-2},$$

adding this to

$$d_{i,2k+2} = d_{i,2k+1} - q_{k+1} d_{i,2k} \qquad ,$$

the result is

$$d_{i,2k+2} = (z - q_{k+1} - e_k) d_{i,2k} - e_k q_k d_{i,2k-2}$$

($k \geq 1$) or, by change of subscripts, that is for $k \geqslant 2$

$$(26) \qquad d_{i,2k} = z - (q_k + e_{k-1}) \ d_{i,2k-2} - e_{k-1} q_{k-1} d_{i,2k-4}$$

(27) with $\quad d_{1,2} = z - q_1 \quad$ besides $\quad d_{1,0} = 1$

(28) and $\quad d_{2,2} = 1 \quad$ besides $\quad d_{2,0} = 0$

Thus, the even numbered approximants are exactly those of the continued fraction (23).

(23) is therefore called a _contraction_ of (21) and specifically the _even part_ of (21) ([7], p. 12).

There is also a contraction of (21), whose approximants are the odd numbered approximants of (21). It is called the _odd part_ of (21). We note first that all the denominators $d_{1,2k+1}$ have a common factor z. Indeed, eliminating now the even subscripted minors, we obtain

$$z d_{i,2k} + q_k d_{i,2k-1} = z d_{i,2k-1} - q_k e_{k-1} d_{i,2k-3}$$

adding to this

$$d_{i,2k+1} = z d_{i,2k} - e_k d_{i,2k-1},$$

the result is for $k \geq 2$

(29) $\qquad d_{i,2k+1} = \left[z - (q_k + e_k) \right] d_{i,2k-1} - e_{k-1} q_k d_{i,2k-3}$

(30) with $\quad d_{1,3} = z \left[z - (q_1 + e_1) \right] \quad$ besides $\quad d_{1,1} = z$

F.L. Bauer

(31) and $d_{2,3} = z - e_1$ besides $d_{2,1} = 1$

This is not the kind of initial condition we can relate to a J-fraction.

However, if we consider instead of the approximants $F_{2k+1} = \dfrac{d_{2,2k+1}}{d_{1,2k+1}}$ the quantities $zF_{2k+1} - 1 = \dfrac{zd_{2,2k+1} - d_{1,2k+1}}{d_{1,2k+1}}$,

all the numerators $zd_{2,2k+1} - d_{1,2k+1}$ have a common factor z, since initially $zd_{2,1} - d_{1,1} = 0$ and $zd_{2,3} - d_{1,3} = z \cdot q_1$.

Omitting this z, we obtain for the numerators initially the values 0 and q_1 , for the denominators 1 and $z - (q_1 + e_1)$, and we obtain the quantities $zF_{2k+1} - 1$ as q_1 - times the approximants of the J-fraction

$$(32) \quad F_n^{(1)}(z) = \cfrac{1}{|z - q_1 - e_1}} - \cfrac{e_1 q_2}{|z - q_2 - e_2}} - \cfrac{e_2 q_3}{|z - q_3 - e_3}} - \ldots - \cfrac{e_{n-1} q_n}{z - q_n}$$

This J-fraction is called the <u>odd part</u> of (21). Altogether, the rational function

$$\frac{1}{z}(1 + q_1 F^{(1)}(z))$$

equals $F(z)$, the S-fraction (21) and we have

$$(33) \quad z \cdot F(z) = 1 + \cfrac{q_1}{|z - q_1 - e_1}} - \cfrac{e_1 q_2}{|z - q_2 - e_2}} - \cfrac{e_2 q_3}{|z - q_3 - e_3}} - \ldots - \cfrac{e_{n-1} q_n}{z - q_n}$$

F.L. Bauer

We say also, $q_1 F^{(1)}$ is the fractional part of $zF(z)$.

$F^{(1)}(z)$ has the same singularities as $F(z)$.

Furthermore we note that $F^{(1)}$ is the J-fraction of the Jacobi matrix QE, this matrix product being

(34)
$$\begin{pmatrix} q_1+e_1 & 1 & & & & \\ e_1 q_2 & q_2+e_2 & 1 & & & \\ & e_2 q_3 & q_3+e_3 & . & & 0 \\ & & & . & . & . \\ & & & & . & . & . \\ & & & & & q_{n-1}+e_{n-1} & 1 \\ & & & & & e_{n-1} q_n & q_n \end{pmatrix}$$

3. The g-decomposition

The elements q_i and e_i are off-diagonal elements of the Jacobi matrix connected with the S-fraction (21). They can be expressed therefore, according to (13), in the form

(35)
$$q_i = \frac{d_{1,2i-1}}{d_{1,2i-2}} \left(1 - \frac{d_{1,2i}}{d_{1,2i-1}}\right)$$

(36)
$$e_i = \frac{d_{1,2i}}{d_{1,2i-1}} \left(z - \frac{d_{1,2i+1}}{d_{1,2i}}\right)$$

Introducing the rational functions $(i = 0,1,\ldots n-1)$

F.L. Bauer

(37) $\quad g_{2i}(z) = \dfrac{d_{1,2i+1}}{zd_{1,2i}}$ and $\quad g_{2i+1}(z) = \dfrac{zd_{1,2i+2}}{d_{1,2i+1}}$

we obtain

(38) $\quad q_i = g_{2i-2}(z) \cdot (z - g_{2i-1}(z))$ and

(39) $\quad e_i = g_{2i-1}(z) \cdot (1 - g_{2i}(z))$

identically in z. Therefore, for any fixed value of $z = c$, we can express q_i and e_i by means of the values $g_\mu = g_\mu(c)$. We obtain from (21) the following g-decomposition of the S-fraqtion

(40) $\quad F(z) = \dfrac{1}{\left|z\right.} - \dfrac{g_0(c-g_1)}{\left|\,1\right.} - \dfrac{g_1(1-g_2)}{\left|\,z\right.} - \dfrac{g_2(c-g_3)}{\left|\,1\right.} - \cdots - \dfrac{g_{2n-2}(c-g_{2n-1})}{1}$

The idea of the g-decomposition is due to Wall. ([11] , p.295) Note that, independent of c

(41) $\qquad\qquad g_0 = 1$

while the other g_i's depend on c.

The even part of this S-fraction (4), where the q_i, e_i are replaced by the g_μ. We obtain the J-fraction in z

$F(z) = \dfrac{1}{\left|z-g_0(c-g_1)\right.} - \dfrac{g_0(c-g_1)g_1(1-g_2)}{\left|z-g_1(1-g_2)-g_2(c-g_3)\right.} - \dfrac{g_2(c-g_3)g_3(1-g_4)}{\left|z-g_3(1-g_4)-g_4(c-g_5)\right.} \cdots$

(42) $\qquad - \dfrac{g_{2n-4}(c-g_{2n-3})g_{2n-3}(1-g_{2n-2})}{z-g_{2n-3}(1-g_{2n-2})-g_{2n-2}(c-g_{2n-1})}$

F.L. Bauer

Using (41), this is rewritten in the form of a J-fraction in z-c

$$F(z) = \cfrac{1}{\left|(z-c)+g_0g_1\right.} - \cfrac{g_0g_1(c-g_1)(1-g_2)}{\left|(z-c)+(c-g_1)(1-g_2)+g_2g_3\right.} -$$

$$- \cfrac{g_2g_3(c-g_3)(1-g_4)}{\left|(z-c)+(c-g_3)(1-g_4)+g_4g_5\right.} - \ldots$$

(43)
$$\ldots - \frac{g_{2-4}g_{2n-3}(c-g_{2n-3})(1-g_{2n-2})}{(z-c)+(c-g_{2n-3})(1-g_{2n-2})+g_{2n-2}g_{2n-1}}$$

and therefore is the even part of the S-fraction in z-c

$$F(z) = \cfrac{1}{|z-c} + \cfrac{g_0g_1}{|1} + \cfrac{(c-g_1)(1-g_2)}{|z-c} + \cfrac{g_2g_3}{|1} + \cfrac{(c-g_3)(1-g_4)}{|z-c} + \ldots$$

(44)
$$+ \cfrac{(c-g_{2n-3})(1-g_{2n-2})}{|z-c} + \frac{g_{2n-2}g_{2n-1}}{1}$$

The rational functions (40) and (44) are not only identical, their evennumbered approximants even coincide. For c=0, (40) and (44) coincide term by term.

Similarly, we can replace in (33) the q_i, e_i by the g_μ, and obtain rewritten in the form of a J-fraction in z-c

F.L. Bauer

$$(45) \quad zF(z) = 1 + \cfrac{c-g_1}{|(z-c)+g_1g_2} - \cfrac{g_1g_2(1-g_2)(c-g_3)}{|(z-c)+(1-g_2)(c-g_3)+g_3g_4} -$$

$$- \cfrac{g_3g_4(1-g_4)(c-g_5)}{|(z-c)+(1-g_4)(c-g_5)+g_5g_6} - \ldots$$

$$\ldots - \cfrac{g_{2n-3}\,g_{2n-2}(1-g_{2n})(c-g_{2n-1})}{(z-c)+(1-g_{2n-2})(c-g_{2n-1})+g_{2n-1}}$$

The continued fraction, however, is again the even part of an S-fraction in z-c we have

$$(46) \quad zF(z) = 1 + \cfrac{c-g_1|}{|z-c} + \cfrac{g_1g_2|}{|1} + \cfrac{(1-g_2)(c-g_3)|}{|z-c} + \cfrac{g_3g_4|}{|1} +$$

$$+ \cfrac{(1-g_4)(c-g_5)|}{|z-c} + \ldots + \cfrac{(1-g_{2n-2})(c-g_{2n-1})|}{|z-c} + \cfrac{g_{2n-1}}{1}$$

We summarize : with the g-decomposed form of an S-fraction, a 'shift of the origin', that is the S-fraction (44) in z-c, and a multiplication by z, that is the S-fraction (46) for zF(z), can immediately be performed . Continued fractions are usually considered to be more troublesome analytical vehicles then polynomials, because of the difficulties to perform simple operations on them. At least for the two operations mentioned above, this argument does not hold.

F.L. Bauer

4. Euler series

The S-fraction (44) degenerates for $z=c$. We have

$$(47) \quad F(c) = \frac{1|}{|0} + \frac{g_0 g_1|}{|1} + \frac{(c-g_1)(1-g_2)|}{0} + \frac{g_2 g_3|}{|1} \cdots$$

$$\cdots \frac{c-g_{2n-3})(1-g_{2n-2})|}{0} + \frac{g_{2n-2} g_{2n-1}}{1}$$

or

$$(48) \quad F(c) = \frac{1}{g_0 g_1} \left(1 + \frac{(c-g_1)(1-g_2)}{g_2 g_3} \left(1 + \frac{(c-g_3)(1-g_4)}{g_4 g_5}(1 + \cdots \; (1+\right.\right.$$

$$+ \frac{(c-g_{2n-3})(1-g_{2n-2})}{g_{2n-2} \; g_{2n-1}}) \; \cdots))) = \frac{1}{g_1} + \frac{(c-g_1)(1-g_2)}{g_1 \quad g_2} \cdot \frac{1}{g_3} +$$

$$+ \frac{(c-g_1)(1-g_2)(2-g_3)(1-g_4)}{g_1 \quad g_2 \quad g_3 \quad g_4} \cdot \frac{1}{g_5} + \cdots + \frac{(c-g_1)\cdots(1-g_{2n-2})}{g_1 \; \cdots \; g_{2n-2}} \cdot \frac{1}{g_{2n-1}}$$

The partial sums of this sum coincide with the even numbered approximants of the particular S-fraction (47)[*].

Thus our freedom in the choice of c allows us to give c the value for which an S-fraction is to be evaluated, and we obtain from the g-decomposition belonging to this c a mode of evaluating the continued fraction in the form of a sum or of a Horner type calculation.

---

[*] (48) is the Euler Series belonging to the S-fraction (44) for z=c, see [2] , p. 365

F. L. Bauer

Part Two

Stieltjes summation and extrapolation

Following an idea used by Stieltjes ($\lfloor 9 \rfloor$, $\lfloor 10 \rfloor$) in summation
theory, we may try to relate to a power series consistently
a continued fraction, which may converge in a larger region
then the power series. Not only that at points where the power
series does not converge, the continued fraction may define
the sum, at points where the power series converges, the
continued fraction converges as a rule more rapidly (see the
extreme example $s(z) = 1+z+z^2+z^3+\ldots r(z) = \dfrac{1}{z-1}$ in Lecture
III by P. Wynn).

We shall derive algorithms for performing numerically the
Stieltjes summation of a power series at a point $z = z_o$,
including with $z_o = 1$ summation of a number series, and in a trivial way also extrapolation of a number sequence.

1. The g rhombus rules

Let a function $r(z)$ be induced by an S-fraction in a g-decompo-
sed form motivated by (40)

$$(101) \quad r(z) \quad \frac{s_o|}{|z} - \frac{g_0(c-g_1)|}{|1} - \frac{g_1(1-g_2)|}{|z} - \frac{g_2(c-g_3)|}{|1} - \frac{g_3(1-g_4)|}{|z} - \ldots$$

We use the following concept of convergence: By changing a
certain $g_{2\nu}$ to 1, a finite segment (44) with $n = \nu$ is obtained.
The function $r(z)$ is defined for a certain z, if the
sequence of these segments converges to a real number or to

F.L. Bauer

$+\infty$ or to $-\infty$. Any transformation we do in the sequel is understood to be done on a finite segment of arbitrary length produced by putting a certain g_{2y} equal to 1.

We note also that we are free in the choice of c provided the corresponding quantities g_μ all exist. For the moment, it is convenient to consider c to be an indeterminate.

From (44) follows

$$r(z) \sim \left|\frac{s_0}{z-c}\right. + \left|\frac{g_0 g_1}{1}\right. + \left|\frac{(c-g_1)(1-g_2)}{z-c}\right. + \left|\frac{g_2 g_3}{1}\right. + \left|\frac{(c-g_3)(1-g_4)}{z-c}\right. + \ldots$$

and from (46)

$$(102) \quad z \cdot r(z) \sim s_0 + \left|\frac{s_0(c-g_1)}{z-c}\right. + \left|\frac{g_1 g_2}{1}\right. + \left|\frac{(1-g_2)(c-g_3)}{z-c}\right. + \left|\frac{g_3 g_4}{1}\right. + \ldots$$

where the equivalence sign holds in the sense of the convergence defined above (note that now a segment is not obtained by simply truncating the infinite continued fraction).

It suggests itself to put

$s_1 = s_0(c-g_1)$ and to bring (102) in the form (44) by introducing new quantities g'_μ, wher $g'_0 = 1$ and

$g_1 g_2 = g'_0 g'_1$, $\quad (1-g_2)(c-g_3) = (c-g'_1)(1-g'_2)$, and so on,

obtaining now

$$z \cdot r(z) - s_0 \sim \left|\frac{s_1}{z-c}\right. + \left|\frac{g'_0 g'_1}{1}\right. + \left|\frac{(c-g'_1)(1-g'_2)}{z-c}\right. + \left|\frac{g'_2 g'_3}{1}\right. + \ldots$$

or, going back from the form (44) to the form (40)

F.L. Bauer

$$z.r(z) - s_0 = \frac{s_1}{|z|} - \frac{g_0'(c-g_1')}{|1|} - \frac{g_1'(1-g_2')}{|z|} - \frac{g_2'(c-g_3')}{|1|} - \cdots$$

We note that the new quantities g_μ' can be calculated up to any subscript ν recursively from the old quantities g_μ up to the subscript $\nu+1$.

Obviously, this process can be repeated. It leads us to the g rhombus rules [1] for $\nu = 0,1,2,\ldots$ $(g_\mu^{(0)} = g_\mu)$

(103) $$s_{\sigma+1} = s_\sigma \cdot (c-g_1^{(\sigma)})$$

(104) $$g_{2\mu-1}^{(\sigma)} g_{2\mu}^{(\sigma)} = g_{2\mu-2}^{(\sigma+1)} g_{2\mu-1}^{(\sigma+1)}$$

(105) $$(1-g_{2\mu}^{(\sigma)})(c-g_{2\mu+1}^{(\sigma)}) = (c-g_{2\mu-1}^{(\sigma+1)})(1-g_{2\mu}^{(\sigma+1)}$$

According to (103), $s_\sigma = s_0 \cdot \prod_{x=0}^{\sigma-1}(c-g_1^{(x)})$. We note also, that c is the same for all steps. The quantities $g_\mu^{(\sigma)}$ may be arranged in a two dimensional array as follows

---

[1] Second g rhombus rule in [2].

F.L. Bauer

$$g_0^{(0)} = 1$$

$$g_1^{(0)}$$

$$g_0^{(1)} = 1$$

$$g_1^{(1)}$$

$$g_2^{(0)}$$

$$g_3^{(0)}$$

$$g_2^{(1)}$$

$$g_4^{(0)}$$

(106)

$$g_0^{(2)} = 1$$

$$g_1^{(2)}$$

$$g_3^{(1)}$$

$$g_0^{(3)} = 1$$

$$g_2^{(2)}$$

$$g_4^{(1)}$$

$$g_1^{(3)}$$

$$g_3^{(2)}$$

$$g_2^{(3)}$$

$$g_4^{(2)}$$

$$g_3^{(3)}$$

$$g_4^{(3)}$$

Then any four quantities connected by (104) or (105) always form a rhombus, as indicated by two examples in (106). (104), (105) are called the **g rhombus rules** ([3]).

As a consequence of the g rhombus rules, we obtain by repeated steps for any σ

F.L. Bauer

$$z^{\sigma}.r(z) - (z^{\sigma-1}s_0 + z^{-2}s_1 + \ldots s_{\sigma-1}) \left|\frac{s_{\sigma}}{z}\right| - \left|\frac{g_0^{(\sigma)}(c-g_1^{(\sigma)})}{1}\right| -$$

$$- \left|\frac{g_1^{(\sigma)}(1-g_2^{(\sigma)})}{z}\right| - \left|\frac{g_2^{(\sigma)}(c-g_3^{(\sigma)})}{1}\right|$$

or

$$r_\sigma(z) = z^\sigma \left[r(z) - \left(\frac{s_0}{z} + \frac{s_1}{z^2} + \ldots + \frac{s_{\sigma-1}}{z^\sigma}\right)\right] \sim \left|\frac{s_\sigma}{z}\right| - \left|\frac{g_0^{(\sigma)}(c-g_1^{(\sigma)})}{1}\right| -$$

(107)
$$- \left|\frac{g_1^{(\sigma)}(1-g_2^{(\sigma)})}{z}\right| - \left|\frac{g_2^{(\sigma)}(c-g_3^{(\sigma)})}{1}\right| - \ldots$$

Thus, to any S-fraction $r(z)$, a formal power series corresponds, the coefficients of which can be calculated recursively by the g rhombus rules.

The correspondence has the following intrinsic meaning: Since the coefficients $s_1 \ldots s_{\sigma-1}$ are determined already by $g_1 \ldots g_{\sigma-1}$, a segment of σ terms of $r(z)$ produces the same coefficients. Thus, the power series corresponding to an S-fraction $r(z)$ coincides in its first σ term with the expansion in descending powers of z of the rational function defined by a segment of σ terms of $r(z)$.

The power series may or may not converge for a given value of z. In any case, if for this z the continued fractions on the right side of the equivalence sign converge for any σ, the power series is an asymptotic expansion of the function $r(z)$ induced by (101).

We conclude with an numerical example :

F.L. Bauer

$$(108) \quad \boxed{\frac{1}{z}} - \boxed{\frac{1}{1}} - \boxed{\frac{1}{z}} - \boxed{\frac{2}{1}} - \boxed{\frac{2}{z}} - \boxed{\frac{3}{1}} - \boxed{\frac{3}{z}} - \ldots$$

(see Lecture IV by P. Wynn, p. 30)

For c=o, we obtain

$$g_{2\mu} = \mu+1 \quad , \quad g_{2\mu+1} = -1$$

and derive the following array

g_0	g_1	g_2	g_3	g_4	g_5		
1							
	-1						
1		2					
	-2		-1				
1		$\frac{3}{2}$		3			
	-3		-2		-1		
1		$\frac{4}{3}$		2		4	$\sigma = 0$
	-4		-3		-2		
1		$\frac{5}{4}$		$\frac{5}{3}$		$\frac{5}{2}$	$\sigma = 1$
	-5		-4		-3		
		$\frac{6}{5}$		$\frac{3}{2}$		2	$\sigma = 2$
			-5		-4		
				$\frac{7}{5}$		$\frac{7}{4}$	$\sigma = 3$
(109)					-5		
						$\frac{8}{5}$	$\sigma = 4$

from which $s_\sigma = \prod(-g_1^{(\sigma)})s_0 = \sigma!$

F.L. Bauer

2. The forward g algorithm for Stieltjes summation

Given now a formal power series

$$(110) \qquad s(z) = \frac{s_0}{z} + \frac{s_1}{z^2} + \frac{s_2}{z^3} + \cdots$$

(a series in ascending powers of x may be brought to this form
by putting $z = \frac{1}{x}$). We may want to have an S-fraction (21), to
which this power series corresponds in the meaning given
above. This S-fraction is called the corresponding S-fraction
(see Lecture III by P. Wynn). We want to derive this S-fraction
even if $s(z)$ does not converge, and in any case we want to
give $s(z)$ the value this S-fraction assumes, provided it
converges for a given value of z. Thus, we introduce a definition of summing $s(z)$, the so called Stieltjes summation [1].
Provided no division by zero occurs, we can obtain from
$s_0 \cdots s_{\sigma-1}$ just $g_0 \cdots g_{\sigma-1}$ by repeated use of the g rhombus rules,
and therefore any number of terms of an S-fraction (40), which
is of the form (21), provided enough coefficients of the series
are taken into account.

If this number is fixed, we may calculate first the column of
the $g_1^{(\sigma)}$ by

$$g_1^{(\sigma)} = c - \frac{s_{\sigma+1}}{s_\sigma}$$

---

[1] Some conditions under which this summation is regular, that
is the S-fraction converges to s, provided the series
converges to s, have been given in the lectures by P. Wynn
(Lecture III p. 18, Lecture IV p.23),

F.L. Bauer

and then proceed by alternating application of (104) and (105)
to further columns, which decrease in size, each column having
as its top element one of the wanted elements g_μ. We may
also proceed by diagonals bordering the scheme by $s_{\delta+1}$ and then
calculating $g_1^{(\delta)}$, $g_2^{(\delta-1)}$,...$g_{\delta+1}^{(0)} = g_{\delta+1}$.

For numerical application it should be observed first that very
often the $g_{2\mu}^{(\delta)}$ are close to 1 (see part III   )
and therefore in forming $1-g_{2\mu}^{(\delta)}$, cancellation of figures
occurs. It is therefore indicated to do the calculation with
$1-g_{2\mu}^{(\delta)}$ instead of $g_{2\mu}^{(\delta)}$.

To give an numerical example, we consider the series

$$(111) \quad \frac{1}{z} \exp(\frac{1}{z}) = \frac{1}{z} + \frac{1}{z^2} + \frac{1}{2}\frac{1}{z^3} + \frac{1}{6}\frac{1}{z^4} + \ldots$$

For c=o, we have the array

g_0	g_1	g_2	g_3	g_4	g_5	g_6
1						
	-1					
1		$\frac{1}{2}$				
	$-\frac{1}{2}$		$-\frac{1}{3}$			
1		$\frac{2}{3}$		$\frac{2}{4}$		
	$-\frac{1}{3}$		$-\frac{1}{4}$		$-\frac{1}{5}$	
1		$\frac{3}{4}$		$\frac{3}{5}$		$\frac{3}{6}$
	$-\frac{1}{4}$		$-\frac{1}{5}$		$-\frac{1}{6}$	
1		$\frac{4}{5}$		$\frac{4}{6}$		
	$-\frac{1}{5}$		$-\frac{1}{6}$			
1		$\frac{5}{6}$				
	$-\frac{1}{6}$					
1						

F.L. Bauer

and obtain the S-fraction

$$(112)\quad \frac{1}{\underline{\,z\,}} - \frac{1}{\underline{\,1\,}} + \frac{\frac{1}{2}}{\underline{\,z\,}} - \frac{\frac{1}{6}}{\underline{\,1\,}} + \frac{\frac{1}{6}}{\underline{\,z\,}} - \frac{\frac{1}{10}}{\underline{\,1\,}} + \frac{\frac{1}{10}}{\underline{\,z\,}} \;-\cdots$$

For $c = 2$, the array becomes

g_0	g_1	g_2	g_3	g_4	g_5	g_6
1						
	1					
1		$\frac{3}{2}$				
	$\frac{3}{2}$		$\frac{17}{9}$			
1		$\frac{10}{9}$		$\frac{37}{34}$		
	$\frac{5}{3}$		$\frac{37}{20}$		$\frac{706}{370}$	
1		$\frac{21}{20}$		$\frac{39}{37}$		$\frac{743}{706}$
	$\frac{7}{4}$		$\frac{65}{35}$		$\frac{743}{390}$	
1		$\frac{36}{35}$		$\frac{202}{195}$		
	$\frac{9}{5}$		$\frac{107}{54}$			
1		$\frac{55}{54}$				
	$\frac{11}{6}$					
1						

and the S-fraction in $z+2$ is

$$\frac{1}{z-2} + \frac{1}{\underline{\,1\,}} - \frac{\frac{1}{2}}{\underline{\,z-2\,}} + \frac{\frac{17}{6}}{\underline{\,1\,}} - \frac{\frac{1}{102}}{\underline{\,z-2\,}} + \cdots$$

3. The forward qd-algorithm

F.L. Bauer

As suggested by (38), (39), we define quantities

(113)
$$q_i^{(\sigma)} = g_{2i-2}^{(\sigma)}(c-g_{2i-1}^{(\sigma)})$$

(114)
$$e_i^{(\sigma)} = g_{2i-1}^{(\sigma)}(1-g_{2i}^{(\sigma)})$$

From a comparison between (23) and (33), we expect the following relations to hold (for notational convenience, we put $e_o^{(\sigma)} \equiv o$)

(115)
$$q_i^{(\sigma)} + e_i^{(\sigma)} = e_{i-1}^{(\sigma+1)} + q_i^{(\sigma+1)}$$

(116)
$$e_i^{(\sigma)} q_{i+1}^{(\sigma)} = q_i^{(\sigma+1)} e_i^{(\sigma+1)}$$

Indeed, $q_i^{(\sigma)} + e_i^{(\sigma)} = -(1-g_{2i-2}^{(\sigma)})(c-g_{2i-1}^{(\sigma)}) - g_{2i-1}^{(\sigma)} g_{2i}^{(\sigma)} + c$

$$= -(c-g_{2i-3}^{(\sigma+1)})(1-g_{2i-2}^{(\sigma+1)}) - g_{2i-2}^{(\sigma+1)} g_{2i-2}^{(\sigma+1)} + c$$

$$= e_{i-1}^{(\sigma+1)} + q_i^{(\sigma+1)}$$

and

$$e_i^{(\sigma)} q_{i+1}^{(\sigma)} = g_{2i-1}^{(\sigma)} g_{2i}^{(\sigma)} (1-g_{2i}^{(\sigma)})(c-g_{2i+1}^{(\sigma)}) =$$

$$= g_{2i-2}^{(\sigma+1)} g_{2i-1}^{(\sigma+1)}(c-g_{2i-1}^{(\sigma+1)})(1-g_{2i}^{(\sigma+1)}) = q_i^{(\sigma+1)} e_i^{(\sigma+1)} .$$

Since $q_1^{(\sigma)} = (c-g_1^{(\sigma)})$, we have furthermore

(117)
$$s_{\sigma+1} = s_\sigma q_1^{(\sigma)}$$

F.L. Bauer

and

$$s_\delta = s_0 \prod_{x=1}^{\delta-1} q_1^{(1)}$$

In the quantities $q_i^{(\delta)}$, $e_i^{(\delta)}$ are arranged again in a two dimensional array,

$$
\begin{array}{cccccccc}
e_0^{(\ )}=0 \\
& q_1^{(0)} \\
e_0^{(1)}=0 & & e_1^{(0)} \\
& q_1^{(1)} & & q_2^{(0)} \\
e_0^{(2)}=0 & & e_1^{(1)} & & e_2^{(0)} \\
& q_1^{(2)} & & q_2^{(1)} & & q_3^{(0)} \\
e_0^{(3)}=0 & & e_1^{(2)} & & e_2^{(1)} \\
& q_1^{(3)} & & q_2^{(2)} & & q_3^{(1)} \\
& & e_1^{(3)} & & e_2^{(2)} \\
& & & q_2^{(3)} & & q_3^{(2)} \\
& & & & e_2^{(3)} \\
& & & & & q_3^{(3)}
\end{array}
$$

(118)

the relations (115), (116) connect again elements forming a rhombus. They are the qd-rhombus rules of RUTISHAUSER [8] .

A forward qd algorithm can be used to derive the associated S-fraction (21) with $q_i = q_i^{(0)}$, $e_i = e_i^{(0)}$ directly. This simple algorithm, found by RUTISHAUSER in 1914, marks the start of research in connection with continued fraction algorithms.

F.L. Bauer

So far, there is no advantage in the g-scheme, compared
with the qd-scheme, for the forward calculation of the coefficients of a corresponding S-fraction, except that the freedom
in the choice of c could possibly help to circumvent numerical
difficulties with the qd rhombus rules.

4. Series transformation by the Π-algorithm

If, however, the corresponding S-fraction is to be evaluated for
a   certain value c, the g-algorithm has the theoretical
advantage to give immediately the approximants in the form of
the sum (48).

Thus, there corresponds to a series

$$(119) \qquad \frac{s_o}{c} + \frac{s_1}{c^2} + \frac{s_2}{c^3} + \ldots$$

a series $s_o \cdot \dfrac{1}{g_1(c)} + s_o \dfrac{(c-g_1(c))(1-g_2(c))}{g_1(c)} \dfrac{1}{g_3(c)} +$

$$+ s_o \dfrac{(c-g_1(c))(1-g_2(c))}{g_1(c)} \dfrac{(c-g_3(c))(1-g_4(c))}{g_2(c)} \quad \dfrac{1}{g_3(c)} \quad \dfrac{1}{g_4(c)} \dfrac{1}{g_5}(5)$$

$$(120) \qquad\qquad\qquad + \ldots$$

this non linear series transformation being the effect of a
Stieltjes summation.

It suggests itself to introduce new quantities

F.L. Bauer

(121)
$$\Pi_{2\mu}(\sigma) = \frac{1 - g_{2\mu}^{(\sigma)}}{g_{2\mu}^{(\sigma)}}$$

(122)
$$\Pi_{2\mu+1}(\sigma) = \frac{c - g_{2\mu+1}^{(\sigma)}}{g_{2\mu+1}^{(\sigma)}}$$

and to try to calculate in a forward way these quantities from the $s_0, s_1, s_2, \dots$.

It can be verified that again relations hold between four adjacent quantities, the Π rhombus rules

(123) $\quad (1 + \Pi_{2\mu-1}^{(\sigma)})(1 + \Pi_{2\mu}^{(\sigma)}) = (1 + \Pi_{2\mu-2}^{(\sigma+1)})(1 + \Pi_{2\mu-1}^{(\sigma+1)})$

(124) $\quad (1 + \dfrac{1}{\Pi_{2\mu}^{(\sigma)}})(1 + \dfrac{1}{\Pi_{2\mu+1}^{(\sigma)}}) = (1 + \dfrac{1}{\Pi_{2\mu-1}^{(\sigma+1)}})(1 + \dfrac{1}{\Pi_{2\mu}^{(\sigma+1)}})$

where, for notational convenience, $\Pi_0^{(\sigma)} \equiv 0$.

Note that the Π depend again on c, and that the relations break dwon for $c = 0$.

From (103) follows

$$s_{\sigma+1} - c s_\sigma = -s_\sigma g_1^{(\sigma)} \quad \text{and therefore}$$

(125)
$$\Pi_1^{(\sigma)} = \frac{s_{\sigma+1}}{c s_\sigma - s_{\sigma+1}}$$

Thus, the forward Π-algorithm can be started.

Since $\quad (\Pi_{2\mu+1}^{(\sigma)} + 1) = \dfrac{c}{g_{2\mu+1}^{(\sigma)}}$, there results from (120)

F.L. Bauer

the transformed series, corresponding to (119)

$$(126) \quad \frac{s_o}{c} \quad (\pi_1^{(0)}+1) + \pi_1^{(0)} \pi_2^{(0)} (\pi_3^{(0)}+1) +$$

$$+ \pi_1^{(0)} \pi_2^{(0)} \pi_3^{(0)} \pi_4^{(0)} (\pi_5^{(0)} + 1) + \dots$$

If a number series $s_o + s_1 + s_2 + s_3 + \dots$ is to be transformed, we have $c=1$ in (119) and carry through the π-algorithm with

the starting values $\pi_1^{(\sigma)} = \dfrac{s_{\sigma+1}}{s_{\sigma}-s_{\sigma+1}}$.

To give an example, we consider the series [1]

$$(127) \qquad 1 - 1! + 2! - 3! + 4! - \dots$$

which is divergent in the orthodox sense.

The starting values are $\pi_1^{(\sigma)} = \dfrac{\sigma+1}{\sigma+2}$, and the π scheme reads
as follows

---

[1] A famous example in summation theory, it has been studied
first by Euler.

F.L. Bauer

π_0	$\widetilde{\pi}_1$	π_2	$\widetilde{\pi}_3$	$\widetilde{\pi}_4$	π_5	
	$-\dfrac{1}{2}$					
o		$-\dfrac{1}{3}$				
	$-\dfrac{2}{3}$		$-\dfrac{4}{7}$			
o		$-\dfrac{1}{4}$		$-\dfrac{6}{13}$		
	$-\dfrac{3}{4}$		$-\dfrac{9}{13}$		$-\dfrac{21}{34}$	(128)
o		$-\dfrac{1}{5}$		$-\dfrac{8}{21}$		
	$-\dfrac{4}{5}$		$-\dfrac{16}{21}$			
o		$-\dfrac{1}{6}$				
	$-\dfrac{5}{6}$					
o						

and the transformed series starts with

$$(129) \qquad 1 - \frac{1}{2} + \frac{1}{6} - \frac{2}{21} + \frac{4}{91} - \frac{6}{221} + \ldots$$

It is indeed convergent, since the corresponding S-fraction, essentially (108), does converge (see Lecture IV by P. Wynn, equ. (181)). Convergence is even not too slow. From the six terms above, we obtain $\frac{10}{17} = 0.5\ 882\ 352\ \ldots$, compared with the limit, which is $-$ e Ei$(-1)=0.\ 5\ 963\ 473\ \ldots$.

5. Series transformation by the η-algorithm

In order to avoid the computational work in (126), we introduce suitable products of the quantities $\widetilde{\pi}$ and try to establish

F.L. Bauer

relations among them , which allow their recursive compuation.
We put

$$(130) \qquad \eta_{\nu}^{(\sigma)} = s_{\sigma} \prod_{\lambda=1}^{\nu} \pi_{\lambda}^{(\sigma)} \qquad (\eta_{0}^{(\sigma)} = s_{\sigma})$$

and we can verify that these quantities obey $(c \neq 0)$ the
$\underline{\eta\text{ rhombus rules}}$

$$(131) \qquad c(\eta_{2\mu-1}^{(\sigma)} + \eta_{2\mu}^{(\sigma)}) = \eta_{2\mu-2}^{(\sigma+1)} + \eta_{2\mu-1}^{(\sigma+1)}$$

$$(132) \qquad \frac{1}{c}\left(\frac{1}{\eta_{2\mu}^{(\sigma)}} + \frac{1}{\eta_{2\mu+1}^{(\sigma)}}\right) = \frac{1}{\eta_{2\mu-1}^{(\sigma+1)}} + \frac{1}{\eta_{2\mu}^{(\sigma+1)}}$$

where formally $\dfrac{1}{\eta_{-1}^{(\sigma)}} = 0$ for notational convenience.

In fact, to prove for example (131), we may write.

$$c(\eta_{2\mu-1}^{(\sigma)} + \eta_{2\mu}^{(\sigma)}) = c_{s_{\sigma}} \pi_1^{(\sigma)} \pi_2^{(\sigma)} \cdots \pi_{2\mu-1}^{(\sigma)} (1 + \pi_{2\mu}^{(\sigma)})$$

and, since from (125) $\quad c s_{\sigma} = s_{\sigma+1}\left(1 + \dfrac{1}{\pi_1^{(\sigma)}}\right)$,

$$= s_{\sigma+1}(1 + \pi_1^{(\sigma)})(1 + \pi_2^{(\sigma)}) \cdot \frac{1}{1 + \dfrac{1}{\pi_2^{(\sigma)}}} \cdot \frac{1}{1 + \dfrac{1}{\pi_3^{(\sigma)}}} \cdot (1 + \pi_3^{(\sigma)}) \cdots$$

$$\cdots \frac{1}{1 + \dfrac{1}{\pi_{2\mu-1}^{(\sigma)}}} \cdot (1 + \pi_{2\mu-1}^{(\sigma)})(1 + \pi_{2\mu}^{(\sigma)})$$

F.L. Bauer

$$= s_{\delta+1}(1+\pi_0^{(\delta+1)})(1+\pi_1^{(\delta+1)}) \cdot \frac{1}{1+\frac{1}{\pi_1^{(\delta+1)}}} \cdot \frac{1}{1+\frac{1}{\pi_2^{(\delta+1)}}} (1+\pi_2^{(\delta+1)})\dots$$

$$\dots \frac{1}{1+\frac{1}{\pi_{2\mu-2}^{(\delta+1)}}} (1+\pi_{2\mu-2}^{(\delta+1)})(1+\pi_{2\mu-1}^{(\delta+1)})$$

$$= s_{\delta+1} \cdot \pi_1^{(\delta+1)} \pi_2^{(\delta+1)} \dots \pi_{2\mu-2}^{(\delta+1)}(1+\pi_{2\mu-1}^{(\delta+1)}) = \eta_{2\mu-2}^{(\delta+1)} + \eta_{2\mu-1}^{(\delta+1)}$$

(132) is proved similarly.

The η rhombus rules allow to start the forward η algorithm immediately with $\eta_0^{(\delta)} = s_\delta$. Thus, to the series (119) in the form

(133) $\qquad \frac{1}{c}\eta_0(0) + \frac{1}{c^2}\eta_0^{(1)} + \frac{1}{c^3}\eta_0^{(2)} + \dots$

there corresponds by Stieltjes summation the transformed series

(134) $\qquad \frac{1}{c}\left[(\eta_0^{(0)}+\eta_1^{(0)}) + (\eta_2^{(0)}+\eta_3^{(0)}) + (\eta_4^{(0)}+\eta_5^{(0)})+\dots\right]$

Especially for a number series (with $c=1$), the forward algorithm gives immediately the transformed series in the first diagonal of the η scheme.

We give for comparison the η scheme for the divergent series (127)

F.L. Bauer

η^0	η^1	η^2	η^3	η^4	η^5
1					
	$-\frac{1}{2}$				
-1		$\frac{1}{6}$			
	$-\frac{2}{3}$				
			$-\frac{2}{21}$		
2		$-\frac{1}{6}$		$\frac{4}{91}$	
	$-\frac{3}{2}$		$\frac{3}{26}$		
-6		$\frac{3}{10}$		$\frac{4}{91}$	$-\frac{6}{221}$
	$\frac{24}{5}$		$-\frac{8}{35}$		
24		$-\frac{4}{5}$			
	$\llcorner 20$				
-120					

$$(135)$$

6. Stieltjes summation by means of the η-algorithm

The previous example shows, that the series transformation
induced by the η-algorithm may sum a rapidly diverging
series. In this section, we want to show by examples that

(i)   the η-algorithm does not sum every divergent series to
a finite value

(ii) the η-algorithm, applied to a "slowly" converging
series, accelerate its convergence remarkably

(iii) the η-algorithm, applied to a "rapidly" converging
series, does not necessarily further improve convergence

F.L. Bauer

(iv) the η-algorithm may even fail to sum a convergent series.

Experience shows that as a rule, the η-algorithm accelerates convergence.

The effect, however, of the η-algorithm, applied to a number series $s_0 + s_1 + s_2 + \ldots$, is better understood when the power $\dfrac{s_0}{z} + \dfrac{s_1}{z^2} + \dfrac{s_2}{z^3} + \ldots$ is studied. The question of convergence of the transformed series is then the question of convergence of the corresponding S-fraction for $z = 1$. The function-theoretic aspect can not be disregarded.

This is shown first by the series

(136)
$$1 + \frac{1}{2} + \frac{1}{3} + \frac{1}{4} + \ldots$$

The series $\dfrac{1}{z} + \dfrac{1/2}{z^2} + \dfrac{1/3}{z^3} + \ldots$ has the corresponding S-fraction (cf P. Wynn, Lecture II p. 15)

(137)
$$\frac{1}{z} - \frac{\frac{1}{2} \cdot \frac{1}{1}}{\lfloor z} - \frac{\frac{1}{2} \cdot \frac{1}{3}}{\lfloor z} - \frac{\frac{1}{2} \cdot \frac{2}{3}}{\lfloor 1} - \frac{\frac{1}{2} \cdot \frac{2}{5}}{\lfloor z} - \frac{\frac{1}{2} \cdot \frac{3}{5}}{\lfloor 1} - \frac{\frac{1}{2} \cdot \frac{3}{7}}{\lfloor z} - \ldots$$

which converges in the complex plan exterior to the cut along the real axis from o to 1 to the analytic function $\ln(1-\frac{1}{z})$. This is all we can hope for. Since the S-fraction diverges to ∞ for $z = 1$, we can not object to the divergence of the transformed series $(1+1) + (\frac{1}{2}+\frac{1}{2}) + (\frac{1}{3}+\frac{1}{3}) + \ldots$ coming from the η scheme

F.L. Bauer

$$
(138)\qquad
\begin{array}{ccccccc}
1 & & & & & & \\
 & 1 & & & & & \\
\frac{1}{2} & & \frac{1}{2} & & & & \\
 & 1 & & \frac{1}{2} & & & \\
\frac{1}{3} & & \frac{1}{3} & & \frac{1}{3} & & \\
 & 1 & & \frac{1}{2} & & \frac{1}{3} & \\
\frac{1}{4} & & \frac{1}{4} & & \frac{1}{4} & & \\
 & 1 & & \frac{1}{2} & & & \\
\frac{1}{5} & & \frac{1}{5} & & & & \\
 & 1 & & & & & \\
\frac{1}{6} & & & & & &
\end{array}
$$

We consider now the slowly convergent series

$$(139)\qquad 1 - \frac{1}{2} + \frac{1}{3} - \frac{1}{4} + \dots$$

Since the S-fraction (137) converges for z=1, the transformed series converges, We obtain the η scheme

$$
(140)\qquad
\begin{array}{ccccccc}
1 & & & & & & \\
 & -\frac{1}{3} & & & & & \\
-\frac{1}{2} & & \frac{1}{30} & & & & \\
 & \frac{1}{5} & & \frac{1}{130} & & & \\
\frac{1}{3} & & -\frac{1}{105} & & \frac{1}{975} & & \\
 & -\frac{1}{7} & & \frac{1}{350} & & -\frac{1}{4725} & \\
-\frac{1}{4} & & \frac{1}{252} & & -\frac{1}{4100} & & \\
 & \frac{1}{9} & & \frac{1}{738} & & & \\
\frac{1}{5} & & \frac{1}{495} & & & & \\
 & -\frac{1}{11} & & & & & \\
-\frac{1}{6} & & & & & &
\end{array}
$$

F.L. Bauer

and the transformed series

$$(141) \qquad (1 - \tfrac{1}{3}) + (\tfrac{1}{30} - \tfrac{1}{130}) + (\tfrac{1}{975} - \tfrac{1}{4725}) + \cdots$$

with accelerated convergence. While the first six terms of (139) give only 0.61666..., the corresponding part of (141) gives 0.69312... to be compared with ln 2 = 0.69314...... .

We also give an example for the transformation of a rapidly convergent series :

$$(142) \quad 1 - \tfrac{1}{3} + \tfrac{1}{3 \cdot 15} - \tfrac{1}{3 \cdot 15 \cdot 63} + \tfrac{1}{3 \cdot 15 \cdot 63 \cdot 255} - \tfrac{1}{3 \cdot 15 \cdot 63 \cdot 255 \cdot 1023} + \cdots$$

The η scheme develops as follows

$$(143)$$

η_0	η_1	η_2	η_3	η_4	η_5
1					
	$-\tfrac{1}{4}$				
$-\tfrac{1}{3}$		$-\tfrac{1}{16}$			
	$\tfrac{1}{3 \cdot 16}$		$\tfrac{1}{16 \cdot 64}$		
$\tfrac{1}{3 \cdot 15}$		$\tfrac{1}{15 \cdot 64}$		$\tfrac{1}{64 \cdot 256}$	
	$-\tfrac{1}{3 \cdot 15 \cdot 64}$		$\tfrac{1}{15 \cdot 64 \cdot 256}$		$\tfrac{1}{64 \cdot 256 \cdot 1024}$
$\tfrac{1}{3 \cdot 15 \cdot 63}$		$\tfrac{1}{15 \cdot 63 \cdot 256}$		$\tfrac{1}{63 \cdot 256 \cdot 1024}$	
	$\tfrac{1}{3.15 \cdot 63 \cdot 256}$		$\tfrac{1}{15 \cdot 63 \cdot 256 \cdot 1024}$		
$\tfrac{1}{3 \cdot 15 \cdot 63 \cdot 255}$		$\tfrac{1}{15 \cdot 63 \cdot 255 \cdot 1024}$			
	$\tfrac{1}{3 \cdot 15 \cdot 63 \cdot 255 \cdot 1024}$				
$\tfrac{1}{15 \cdot 63 \cdot 255 \cdot 1023}$					

F.L. Bauer

The transformed series is the following [1]

$$(144) \qquad (1 - \frac{1}{2^2}) - (\frac{1}{2^4} - \frac{1}{2^{10}}) + (\frac{1}{2^{14}} - \frac{1}{2^{24}}) - \ldots$$

the exact limit is 0.688 537 5368 ... .

In this case, the new series is even a little less rapidly convergent than the original one. The first six terms of (142) give 0.688 537 5371 ..., while the corresponding terms of (144) give 0.688 537 5380 ... .

Finally, an example given by PERRON $[7]$, p. 145) shows that the corresponding S-fraction may diverge even when the series converges. The periodic S-fraction

$$(145) \qquad \frac{2/3}{\lfloor z} + \frac{1/3}{\lfloor 1} - \frac{1}{\lfloor z} + \frac{2/3}{\lfloor 1} + \frac{1/3}{\lfloor 1} - \frac{1}{\lfloor 1} + \frac{2/3}{\lfloor z} + \ldots$$

has a corresponding series, the first terms of which are

$$(146) \qquad \frac{2/3}{z} - \frac{2/9}{z^2} - \frac{4/27}{z^3} - \ldots$$

In a neighbourhood of z=0 both S-fraction and series converge to the analytic function

$$(147) \qquad (\frac{4}{z} - 3 + \sqrt{9 - \frac{8}{z^3}}) / (\frac{6}{z} + 2) \quad ;$$

----

[1] The result gives a representation of the transcendental number in the form of a binary fraction with a simple law of formation. It also shows that there are series of zeros and ones of increasing length in the binary fraction.

F.L. Bauer

the series has the convergence radius $\frac{1}{2}\sqrt[3]{9} > 1$, and converges therefore for z=1 to the value $\frac{1}{4}$, while the conti-nued fraction diverges for z=1 .

The η-algorithm therefore does not give a convergent transformed series, if applied to the (146) for z=1 (actually, it also fails numerically).

7. Sequence transformations by the ε-algorithm

For a given sequence, the series of its differences can be subjected to the methods above, and the sequence of partial sums of the transformed series gives a sequence transformation, which we may also call a Stieltjes extrapolation of a sequence.

The problem, however, suggests to introduce new quantities such that from the sums of the $\eta_0^{(\delta)}$ - the partial sums of the original series - the sums of the $\eta_i^{(\delta)}$ - the parial sums of the transformed series - can be computed directly.

Thus, we introduce the quantities ($\mu = 0,1,2,\ldots$; $\delta = 0,1,2,\ldots$)

$$(148)\quad \varepsilon_{2\mu}^{(\delta)} = \sum_{\nu=0}^{\delta-1} \frac{1}{c^{\nu+1}}\eta_0^{(\nu)} + \frac{1}{c^{\delta+1}}\sum_{\lambda=0}^{2\mu-1}\eta_\lambda^{(\delta)} \quad (\varepsilon_0^{(0)}=0)$$

and

$$(149)\qquad \varepsilon_{2\mu+1}^{(\delta)} = c^{\delta+1}\sum_{\lambda=0}^{2\mu}\frac{1}{\eta_\lambda^{(\delta)}}$$

Thus

$$(150)\quad \varepsilon_0^{(\delta)} = \frac{1}{c}\eta_0^{(0)} + \frac{1}{c^2}\eta_0^{(1)} + \ldots \frac{1}{c^\delta}\eta_0^{(\delta-1)} = \frac{s_0}{c} + \frac{s_1}{c^2} + \frac{s_2}{c^3} + \ldots \frac{s_{-1}}{c}$$

F.L. Bauer

is the sum of the first δ terms of the series. (119),(133) or the δ-th element of the sequence to be transformed,

$$(151) \quad \varepsilon_{2\mu}^{(0)} = \frac{1}{c}\left[(\eta_0^{(0)} + \eta_1^{(0)}) + (\eta_2^{(0)} + \eta_3^{(0)}) + \ldots + (\eta_{2\mu-2}^{(0)} + \eta_{2\mu-1}^{(0)})\right]$$

is the sum of the first μ terms of the transformed series (134) or the μ-th element of the transformed sequence .

There are again rhombus rules which hold for the ε scheme

$$(152) \quad (\varepsilon_\nu^{(\delta+1)} - \varepsilon_\nu^{(\delta)})(\varepsilon_{\nu+1}^{(\delta)} - \varepsilon_{\nu-1}^{(\delta+1)}) = 1$$

where $\varepsilon_{-1}^{(\delta)} \equiv 0$ for notational convenience ([12, 13]).

This follows for even $\nu = 2\mu$ from the relations

$$(153) \quad \varepsilon_{2\mu}^{(\delta+1)} - \varepsilon_{2\mu}^{(\delta)} = \frac{\eta_{2\mu}^{(\delta)}}{c^{\delta+1}} \quad \text{and}$$

$$(154) \quad \varepsilon_{2\mu+1}^{(\delta)} - \varepsilon_{2\mu-1}^{(\delta+1)} = \frac{c^{\delta+1}}{\eta_{2\mu}^{(\delta)}}$$

for odd $\nu = 2\mu+1$ from the relations

$$(155) \quad \varepsilon_{2\mu+1}^{(\delta+1)} - \varepsilon_{2\mu+1}^{(\delta)} = \frac{c^{\delta+1}}{\eta_{2\mu+1}^{(\delta)}} \quad \text{and}$$

$$(156) \quad \varepsilon_{2\mu+1}^{(\delta)} - \varepsilon_{2\mu}^{(\delta+1)} = \frac{\eta_{2\mu+1}^{(\delta)}}{c^{\delta+1}}$$

which are simple consequences of the η-rhombus rules. For example

F.L. Bauer

$$\varepsilon_{2\mu}^{(\delta+1)} - \varepsilon_{2\mu}^{(\delta)} = \frac{1}{c^{\delta+1}} \eta_0^{(\delta)} + \frac{1}{c^{\delta+2}} \sum_{\lambda=0}^{2\mu-1} \eta_\lambda^{(\delta+1)} - \frac{1}{c^{\delta+1}} \sum_{\lambda=0}^{2\mu-1} \eta_\lambda^{(\delta)}$$

$$= \frac{1}{c^{\delta+2}} \sum_{\lambda=0}^{2\mu-1} \eta_\lambda^{(\delta+1)} - \frac{1}{c^{\delta+1}} \sum_{\lambda=1}^{2\mu} \eta_\lambda^{(\delta)} + \frac{1}{c^{\delta+1}} \eta_{2\mu}^{(\delta)}$$

but the first two sums cancel out because of (131).

It can also be verified that $\varepsilon_{2\mu}^{(1)} = \frac{1}{c} \left[\eta_0^{(0)} + \eta_1^{(0)} + \ldots \eta_{2\mu}^{(0)} \right]$ (157)

Moreover, $\varepsilon_{2\mu}^{(\delta)}$, as defined in (148) by summing down the column o and then along the diagonal δ in the η scheme is independent of the path of summation : any path from $[o,o]$ to $[\delta, 2\mu]$ with vertical or diagonal steps in the η scheme will lead to the same sum.

When used for sequence transformation, usually $\varepsilon_0^{(0)}$ is put equal to the first element of the sequence (and not to zero) . This means a trivial addition of an initial constant.

We conclude with an example of the forward ε algorithm for sequence transformation.

The sequence $\frac{1}{6}, \frac{2}{8}, \frac{3}{10}, \frac{4}{12}, \ldots$

is to be extrapolated. The ε scheme develops as follows

F.L. Bauer

```
o
        6
   1         2
   ─         ─
   6         6
        12        36
   2         3        10
   ─         ─        ──
   8         8        24
        20        60        120
   3         4        13        27
   ──        ──       ──        ──
   10        10       30        60
(158)   30        90        180       300
   4         5        16        33
   ──        ──       ──        ──
   12        12       36        72
        42        126       252
   5         6        19
   ──        ──       ──
   14        14       42
        56        168
   6         7
   ──        ──
   16        16
        72
   7
   ──
   18
```

The extrapolated value $\frac{33}{72} = 0.45833\ldots$ is much closer to the limit $\frac{1}{2}$ than the last original value $\frac{7}{18} = 0.38\,888\ \ldots$.

We note in passing that the forward ε algorithm, applied to a 3-element sequence , coincides with the $\overset{2}{-}$ process of AITKEN [1] . Indeed, the following scheme develops

F.L. Bauer

$$\varepsilon_0^{(0)} = f_0$$

$$\varepsilon_1^{(0)} = \frac{1}{f_1 - f_0}$$

$$\varepsilon_0^{(1)} = f_1$$

$$\varepsilon_2^{(0)} = f_1 - \frac{(f_2 - f_1)(f_1 - f_0)}{f_2 - 2f_1 + f_0}$$

$$\varepsilon_1^{(1)} = \frac{1}{f_2 - f_1}$$

$$\varepsilon_0^{(2)} = f_2$$

(159)
$$\varepsilon_2^{(0)} = f_1 - \frac{\Delta f_1 \, \Delta f_0}{\Delta^2 f_0} = f_2 - \frac{(\Delta f_1)^2}{\Delta^2 f_0}$$

is the known δ^2-acceleration formula.

It should be obvious that for a sequence of more than three elements the ε-algorithm is the natural generalization of the δ^2-process.

8. Numerical considerations

As a rule, in the forward process for Stieltjes summation described, loss of figures will occur in the course of computation. In the most general case, any of the algorithms discussed can fail because of zero divisors or work unsatisfactorily in the neighbourhood of such a situation. There is, however, the important class of S-fractions for which the g-decomposition for $c = 1$ is such that $0 < g_\nu^{(\delta)} < 1$. It can be shown ([11]),p. 295) that then the condition

(160) $\qquad 0 < g_\nu^{(\delta)} < 1$

F.L. Bauer

holds throughout the g-scheme. Equivalently,

(161)

and

$$0 < \widetilde{\Pi}_\gamma^{(\sigma)} < \infty$$

$$0 < q_\mu^{(\sigma)} < \infty$$

(162)

$$0 < e_\mu^{(\sigma)} < \infty .$$

This means, that the schemes can not break down.
We only note here that this class of S-fractions is related
to analytic functions which are uniquely defined in the form
of a Stieltjes integral

(163) $$\int_0^1 \frac{d\,\bar{\Phi}\,(t)}{z-t}$$

where $\bar{\Phi}(t)$ is a real, non decreasing function of the real
variable t.

9. Repeated application

Stieltjes summation and extrapolation may be applied
repeatedly. In many cases, successive results are considerably
improving. Experience shows however, that repeated application
may be harmful, if originally convergence is fast enough.

10. Continued fractions using the $\widetilde{\Pi}$, η and ε

From   (107), one obtains

F.L. Bauer

$$(164) \quad r_\delta(z) = \left.\frac{s_\delta}{z-c}\right| + \left.\frac{g_0^{(\delta)} g_1^{(\delta)}}{1}\right| + \left.\frac{(c+g_1^{(\delta)})(1-g_2^{(\delta)})}{z-c}\right| + \left.\frac{g_2^{(\delta)} g_3^{(\delta)}}{1}\right| + \ldots$$

By similarity , this is (for $c \neq 0$)

$$(165) \quad r_\delta(z) = \left.\frac{s_\delta}{z-c}\right| + \left.\frac{c}{1+\widehat{\Pi}_1^{(\delta)}}\right| + \left.\frac{c\Pi_1^{(\delta)}\Pi_2^{(\delta)}}{(z-c)(1+\Pi_2^{(\delta)})}\right| + \left.\frac{c}{1+\Pi_3^{(\delta)}}\right| +$$

$$+ \left.\frac{c\Pi_3^{(\delta)}\Pi_4^{(\delta)}}{(z-c)(1+\widehat{\Pi}_4^{(\delta)})}\right| + \ldots$$

or, using $\Pi_\nu^{(\delta)} = \eta_\nu^{(\delta)} / \eta_{\nu-1}^{(\delta)}$,

$$(166) \quad r_\delta(z) = \left.\frac{\eta_0^{(\delta)}}{z-c}\right| + \left.\frac{c\eta_0^{(\delta)}}{\eta_0^{(\delta)}+\eta_1^{(\delta)}}\right| + \left.\frac{c\eta_1^{(\delta)}\eta_2^{(\delta)}}{(z-c)(\eta_1^{(\delta)}+\eta_2^{(\delta)})}\right| +$$

$$+ \left.\frac{c\eta_1^{(\delta)}\eta_2^{(\delta)}}{\eta_2^{(\delta)}+\eta_3^{(\delta)}}\right| + \left.\frac{c\eta_3^{(\delta)}\eta_4^{(\delta)}}{(z-c)(\eta_3^{(\delta)}+\eta_4^{(\delta)})}\right| + \ldots$$

since $\dfrac{1}{c^{\delta+1}}(\eta_{2\mu-2}^{(\delta)} + \eta_{2\mu-1}^{(\delta)}) = \varepsilon_{2\mu}^{(\delta)} - c\,\varepsilon_{2\mu-2}^{(\delta)}$ and

$$c^{\delta+1}\left(\frac{1}{\eta_{2\mu-1}^{(\delta)}} + \frac{1}{\eta_{2\mu}^{(\delta)}}\right) = \varepsilon_{2\mu+1}^{(\delta)} - \varepsilon_{2\mu-1}^{(\delta)} ,$$

F.L. Bauer

it results finally

$$r_\sigma(z) = \frac{c^\sigma}{(\frac{z}{c}-1)\,\varepsilon_1^{(\sigma)}} + \frac{1}{\varepsilon_2^{(\sigma)} - \varepsilon_0^{(\sigma)}} + \frac{1}{(\frac{z}{c}-1)(\varepsilon_3^{(\sigma)} - \varepsilon_1^{(\sigma)})}$$

(167)
$$+ \frac{1}{\varepsilon_4^{(\sigma)} - \varepsilon_2^{(\sigma)}} + \frac{1}{(\frac{z}{c}-1)(\varepsilon_5^{(\sigma)} - \varepsilon_3^{(\sigma)})} + \cdots$$

We finally note that

(168)
$$\frac{c}{q_{11}^{(\sigma)}} = (1 + \pi_{2\mu-2}^{(\sigma)})(1 + \frac{1}{\pi_{2\mu-1}^{(\sigma)}})$$

and

(169)
$$\frac{c}{q_\mu^{(\sigma)}} = (1 + \tilde\pi_{2\mu-1}^{(\sigma)})(1 + \frac{1}{\pi_{2\mu}^{(\sigma)}})$$

F.L. Bauer

Part Three

Computation of eigenvalues and roots

In this part, we study the problem of determining eingenvalues
of a Jacobi matrix A (214) related with a terminating
J-fraction (217) or of a product EQ of Stieltjes matrices
(215, 216), related with a terminating S-fraction (221). An
arbitrary matrix can be brought to tridiagonal form by suita-
ble transformations ($\lfloor 6 \rfloor$ $\lfloor 6a \rfloor$), the same holds for the
approximation of linear operators by Ritz methods. In the
letter case, infinite tridiagonal matrices are introduced,
which possibly can be dealt with by passage to the limit. The
methods discussed here are based on certain convergence
properties of the columns of the rhombus schemes discussed in
Part Two. Since the eingevalues of A or EQ are the poles
of the rational functions defined by the related terminating
continued fractions, there are always ways of determining
partial fraction decomposition of these functions, thus
solving the corresponding moment problem, with possible applications to equidistant exponential interpolation and the
determination of Gaussian quadrature formulae.

1. Convergence properties of progressive rhombus schemes

A determinating S-fraction (40) may be characterized by $g_{2n}=1$.
If $F(z) = r(z)$ is terminating, then so are $F_\delta(z) = r_\delta(z)$,
and

F.L. Bauer

$$(201) \qquad \varepsilon_{2n}^{(\delta)} = 1 \ ,$$

as follows from the rhombus rule (105).

We note that this means for the qd scheme

$$(202) \qquad e_n^{(\delta)} = o$$

for the π scheme

$$(203) \qquad \pi_{2n}^{(\delta)} = o$$

for the η scheme

$$(204) \qquad \eta_{2n}^{(\delta)} = o$$

and for the ε scheme

$$(205) \qquad \varepsilon_{2n}^{(\delta)} = \text{const}$$

Rhombus schemes belonging to terminating S-fractions have the property, that vertical columns converge under certain conditions.

Let $\lambda_1 \ldots \lambda_n$ be the poles of the rational function $r(z)$. We know, that all functions $r_\delta(z)$ then have same poles. Let the poles be counted according to their order, and let

$$| \lambda_1 | \geq | \lambda_2 | \geq \cdots \geq | \lambda_n |. \quad \text{Then}$$

F.L. Bauer

<u>Theorem 1</u> If : $\lambda_{i-1}| > |\lambda_i| > |\lambda_{i+1}|$ - we say, λ_i is
separated by circles around the origin, then

$$\lim_{\delta \to \infty} q_i^{(\delta)} = \lambda_i \quad \text{and} \quad \lim_{\delta \to \infty} e_{i-1}^{(\delta)} = 0 \quad , \quad \lim_{\delta \to \infty} e_i^{(\delta)} = 0$$

This theorem for the terminating case is a special case of
the theorem of Hadamard ([5]) for arbitrary S-fractions. It
also follows from a more general theorem concerning the so-
called LR transformations([8]) of matrices. The proof is
not essentially related to continued fraction and is therefore
omitted here.

In the terminating case, computation may proceed from a given
S-fraction ($\delta = 0$) downwards, using the 'boundary condition'
(201) through (205). For these progressive forms of the
algorithm, most commonly the qd algorithm is used, since this
algorithm can be started immediately from a EQ-decomposition
of a Jacobi matrix A. Since the poles of F(z) are the
eigenvalues of A, this gives a method for computing the
eigenvalues of A, at least those separated by circles.

In the case of eigenvalues of equal modulus, oscillation in
the sequence of $q_i^{(\delta)}$ occurs, and the $c_{i-1}^{(\delta)}$, $e_i^{(\delta)}$ do not
converge. However, a polynomial can be determined which has
as its roots the eigenvalues of equal modulus, according to
the following

F.L. Bauer

__Theorem 2__   if $|\lambda_{i-1}| > |\lambda_i| \geq |\lambda_k| > |\lambda_{k+1}|$, then

$$\lim_{\delta \to \infty} e_{i-1}^{(\delta)} = 0 \quad , \quad \lim_{\delta \to \infty} e_k^{(\delta)} = 0, \text{ and}$$

the characteristic polynomial of the matrix (a segment of the Jacobi matrix)

(206)

$$
\begin{array}{ccccc}
e_{i-1}^{(\delta)}+q_i^{(\delta)} & 1 & & & \\
q_i^{(\delta)}e_i^{(\delta)} & e_i^{(\delta)}+q_{i+1}^{(\delta)} & 1 & & \\
& \ddots & & \ddots & \\
& q_{k-2}^{(\delta)}e_{k-2}^{(\delta)} & e_{k-2}^{(\delta)}+q_{k-1}^{(\delta)} & & \\
& & & 1 & \\
& & q_{k-1}^{(\delta)}e_{k-1}^{(\delta)} & e_{k-1}^{(\delta)}+q_k^{(\delta)} &
\end{array}
$$

converges by coefficients to a polynomial, the roots of which are $\lambda_i \ldots \lambda_k$ ([8]).

It has to be noted that in these theorems formally $\lambda_0 = \infty$ and $\lambda_{n+1} = 0$, that means that for i=1 and for k=n only one condition remains.

__Theorem 2__   may be applied also if some roots are nearly equal in modulus and then convergence is poor for some columns. For completeness we add (see Part II, 2) that $e_i^{(\delta)} \to 0$ implies $g_{2i}^{(\delta)} \to 1$, $\pi_{2i}^{(\delta)} \to 0$.

2. Algorithms with zero shift

Convergence in the progressive rhombus algorithms is linear, that is in a geometric progression, the convergence factor

F.L. Bauer

being

$$\max\left\{\left|\frac{\lambda_i}{\lambda_{i-1}}\right| , \left|\frac{\lambda_{k+1}}{\lambda_k}\right|\right\} .$$

In many cases, convergence is too slow for practical computation.

If, however, the eigenvalues can be shifted, one of then can be brought close to zero. In the resulting new ordering, the convergence factor governing the separation of this eigenvalue may become so small that at least this eigenvalue is rapidly determined. The process may be continued then for other eigenvalues.

Since the $q_\mu^{(\sigma)}$, $e_\mu^{(\sigma)}$, being the elements of Stieltjes matrices $Q^{(\sigma)}$, $E^{(\sigma)}$, give the Jacobi matrices $E^{(\sigma)} Q^{(\sigma)}$ and $Q^{(\sigma)} E^{(\sigma)}$, a shift in the eigenvalues is effected by equating

(207) $Q^{(\sigma)} E^{(\sigma)} + c_\sigma I = E^{(\sigma+1)} Q^{(\sigma+1)} + c_{\sigma+1} I$

with the start

(208) $A = c_0 I + E^{(0)} Q^{(0)}$

This means that the multiplicative qd rhombus rule is left unchanged, while the additive rule is modified to

(209) $c_\sigma + q_\mu^{(\sigma)} + e_\mu^{(\sigma)} = c_{\sigma+1} + e_{\mu-1}^{(\sigma+1)} + q_\mu^{(\sigma+1)} .$

F.L. Bauer

The same effect can be obtained by a modification of the g-algorithm.

In I, 44 we have the S-fraction

$$(210) \quad F(z) = \frac{1}{|z-c} + \frac{g_0 g_1}{|1} + \frac{(c-g_1)(1-g_2)}{z} + \dots + \frac{g_{2n-2} g_{2n-1}}{1}$$

If we take the odd part of this, we obtain

$$(z-c)F(z) = 1 - \frac{g_1}{|z-c+g_0 g_1+(c-g_1)(1-g_2)} - \frac{(c-g_1)(1-g_2)g_2 g_3}{|z-c+g_2 g_3+(c-g_3)(1-g_4)} - \cdot$$

$$(211) \qquad = 1 - \frac{g_1}{|z-(c-g_1)g_2} - \frac{(c-g_1)g_2(1-g_2)g_3}{|z-(1-g_2)g_3-(c-g_3)g_4} - \dots$$

and this is the even part of

$$(212) \qquad 1 - \frac{g_1}{|z} - \frac{(c-g_1)g_2}{|1} - \frac{(1-g_2)g_3}{|z} - \dots - \frac{c-g_{2n-1}}{1} .$$

Thus, we have :

$$(213) \text{ If } \quad r_\delta(z) = \frac{s_\delta}{|z} - \frac{g_0^{(\delta)}(c-g_1^{(\delta)})}{|1} - \frac{g_1^{(\delta)}(1-g_2^{(\delta)})}{z} - \dots ,$$

then

$$(z-c_\delta)r_\delta(z)-s_\delta = \frac{-s_\delta g_1^{(\delta)}}{|z} - \frac{(c_\delta-g_1^{(\delta)})g_2^{(\delta)}}{|1} - \frac{g_2^{(\delta)}(c_\delta-g_3^{(\delta)})}{z} - \dots$$

$$(214)$$

$$\qquad = r_{\delta+1}(z) = \frac{s_{\delta+1}}{|z} - \frac{g_0^{(\delta+1)}(c_{\delta+1}-g_1^{(\delta+1)})}{.1} - \frac{g_1^{(\delta)}(1-g_2^{(\delta)})}{z} - \dots$$

F.L. Bauer

under the modified g rhombus rules

(215) $\qquad (c_\sigma - g_{2\mu-1}^{(\sigma)})\, g_{2\mu}^{(\sigma)} = g_{2\mu-2}^{(\sigma+1)}(c_{\sigma+1} - g_{2\mu-1}^{(\sigma)})$

(216) $\qquad (1 - g_{2\mu}^{(\sigma)})\, g_{2\mu-1}^{(\sigma)} = g_{2\mu-1}^{(\sigma+1)}(1 - g_{2\mu}^{(\sigma+1)})$

and

(217) $\qquad s_{\sigma+1} = -g_1^{(\sigma)} s_\sigma$

It can be shown directly that this g algorithm is equivalent to the qd algorithm with shift, with the relations

(218) $\qquad q_i^{(\sigma)} = -g_{2\mu-2}^{(\sigma)} g_{2\mu-1}^{(\sigma)}$

(219) $\qquad e_\mu^{(\sigma)} = -(c_\sigma - g_{2\mu-1}^{(\sigma)})(1 - g_{2\mu}^{(\sigma)})\ .$

Note that these quantities depend now on $c_0, c_1, \ldots, c_\sigma$.

3. Transformations of Newton series

Obviously,

(220) $\quad r_0(z) = \dfrac{s_0}{z-c_0} - \dfrac{s_0 g_1^{(o)}}{(z-c_0)(z-c_1)} + \dfrac{s_0 g_1^{(o)} g_2^{(o)}}{(z-c_0)(z-c_1)(z-c_2)} - \cdots$

Thus, the modified algorithm is an instrument connecting an S-fraction and its formal expansion in a Newton series. By means of an intermediate S-fraction, transformation from a Newton series with given c_0, c_1 $\ldots$ to another (one of them may be a power series) is possible.

4. Newton type shifts

In connection with eigenvalue determination, the shift c
has to be chosen such that c_σ is close to λ_n, the
eigenvalue of smallest modulus of A. Usually, an approximation
to this best choice of c_δ is obtained by truncating
appropriate expressions, as in the classical Newton method.
A Newton type shift results, if the characteristic root of
smallest modulus of the matrix (206) with k=n is used. Very
frequently, only a one-dimensional matrix is used, that means

$$(221) \qquad c_{\delta+1} = c_\delta + (q_n^{(\delta)} + e_n^{(\delta)})$$

This gives quadratic convergence. Use of a two-dimensional
matrix leads to a quadratic equation to be solved, this
gives already cubic convergence.

5. Roots of polynomials

In order to determine roots of polynomials, one has to start
with a tridiagonal matrix, the eigenvalues of which are these
roots. Such a matrix is easily obtained by an euclidean
algorithm between a polynomial $h(x)$ of exact degree n-1
and the given polynomial $P(z)$ of degree n. In fact, the
S-fraction to start with is terminating and represents just
the rational function $h(z)/p(z)$.

F.L. Bauer

There is a possibility, however, to start with a qd scheme (under a certain condition) without preparation of the kind discussed above. For a very special polynomial $h(z)$, namely $h(z) = z^{n-1}$, it turns out that the qd scheme can be extended upwards until a horizontal row, where quotients of the coefficients of the given polynomial show up. Let be

$$(222) \quad p(z) = z^n + c_1 z^{n-1} + c_2 z^{n-1} + c_2 z^{n-2} + \ldots + c_{n-1} z + c_n$$

Then, the qd scheme is to be started with

$$(223) \quad
\begin{array}{cccccc}
q_1 & e_1 & q_2 & e_2 & q_3 & e_3 \ldots \\
-c_1 & & 0 & & 0 & \ldots \\
& \dfrac{c_2}{c_1} & & \dfrac{c_3}{c_2} & & \dfrac{c_4}{c_3} \ldots
\end{array}
$$

provided no coefficient is zero.

We give an example : In order to determine roots of $z^3 - 9z^2 - 8z + 2$, we start

$$
\begin{array}{ccc}
9 & 0 & 0 \\
& \dfrac{8}{9} & -\dfrac{1}{4}
\end{array}
$$

and calculate the scheme downwards with the boundary condition $e_3^{(\ )} = 0$. Thus gives numerically

F.L. Bauer

9	o	o
0.888 889	-0.25	
9.888 889	-1.138 889	0.25
-0.102 372	0.054 878	
9.786 517	-0.981 639	0.195 122
0.010 268	-0.010 908	
9.796 785	-1.002 815	0.206 030
-0.001 051	0.002 241	
9.795 734	-0.99 523	0.203 789
0.000 107	-0.000 457	
9.795 841	-1.000 087	0.204 246
-0.000 011	0.000 093	
9.795 830	-0.999 983	0.204 153
0.000 001	-0.000 019	
9.795 831	-1.000 003	0.204 172

The reason behind is the following :

The roots of a polynomial $p(z)$ are the eigenvalues of its companion matrix

$$(225) \qquad C = \begin{pmatrix} -c_1 & 1 & & & \\ -c_2 & \cdot & 1 & & 0 \\ -c_3 & \cdot & \cdot & 1 & \\ \vdots & & & \ddots & \\ & & & & \ddots \\ -c_{n-1} & 0 & & & 1 \\ -c_n & & & & 0 \end{pmatrix}$$

F.L. Bauer

This matrix is not a Jacobi matrix. It can be decomposed, however, in the form $E^{-1}Q$, where E, Q are Stieltjes matrices of the form (I, 15) and (I, 16).

Indeed

(226)

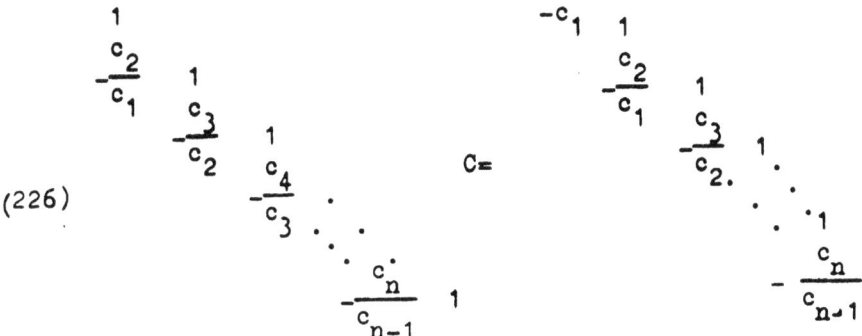

Let us form from the quantities $q_\mu^{(\sigma - \mu)}$ and $e_\mu^{(\sigma - \mu)}$, being located in horizontal rows of the qd scheme, Stieltjes matrices

F.L. Bauer

$$(227) \quad \hat{E}^{(\delta)} = \begin{pmatrix} 1 & & & & & \\ -e_1^{(\delta-1)} & 1 & & & & \\ & -e_2^{(\delta-2)} & 1 & & & \\ & & -e_3^{(\delta-3)} & \cdot & & \\ & & & \cdot & \cdot & \\ & & & & -e_{n-1}^{(\delta-n+1)} & 1 \end{pmatrix}$$

$$(228) \quad \hat{Q}^{(\delta)} = \begin{pmatrix} q_1^{(\delta-1)} & 1 & & & & \\ & q_2^{(\delta-2)} - e_1^{(\delta-1)} & 1 & & & \\ & & q_3^{(\delta-3)} - e_2^{(\delta-2)} & 1 & & \\ & & & \cdot & \cdot & \\ & & & & \cdot & 1 \\ & & & & q_n^{(\delta-n)} - e_{n-1}^{(\delta-n+1)} \end{pmatrix}$$

Then, these matrices obey the rules

$$(229) \quad \hat{Q}^{(\delta)}(\hat{E}^{(\delta)})^{-1} = (\hat{E}^{(\delta+1)})^{-1}\hat{Q}^{(\delta+1)}.$$

Thus, the qd algorithm can be started with a $E^{-1} Q$ decomposition of C . Comparison gives

$$(230) \quad e_\mu^{(1-\mu)} = -\frac{c_{\mu+1}}{c_\mu} \ , \quad q_1^{(o)} = -c_1 \ , \quad q_\nu^{(1-\nu)} = o \ (\nu = 2\ldots n)$$

F.L. Bauer

6. Progressive back - and forth algorithm

Consider the partial sum decomposition of $h(z)/p(z) = r_0(z)$,

$$(231) \qquad r_0(z) = \frac{h(z)}{p(z)} = \sum_{\nu=1}^{n} \frac{\gamma_\nu}{z-\lambda_\nu} \;, \quad \text{with weight coefficients } \gamma_\nu$$

Since $r_1(z) = (z-c)r_0(z) - s_0$, we obtain

$$(232) \qquad r_1(z) = \sum \frac{z-c}{z-\lambda_\nu} \gamma_\nu - s_0 = \sum \gamma_\nu - a_0 + \sum \frac{(\lambda_\nu - c)\gamma_\nu}{z-\lambda_\nu},$$

hence
$$s_0 = \sum \gamma_\nu \;.$$

$(\lambda_k - c)\gamma_k$, the weight coefficients in the partial sum decomposition of $r_1(z)$, are those of $r_0(z)$, multiplied by $\lambda_k - c$.

Obviously, if we go backwards in our rhombus scheme, we have the reciprocal effect, the weight coefficients are divided by $\lambda_k - c'$.

Thus, in alternating a forward step with c and a backward step with c' , we get effectively the weight coefficients multiplied by powers of $\dfrac{\lambda_\mu - c}{\lambda_\mu - c'}$. Since convergence depends on the behavior of the weight coefficients, we can influence it in such a way that the eigenvalues are treated not with respect to their ordering in magnitude, but in magnitude of $\dfrac{\lambda_\mu - c}{\lambda_\mu - c'}$. For c'=-c, we have the multiplicator $\dfrac{\lambda_\mu - c}{\lambda_\mu + c}$. This means, that $\left| \dfrac{\lambda_\mu - c}{\lambda_\mu + c} \right| = 1$ for pure imaginary λ_μ, and that separation of the eigenvalues in the right half plane from the eigenvalues in the left half

F.L. Bauer

plane takes place. Thus, a progressive forth-and back
application with suitable shifts gives a method for the Hurwitz
decomposition of a polynomial.

7. Determination of the weight coefficients

Once the eigenvalues are found, the weight coefficients γ_k
in the partial sum decomposition (231) can be determined in
principle by solving a system of linear equations.

The weight coefficients can be determined, however, directly.
Assume a pole λ_k of $r_0(z)$ is determined, and let

$$r_0(z) = \frac{s_{0|}}{\lfloor z} - \frac{q_{1|}}{\lfloor 1} - \frac{e_{1|}}{\lfloor z} - \cdots$$

This can be transformed into an S-fraction in $z - \lambda_k$

$$r_0(z) = \frac{s_0^*|}{\lfloor z - \lambda_k} - \frac{q_1^*|}{\lfloor 1} - \frac{e_1^*|}{\lfloor z - \lambda_k} - \cdots - \frac{e_{n-1}^*|}{\lfloor z - \lambda_k} \quad , \text{ since } q_n^* \text{ necessarily vanishes.}$$

The odd part of this is

$$(z - \lambda_k)r_0(z) = s_0^* + \frac{s_0^* q_1^*|}{\lfloor (z - \lambda_k) - q_1^* - e_1^*} : - \frac{e_1^* q_2^*}{(z - \lambda_k) - q_2^* - e_2^*} - \cdots -$$

$$- \frac{e_{n-2}^* q_{n-1}^*}{(z - \lambda_k) - q_{n-1}^* - e_{n-1}^*}$$

On the other hand,

$$r_0(z) = \frac{e_k}{z - \lambda_k} = \sum_{\nu \neq k} \frac{e_\nu}{z - \lambda_\nu} \text{ is a rational function, which}$$
$$\text{has an S-fraction in } z - \lambda_k,$$

F.L. Bauer

$$r_o(z) - \frac{e_k}{z-\lambda_k} = \frac{s_o^{**}}{\left|z-\lambda_k\right.} - \frac{q_1^{**}}{\left|1\right.} - \frac{e_1^{**}}{\left|z-\lambda_k\right.} - \cdots - \frac{q_{n-1}^{**}}{\left|z-\lambda_k\right.} .$$

The odd part of this is

$$(z-\lambda_k)r_o(z)-e_k = s_o^{**} + \frac{s_o^{++} \; q_1^{++}}{\left|(z-\lambda_k)-q_1^{++} -e_1^{++}\right.} - \frac{e_1^{++} \; q_2^{++}}{\left|(z-\lambda_k)-q_2^{++} -e_2^{++}\right.} - \cdots -$$

$$- \frac{e_{n-2}^{++} q_{n-1}^{++}}{\left|(z-\lambda_k)-q_{n-1}^{++}\right.}$$

Equating the two J-fractions, we can determine $q_{n-1}^{++}, e_{n-2}^{++}, \ldots$
$\ldots q_1^{++}$, and finally s_o^{++} . Then $e_k = s_o^* - s_o^{**}$ is the wanted
weight coefficient.

8. Application to exponential interpolation

In exponential interpolation, weight coefficients γ_ν and
decay constants τ_ν are to be determined such that

$$f(x) \sum_{\nu=1}^{m} \gamma_\nu \exp \; (-\tau_\nu x) .$$

For equidistant arguments, we may say

$$s_k = \sum \gamma_\nu e^{-k\tau_\nu} = \sum \gamma_\nu \lambda_\nu^k \quad , \text{ where } \lambda_\nu = e^{-\tau_\nu} .$$

The rational function $\displaystyle\sum_{\nu=1}^{m} \frac{\gamma_\nu}{z-\lambda_\nu}$ has just an expansion in
descending powers of z, which gives the s_k . In fact

F.L. Bauer

$$\sum_{\nu=1}^{n} \frac{\gamma_\nu}{z-\lambda_\nu} = \sum \gamma_\nu \frac{1}{z} + \sum \gamma_\nu \lambda_\nu \frac{1}{z^2} + \cdots + \sum \gamma_\nu \lambda_\nu^{k} \frac{1}{z^{k+1}} + \cdots .$$

Thus, if we first determine the S-fraction corresponding to

$$\frac{s_0}{z} + \frac{s_1}{z^2} + \frac{s_2}{z^3} + \cdots ,$$

second determine the poles λ_ν of this S-fraction, say by the qd algorithm,

third determine the weight coefficients γ_ν as described in $[8]$, we have solved the problem of exponential interpolation.

9. Application to Gaussian quadrature

In Gaussian quadrature, abszissal λ_k and weight coefficients γ_k are to be determined such that for any polynomial f(x) of degree smaller than 2n

$$\sum_{\nu=1}^{n} \gamma_\nu f(\lambda_\nu) = \int_{0}^{\infty} f(x) \, dw(x) \quad .$$

This means, that

$$\sum_{\nu=1}^{n} \gamma_\nu \lambda_\nu^{k} = \int_{0}^{\infty} u^k dw(u) = s_n \quad \text{for } k=0,1,\ldots,2n-1.$$

Thus, we have just the problem discussed above.

However, an important simplification is possible if an S-fraction expansion is known for the function $\int_{0}^{\infty} \frac{dw(u)}{z-u}$,

F.L. Bauer

$$\int_0^\infty \frac{dw(u)}{z-u} = \frac{s_0|}{|z} - \frac{q_1|}{|1} - \frac{e_1|}{|z} - \cdots - \frac{q_n|}{|1} - \frac{e_{n+1}|}{|z} - \cdots$$

We do not need then to compute the s_0, s_1, ... and to determine
the rational function $r(z)$ with a denominator of degree n,
since this is just an approximant of the S-fraction for
$\int_0^\infty \frac{dw(u)}{z-u}$. In fact, we can start immediately with the truncated,
terminating S-fraction

$$r(z) = \frac{s_0|}{|z} - \frac{q_1|}{|1} - \cdots - \frac{q_n}{1} \quad ,$$

determine its poles λ_y and the weight coefficients y_y as above.
Since for many functions $w(x)$, the integral $\int_0^\infty \frac{dw(u)}{z-u}$ is a
known analytic function, and the corresponding   S-fraction
is given by explicit formulae, this method can be applied
widely.

In case of ordinary quadrature for a finite interval, say $[0,1]$,
we have $\int_0^1 \frac{du}{z-u} = \ln(\frac{z}{z-1})$ and the S-fraction expansion

$$\frac{1|}{|z} - \frac{1/2|}{|1} - \frac{1/|}{|z} - \frac{1/3|}{|1} - \frac{1/5|}{|z} - \cdots \quad \text{where } q_\delta = \frac{\delta}{2(2\delta - 1)}$$

$$\text{and} \quad e_\delta = \frac{\delta}{2(2\delta + 1)}$$

which allows to derive immediately Gaussian quadrature formulae
for any number of points.

F.L. Bauer

Bibliography :

1   A.C. Aitken, On Bernoulli's Numerical Solution of
    Algebraic Equations, Proc. Roy. Soc., Edinb. <u>46</u> (1926),
    289-305.

2   F.L. Bauer, The Quotient. Difference and ε-Algorithm,
    in: On Numerical Approximation, edited by R.E. Langer,
    Madison, 1959.

3   -   , The g-Algorithm, J.Soc.Indust.Appl.Math.<u>8</u> (1960),
    1 - 17.

4   -   , Ein direktes Itertionsverfharen zur Hurwitz
    Zerlegung eines Polynoms, Archiv der Elektrischen
    Ubertragung, <u>9</u> (1955), 285-290.

5   J. Hadamard Essai sur l'étude des fonctions données par
    leur développement de Taylor, Thèse (Gauthier-Villars,
    Paris 1892).

6   A.S. Householder, Unitary triangularization of a
    nonsymetric matrix, J.Assoc.comput.Mach., <u>5</u> (1958),
    pp. 339-342.

6a F.L. Bauer, Sequential reduction to tridiagonal form,
    J. Soc. Indust.Appl. Math., (1959), pp. 107-113.

7   O. Perron, Die Lehre fon den Kettenbrüchen, Band II,
    B.G. Teubner-Verlag, Stuttgart, 1957.

8   H. Rutishauser, Der Quotienten-Differenzen-Algorithmus,
    Birkhauser-Verlag, Basel/Suttgart,1957.

9   T.J. Stieltjes, Recherches sur les fonctions continues,
    Ann. Sci Toulouse, vol 8(1894), J,pp.,1-122; vol 9(1894),
    A, pp. 1-47.

10 -   , Oeuvres, vol. 2.

11 H.S. Wall, Analytic Theory of Continued Fractions, D.
    van Nostrand Company, Inc., Princeton, N.J. , 1948.

F.L. Bauer

12   P. Wynn, On a device for computing the $\varepsilon_m (S_m)$-transformation, MTAC. vol. 10(1956), pp. 91-96.

13   -   , On a procrustean technique for the numerical transformation of slowly convergent sequences and series, Proc. Cambrige Phil. Soc., 52(1956) part 4, pp. 663-671.